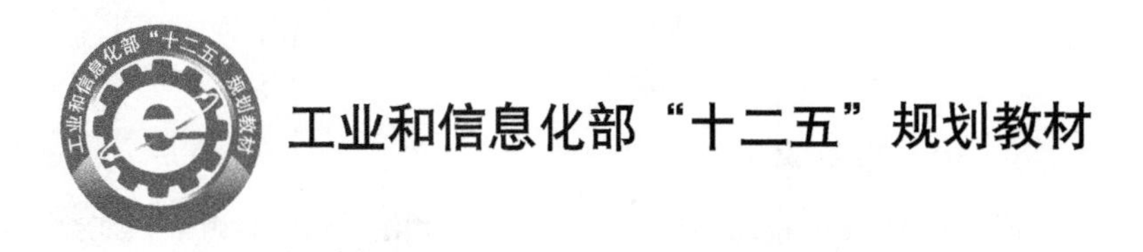

工业和信息化部"十二五"规划教材

数字媒体技术

丁刚毅　王崇文　罗　霄　李志强　编著

DIGITAL MEDIA TECHNOLOGY

北京理工大学出版社
BEIJING INSTITUTE OF TECHNOLOGY PRESS

内容提要

本书从实际应用的角度出发，内容涵盖数字媒体理论基础及音频与视频、数字图形与图像、计算机动画等常见的数字媒体形式，并结合文化创意产业的发展需求，对游戏设计技术和虚拟现实技术做了介绍。

全书共8章。第1章主要介绍数字媒体的概念、特点和数字媒体技术的发展趋势；第2章主要介绍数字媒体系统的软硬件组成，要求学生能够配置数字媒体软硬件环境；第3章主要介绍数字音频的相关概念和编辑技术，要求学生能够掌握一般的数字音频编辑原理和相关的工具；第4章主要介绍数字图形与图像的相关概念，数字图像的获取、处理与编辑等技术；第5章着重介绍数字视频的获取、编辑和后期特效处理等；第6章主要介绍计算机动画的基本概念和二维、三维动画技术；第7章主要介绍游戏设计的基本原理、相关技术和游戏引擎的基本概念；第8章详细介绍虚拟现实技术的基本概念、硬件设备与软件技术和相关建模语言。

本书可作为高等学校本科计算机、数字媒体技术等专业的教材，也可供相关技术人员参考。

图书在版编目（CIP）数据

数字媒体技术 / 丁刚毅等编著. —北京：北京理工大学出版社，2015.8（2022.8重印）

ISBN 978-7-5682-0561-0

Ⅰ.①数　Ⅱ.①丁　Ⅲ.①数字技术－多媒体技术　Ⅳ.①TP37

中国版本图书馆CIP数据核字（2015）第088531号

出版发行 / 北京理工大学出版社有限责任公司

社　址 / 北京市海淀区中关村南大街5号

邮　编 / 100081

电　话 /（010）68914775（总编室）

82562903（教材售后服务热线）

68944723（其他图书服务热线）

网　址 / http：//www.bitpress.com.cn

经　销 / 全国各地新华书店

印　刷 / 北京虎彩文化传播有限公司

开　本 / 787毫米×1092毫米　1/16

印　张 / 14.75

字　数 / 343千字

版　次 / 2015年8月第1版　2022年8月第8次印刷

定　价 / 38.00元

责任编辑 / 王玲玲

文案编辑 / 王玲玲

责任校对 / 周瑞红

责任印制 / 王美丽

PREFACE

前言

数字媒体作为计算机技术发展的必然趋势，于1995年随着互联网的应用普及开始兴起。目前，数字媒体的载体包括互联网、移动互联网、IPTV、数字广播电视等，而其本身逐渐成为媒体主流，与传统媒体交相辉映。《2005中国数字媒体技术发展白皮书》对数字媒体是这样描述的：数字媒体包括用数字化技术生成、制作、管理、传播、运营和消费的文化内容产品及服务，具有高增值、强辐射、低消耗、广就业、软渗透的属性。

随着数字媒体内容产业在我国的快速发展，各行各业迫切需要大批高素质的数字媒体技术专业人才。为了促进数字媒体技术专业的建设，加强与开设数字媒体技术相关专业的兄弟院校之间的交流，作者编写了本书。本书从理论联系实践的角度出发，内容涵盖了数字媒体理论基础及音频与视频、数字图形与图像、计算机动画等常见数字媒体形式，并结合文化创意产业的发展需求，对游戏设计技术和虚拟现实技术及应用做了较为全面的介绍。本书在写作过程中参考了大量国内外最新的研究成果，并结合主流媒体设计工具进行介绍，力求做到通俗易懂，让读者在学习数字媒体理论的同时，掌握必要的数字媒体内容制作技能。

全书共分8章，各章节内容及课时安排如下。第1章（2学时），主要介绍数字媒体的概念、特点和数字媒体技术的发展趋势；第2章（4学时），主要介绍数字媒体系统的软硬件组成，要求学生能够配置数字媒体软硬件环境；第3章（7学时），主要介绍数字音频的相关概念和编辑技术，要求学生能够掌握一般的数字音频编辑原理和相关工具；第4章（10学时），主要介绍数字图形与图像的相关概念，数字图像获取、处理与编辑技术等；第5章（7学时），着重介绍数字视频获取、编辑和后期特效处理等技术；第6章（9学时），主要介绍计算机动画基本概念和二维、三维动画技术；第7章（4学时），主要介绍游戏设计的基本原理、相关技术和游戏引擎的基本概念；第8章（5学时），详细介绍虚拟现实技术的基本概念、软硬件系统的构成和相关建模语言。需要注意的是，这里建议的学时数均包含了课堂实验，任课教师在使用本书时可根据具体情况做相应调整。

本书可作为数字媒体技术专业的入门教程，要求读者具备程序设计基础、数字艺术基础，最好还能具备一些计算机系统组成和数字信号处理方面的基础知识。

本书第1章和第8章由丁刚毅编写，第2、4、6章由王崇文编写，第3章和第7章由罗霄编写，第5章由李志强编写，全书由丁刚毅和王崇文统稿。书中参考了大量国内外专著、教材和图片，在此对所参考文献的作者一并表示衷心的感谢！

由于作者的教学和科研水平有限，书中难免有不足之处，敬请读者不吝指正。

编著者

目 录
CONTENTS

第1章
数字媒体基础

1.1 数字媒体概念

数字媒体广义而言就是媒体信息的采集、存取、加工和分发的数字化过程。现今主流的媒体形式有文字、图形、图像、音频、视频和动画等。数字媒体的发展不只是涉及互联网和 IT 行业，它将成为所有产业未来发展的驱动力。数字媒体通过影响消费者的行为而深刻地影响着各个领域的发展。由于其强大的融合性和关联性，数字媒体产业在国际上至今没有统一而明确的概念定义和范畴界定。

1.1.1 相关名词界定

1. 媒体的定义

媒体有时也被称为媒介或媒质，它是承载信息的实体，也就是信息的表现形式。它通常有三种含义：一是指传播媒体，如蜜蜂是传播花粉的媒体，苍蝇是传播病菌的媒体；二是指用以存储信息的实体，如磁盘、磁带、纸；三是指用以表述信息的逻辑载体，如文本、声音、图形、图像、动画、视频等。在数字媒体技术中，媒体通常指的是最后一种含义。

在技术层面上，国际电信联盟（International Telecommunication Union，ITU）对媒体做了更加细致的定义，一共分为以下 5 层。

① 感觉媒体（Perception Medium）：指直接作用于人的感觉器官，使人产生直接感觉（视、听、嗅、味、触）的媒体，如声音、文字、图像、物体的表面、硬度等。

② 表示媒体（Representation Medium）：指为了传送感觉媒体而人为构造出来的一种媒体，借助这一媒体能够更有效地存储感觉媒体或将感觉媒体从一个地方传送到另一个地方，如声音编码，图像编码、条码等。

③ 表现媒体（Presentation Medium）：指显示感觉媒体的设备，主要是进行信息输入和输出的媒体，如键盘、屏幕、鼠标、打印机等。

④ 存储媒体（Storage Medium）：指用于存储表示媒体的物理介质，如硬盘、U 盘、光盘等。

⑤ 传输媒体（Transmission Medium）：指传输表示媒体的物理介质，如电缆、光纤等。

2. 数字媒体的定义

数字媒体是指以二进制数的形式记录、处理、传播、获取过程的信息载体，这些载体包括数字化的文字、图形、图像、声音、视频影像和动画等逻辑媒体，以及存储、传输、显示逻辑媒体的实物媒体。该定义指出数字媒体包含了数字媒体内容和数字媒体技术两部分，即不只单纯的数字化内容，还包括为内容提供支持的媒体处理理论、技术和硬件。

《2005中国数字媒体技术发展白皮书》定义数字媒体为数字化的内容作品和信息，以现代网络为主要传播载体，通过完善的服务体系，分发到终端和用户进行消费的全过程。

以上描述体现了数字媒体具有的数字化、网络化和可感知性的特征。其中数字化强调数字媒体的生成、存储、传播和表现的整个过程中采用数字化技术，这是数字媒体的基本特征；网络化强调数字媒体需通过网络传输手段分发到终端设备和用户，这是数字媒体的传播特征；可感知性强调数字媒体中涉及的内容信息最终需要通过丰富多彩的感知手段在终端展现，这是数字媒体的内容特征。

1.1.2 数字媒体的分类

按照不同的分类方法，数字媒体可以有以下几种分类：

① 按时间属性可分为静止媒体和连续媒体。静止媒体是指内容不随时间而变化的数字媒体，如图片和文字。连续媒体是指内容随时间而变化的数字媒体，如音频和视频等。

② 按来源属性可分为自然媒体和合成媒体。自然媒体是指客观世界里存在的景物、声音等，经过专门的设备进行数字化和编码之后得到的数字媒体，如数码相机拍摄得到的照片。合成媒体是指采用特定的符号和算法，由计算机生成的文本、图片、视频、音频和动画等；

③ 按组成元素：可分为单一媒体和多媒体。顾名思义，单一媒体是指信息载体是由单一信息组成的，如文本；而多媒体则指的是多种信息载体的表现形式和传递方式，如视频、动画等。

另外，相关专家也从产业的角度，基于媒体的内容特征对数字媒体进行了分类，将数字媒体划分为数字动漫、数字影音、网络游戏、数字学习、数字出版和数字展示6个内容领域。其中，数字动漫包括计算机2D和3D卡通动画；数字影音是指运用计算机图形学等制作技术，进行数字影音作品的拍摄、编辑和后期制作；网络游戏的主要形态包括大型在线网络游戏、桌面游戏、网页游戏和手机游戏等；数字学习主要指通过网络平台，向学员提供更为灵活的数字化学习、培训服务和动态反馈等；数字出版包括电子书的网络阅读、电子期刊的网络发行和按需印刷的网络出版等；数字化展示是以虚拟现实或增强现实技术为基础，为消费者提供更具有沉浸效果的媒体展现，大型会展、数字博物馆等是其主要的应用场所。

1.2 数字媒体的特点与应用

1.2.1 数字媒体的特点

数字媒体的基本表现特征是数字化、网络化传播和可感知的展示。随着该产业的迅速发展，数字媒体呈现出了新的特点：

（1）集成媒体形式呈现

数字媒体系统集传统的报纸、广播和电视三种媒体的优点于一身，以超文本、超媒体的方式把文字、图像、动画、声音和视频有机地集成在一起，使表现的内容丰富多彩，从而达到“整体大于各孤立部分之和”的效果。它充分调动了受众的视听器官，非常符合人类交换信息的媒体多样化特性。

（2）传播渠道的多样性

对数字媒体来说，其传播渠道正在向多元化方向发展，媒体内容与分发渠道也日趋独立。数字媒体的主要传播渠道包括光盘、互联网、数字电视广播网、数字卫星等，传播方式有 E-mail、Blog、IPTV、即时通信等。

（3）趋于个性化的双向交流

在数字媒体传播中，传播者和受众之间能进行实时的通信和交换，可方便地实现互动，而不像电视或广播系统那样，受众仅仅是被动接收。网络上的每台计算机都可以是一个小电视台，信源和信宿的角色可以随时改变。数字化传播中点对点和点对面传播模式的共存，一方面可以使大众传播的覆盖面越来越广，受众可以完全不受时空的限制选择网上的任何信息；另一方面使大众传播的受众群体越分越细，直至个性化传播。

（4）技术与人文艺术的融合

随着计算机的发展和普及，单纯的技术功能已经不能满足数字媒体的传播需要，数字媒体还需要信息技术与人文艺术的融合。数字媒体具有图、文、声、像并茂的立体表现的特点，如何利用多种媒体的各种表现方式并使之综合，有针对性地、最有效地传达信息，逐渐成为一个值得研究的课题。数字媒体通过文理融合，使人机界面得到改善，把人们的各种感官有机地组合，从而使传达的信息更易于接受和理解，实现“整体大于各孤立部分之和”。

1.2.2　数字媒体的应用

由于数字媒体具有相互交叉和相互融合的特点，各类数字媒体内容与系统都综合应用了相关的数字媒体技术，因此很难将数字媒体技术的应用领域加以严格的区分。为了便于就数字媒体技术的应用展开讨论，这里根据数字媒体的具体内容及应用对象，将数字媒体技术的应用划分为数字影视、数字游戏、数字广告和数字出版，图 1-1 所示为数字媒体技术的主要应用领域。

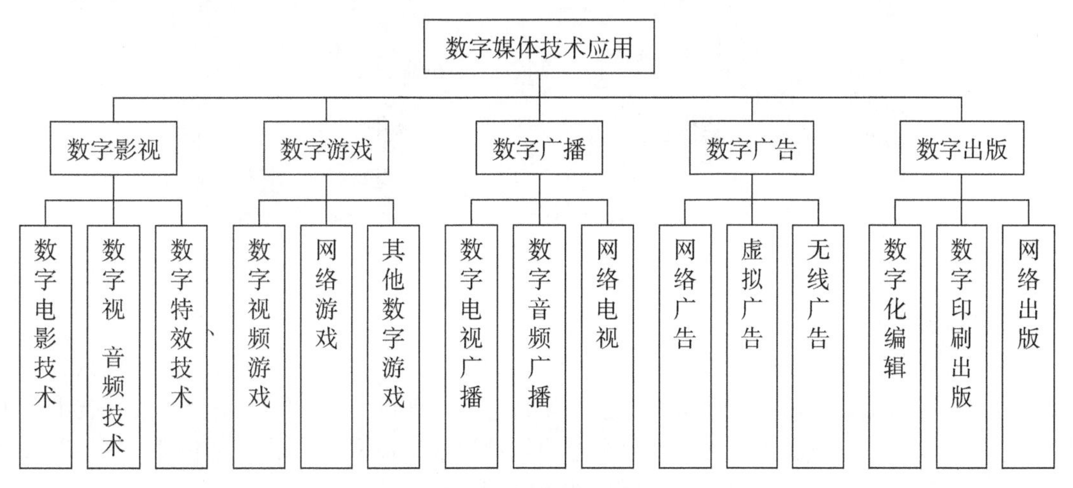

图 1-1　数字媒体技术的主要应用领域

1. 数字影视

影视是最重要的大众媒体，该领域的数字化已是大势所趋。无论是影视创作、制作还是传播，各环节都具备了数字化的特征，人们越来越明显地感受到数字化所带来的技术上的便利性、内容上的丰富性以及形式上的融合性。

数字电影是指从拍摄到后期制作、发行和放映等环节的全过程（包括声音和图像）都采用数字方式，实现无胶片放映的电影。相对于传统的胶片电影，数字电影在清晰度、稳定性、发行便利性、节省费用、遏制盗版等许多方面都占有突出的优势。在未来的几年内，数字电影将逐步取代胶片电影，成为电影制作和发行的主流。数字电影技术主要包括数字图像和声音处理与压缩技术、数字电影放映技术、数字电影加密技术、数字高清晰技术、数字电影技术标准以及数字电影制作和特效技术。

数字视音频制作技术不仅广泛应用于影视专业领域的广播、电影与电视节目的制作，同时也已经进入到了家庭和个人影视作品的创作和制作中。视音频制作技术采用计算机和专用视音频设备，大大简化了影视创作和编辑流程，降低了成本，进一步促进了影视制作行业的现有结构和制作形式的变革，其中比较有代表性的技术是非线性编辑技术和虚拟演播室技术等。

数字特效技术广泛应用和综合了计算机图形与动画技术、数字图像处理技术、自动控制技术等，创造了一部又一部极具视觉冲击力的影视作品，如《泰坦尼克号》、《指环王》、《阿凡达》等。通过使用数字技术，人们可以随心所欲地制造更具冲击力、感染力的电影影像，更重要的是，这种前所未有的表现能力激发了电影艺术家们更多的想象力和无穷无尽的创作灵感，创作题材也随之延伸到了未知的领域。图 1-2 所示为电影《阿凡达》中的场景。

图 1-2　电影《阿凡达》中的场景

2. 数字游戏

数字游戏是一种全新的大众媒体，具有特别的吸引力和参与性，同时也是一种具有巨大能量的文化传播工具，在数字媒体中占据了极其重要的地位。数字游戏是指以数字技术为手段设计、开发，并以数字化设备为平台实施的各种游戏。根据运行平台的不同，数字游戏可分为视频游戏、PC 端游戏、网络游戏和手机游戏等。

目前，数字游戏市场主要为视频游戏、网络游戏和手机游戏等所占据。视频游戏市场虽然时起时伏，但技术发展迅猛，从经典的电视游戏机、手掌机，到如今功能强大、图形完美的视频游戏机，如 PS 和 Xbox 等。手机游戏也从最早的嵌入式游戏发展到了最新的 3D 游戏，随着移动网络的迅速发展，它将成为数字游戏中的“新宠”。网络游戏目前仍然是数字游戏领域中的主角，它有着强力的技术支持，以致广大玩家痴迷其中。无论是视频游戏还是手机游戏，都具备了网络游戏的特点。图 1–3 所示为网络游戏《完美世界》的游戏场景图。

图 1–3　网络游戏《完美世界》的游戏场景图

3. 数字出版

数字出版是指利用数字技术进行数字内容生产，并通过网络传播数字内容产品的活动，其主要特征是内容生产数字化、载体的多样化、产品形态数字化和传播形式网络化。首先是内容数字化，它借助数字媒体技术进行制作，除了文本和图像外，还包括动画、音乐、影视等多种媒体的综合运用，实现内容的无缝连接与整合。其次是载体的多样化，数字出版物的载体已由单一的纸载体发展为纸、磁、光、电多种载体，并具有交互性强、信息量大，且检索快捷、携带方便的特点。再次是形态的多元化，它以大量、动态、多元和立体的传播方式突破传统出版物平面、静态的信息传播，如光盘、电子图书、数字期刊、数字报纸、软件出版、按需出版、数据库出版等。最后是出版的网络化，网络技术在数字出版中占据着重要的地位，如网络出版、手机出版等都必须借助网络技术。图 1–4 所示为中国期刊网的搜索界面。

图 1–4　中国期刊网的搜索界面

4. 数字广告

数字广告充分利用了各种最新的数字媒体传播技术，不仅在广告的形式上不断创新，而且赋予了广告更多的交互性、实时性和针对性。常见的数字广告有网络广告、虚拟广告、数字游戏广告等。

与数字影视、数字游戏一样，数字广告制作也充分采用了数字视音频制作技术、数字特效技术和虚拟现实技术。现代展示技术也为数字广告提供了更丰富的表现手段，如 Web3D 技术可以在网络上实现产品的实时交互的三维展示，如图 1–5 所示。

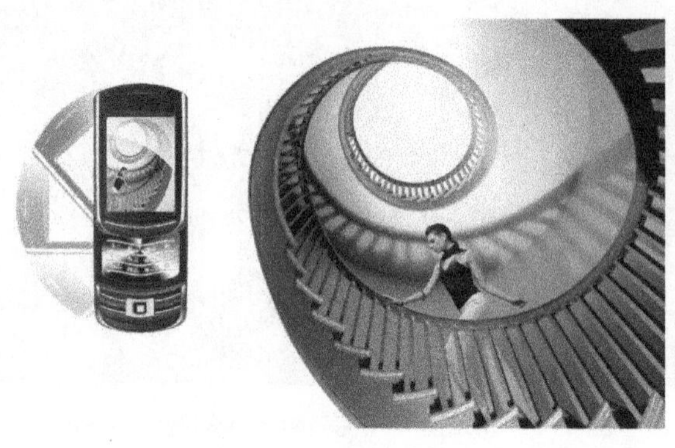

图 1–5　手机广告

5. 数字广播

数字广播是指将数字化后的音频信号以及各种数据信号，在数字状态下进行各种编码、调制、传播。随着数字技术迅速介入广播业务领域，广播已经进入了数字媒体的时代，受众可以通过手机、嵌入式终端、PC 等多种接收装置，收看到丰富多彩的数字广播节目。数字广播和传统的模拟广播相比，具备以下优势：信号质量更加优越；频道负载量大；传输内容多样化；接收终端多样化；输出方式多样化；互动性好。目前数字广播的应用很多，主要有 DAB（数字音频广播）、DSB（数字卫星广播）和 DMB（数字多媒体广播）等。它们除了传输传统意义的音频信号外，还可以传送包括音频、视频、数据、文本和图像等多媒体信号。图 1–6 所示为某数字广播调音台。

图 1–6　数字广播调音台

1.3　数字媒体技术的发展趋势

进入 21 世纪，以数字媒体内容生成技术、网络服务技术与文化内容相融合而产生的数字媒体产业在世界各地高速成长，在全球范围内已经得到了国家、地方政府和企业的高度重视和重点投入，成为经济发展的有力增长点和社会发展的重要推动力量。在我国，数字媒体产业正在成为市场投资和开发的热点方向之一。

1.3.1　数字媒体内容处理技术

数字媒体内容处理技术是数字媒体的关键，它主要包括模拟媒体信息的数字化、高效的压缩编码技术，以及数字媒体内容的特征提取、分类与识别技术等。在数字媒体中，最具代表性和复杂性的是声音和图像信息。因此，数字媒体内容处理技术的研发是以音频处理和图像处理为主的。

数字音频处理技术将模拟声音信息取样、量化和编码后转化为数字音频信号。由于数字化的音频信息数据量非常大，因此，需要根据信号的特点对数据进行压缩。数字音频压缩编码技术主要有三种：基于音频数据统计特性的编码技术、基于音频声学参数的编码技术以及基于人的听觉特性的编码技术。

对于视觉信息，则需要采用数字图像处理技术。与音频处理一样，自然界的视觉信息也是通过取样、量化和编码后转换成数字信号的。原始图像数据也需要进行高效的压缩，这主要是利用空间冗余、时间冗余、结构冗余、知识冗余和视觉冗余来实现。目前，主要的图像压缩编码方法大致分为 3 类：一是基于图像数据统计特征的压缩方法，主要有统计编码、预测编码、变换编码等；二是基于人眼视觉特性的压缩方法，主要有基于方向滤波的图像编码、基于图像轮廓和纹理的编码等；三是基于图像内容特征的压缩方法，主要有分形编码、模型编码等。

1.3.2　数字媒体检索技术

数字媒体信息资源的检索技术的趋势是基于内容的检索技术。基于内容的检索技术突破了传统的基于文本的检索技术的局限，直接对图像、视频、音频内容进行分析，抽取特征和语义，利用这些内容特征建立索引并进行检索。它的基础技术包括图像处理、模式识别、计算机视觉及图像理解技术，因此，它是多种技术的合成。

基于内容的图像检索的研究主要集中在特征层次上，根据图像的底层可视内容特征，如颜色、纹理、形状、空间关系等建立索引。这种检索技术目前在国内外已经取得了不少研究成果，许多基于内容的图像检索原型系统也相继被开发出来。

早期的基于内容的视频检索技术主要是针对一些底层的图像特征进行的，如颜色、纹理、运动等，随着用户需求的不断升级，这种技术开始关注不同视频单元的高层语义特征，并对视频单元建立索引。

1.3.3　数字媒体传输技术

数字媒体传输技术为数字媒体的传输与信息交流提供了高速、高效的网络平台，这也是数字媒体所具备的最显著的特征。数字媒体传输技术全面应用和综合了现代通信技术和计算机网络技术，“无所不在”的网络环境是其最终目标。人们将不会意识到网络的存在，却又能随时随地通过任何终端设备上网，并享受到各项数字媒体内容服务。

数字媒体传输技术主要包括两个方面：一是数字传输技术，主要是各类调制技术、差错控制技术、数字复用技术、多址技术等；二是网络技术，主要是公共通信网技术、计算机网络技术以及接入网技术等。目前具有代表性的通信网包括公众电话交换网、分组交换网、以太网、综合业务数字网、宽带综合业务数字网、无线和移动通信网等。另外，两大网络是广播电视网和计算机网络。众多的信息传输方式和网络在数字媒体传播网络内将合为一体。

现在流行的“三网融合”，就是指电信网、有线电视网和计算机通信网的相互渗透、相互兼容，并逐步整合成为统一的信息通信网络。“三网融合”是为了实现网络资源的共享，避免低水平的重复建设，形成适应性广、易维护、低费用的高速宽带的多媒体基础平台。其表现为技术上趋向一致，在网络层上可以实现互联互通，形成无缝覆盖；在业务层上互相渗透和交叉；在应用层上趋向使用统一的 IP 协议。另外，在经营上表现为互相竞争、互相合作，逐渐朝着向人类提供多样化、多媒体化、个性化服务的同一目标交汇在一起发展，同时，在行业管制和政策方面也逐渐趋向统一。

“三网融合”，从不同角度和不同层次分析这一概念，可以涉及技术融合、业务融合、行业融合、终端融合及网络融合。目前更主要的是应用层次上互相使用统一的通信协议。IP 优化光纤网络就是新一代电信网的基础，是三网融合的结合点。光通信技术的发展，为综合传送各种业务信息提供了必要的带宽和保证了传输高质量，从而成为三网业务的理想平台。

统一的 TCP/IP 协议的普遍采用，将使得各种以 IP 为基础的业务都能在不同的网上实现互通，从技术上为三网融合奠定了最坚实的基础。有分析称，三网融合后，内容提供商将成为其中最大的受益者。但是，从长远来看，由于广电运营商和电信运营商的网络条件和运营能力接近，谁能提供更具有吸引力的内容或应用服务显得更为关键。

习题

1. 简述数字媒体技术有哪些特点。

2. 试从数字媒体技术发展趋势的某个方向入手，搜集相关资料，完成一篇报告来总结该方向的发展现状。

第 2 章
数字媒体系统组成

2.1　数字媒体硬件环境

在数字媒体领域，使用最广泛的设备是计算机。以计算机为核心，包括输入 / 输出设备与存储设备在内的其他硬件设备，共同完成了媒体信息的输入、处理、存储、输出和传输功能。

2.1.1　计算机核心系统

现在使用的各种计算机都是根据冯 · 诺依曼体系理论进行设计和制造的。构成计算机的硬件系统通常包括以下五部分：

① 输入设备：将数据、程序、文字符号、图像、声音等信息输送到计算机中。常用的输入设备有键盘、鼠标、扫描仪和各种传感器等。

② 输出设备：将计算机的运算结果或者中间结果打印或显示出来。常用的输出设备有显示器、打印机、绘图仪等。

③ 存储器：将输入设备接收到的信息以二进制数据形式进行存储。存储器有两种，分别是内存储器和外存储器。

④ 运算器：完成各种算术运算和逻辑运算的装置，能做加、减、乘、除等数学运算，也能做比较、判断、查找、逻辑运算等。

⑤ 控制器：是计算机指挥和控制其他部件工作的中心，其工作过程类似人的大脑指挥和控制人的器官。

按照冯 · 诺依曼计算机理，计算机在处理具体信息时的实际工作过程如下：

① 由专职程序员或其他人员编写的程序，一般保存在光盘上或通过网络提供给其他用户。

② 用户将程序安装在计算机硬盘上，有的程序无须安装。

③ 用户在计算机待命状态时，通过键盘或鼠标发出运行某具体程序的指令。

④ 计算机将需要运行的程序和相应的数据从硬盘或光盘读入内存。

⑤ CPU 根据程序指令逐步进行相应的各种运算，在运算过程中，CPU 将根据需要与内存或硬盘交换数据。

⑥ 计算机完成程序所设置的全部运算指令后，根据程序设计决定将最终结果输出到显示器或通过打印机输出。

⑦ 程序运行结束后，计算机完成处理信息工作的全部过程，返回准备接受用户下一个

指令的待命状态。

2.1.2 基本外设

随着计算机多媒体技术的迅速发展，音视频处理、光存储和网络连接成为计算机系统的扩展功能，相应的声卡、显卡、光存储器和网卡目前已成为计算机的基本组成部分。

1. 声卡

声卡也叫音频卡，是多媒体计算机中最基本的组成部分，是实现声音与数字信号相互转换的一种硬件。声卡的基本功能是把来自话筒、光盘等的原始声音信号加以转换，输出到耳机、扬声器、录音机等声响设备，或通过音乐设备数字接口（MIDI）使乐器发出美妙的声音。目前，大多数计算机中的声卡都被芯片化集成在主板上。图 2-1 所示为声卡示例。

图 2–1　声卡示例

声卡的工作原理是从话筒等输入设备中获取模拟声音信号，然后通过模/数转换器（ADC），将声波振幅信号采样并转换成一串数字信号，最后存储到计算机中。重放时，这些数字信号被送到数/模转换器（DAC），以同样的采样频率还原为模拟波形，经放大后送到扬声器发声。声卡的主要作用如下：

① 录制数字声音文件。通过声卡及相应的驱动程序的控制，采集自话筒、收录机等音源的信号，压缩后被存放在计算机系统的内存或硬盘中。

② 将硬盘或光盘中压缩的数字化声音文件还原成高质量的声音信号，放大后通过扬声器放出。

③ 对数字化的声音文件进行加工，以达到某一特定的音频效果。

④ 控制音源的音量，对各种音源进行组合，实现混响器的功能。

⑤ 利用语言合成技术朗读文本信息，如读英语单词和句子、奏音乐等。

⑥ 提供 MIDI 功能，使计算机可以控制多台具有 MIDI 接口的电子乐器。另外，在驱动程序的作用下，声卡可以将以 MIDI 格式存放的文件输出到相应的电子乐器中，使其发出相应的声音。

2. 显卡

显卡，全称为显示接口卡，又称为显示适配器，是计算机最基本的组成部分之一。显卡的用途是将计算机系统需要显示的信息进行转换驱动，并控制显示器将其正确显示。显卡是连接显示器和计算机主板的重要元件，是“人机对话”的重要设备之一。

显卡可分为集成显卡和独立显卡。集成显卡是将显示芯片、显存及其相关电路都做在主板上，与主板融为一体。集成显卡的显示效果与处理性能相对较弱，显卡不能进行硬件升级，但可以通过 CMOS 调节或刷入新 BIOS 文件进行软件升级来挖掘显示芯片的潜能。集成显卡的优点是功耗低、发热量小，部分集成显卡的性能已经可以媲美入门级的独立显卡。集成显卡的缺点是处理性能受限。

独立显卡是指将显示芯片、显存及其相关电路单独做在一块电路板上，作为一块独立的板卡存在，它需占用主板的扩展插槽（ISA、PCI、AGP 或 PCI-E）。独立显卡的优点是能单独安装，有显存，一般不占用系统内存，在技术上较集成显卡先进得多，有更好的显示效果和性能，容易进行硬件升级。独立显卡的缺点是系统功耗有所加大，发热量也较大，需额外购买。图 2-2 所示为独立显卡示例。

图 2-2　独立显卡示例

3. 光存储器

光存储器是由光盘驱动器和光盘片组成的光盘驱动系统。光存储技术是一种通过光学的方法读写数据的技术，它的工作原理是改变存储单元的某种物质的反射率，使反射光极化方向，并利用这种性质来写入二进制数据。光存储器具有较大的存储容量。图 2-3 所示为光盘外观图，图 2-4 所示为光盘驱动器。

图 2-3　光盘外观图

图 2-4　光盘驱动器

光存储器与硬、软磁盘相比，具有如下优点：

① 存储密度高且容量大。光盘的道密度是 600~700 道 /mm，一个 5.25 寸 [①] 的光盘的容量达 1.2 GB 以上，相当于 1 000 张同样大小的软磁盘。

② 数据传输的速度高。一般情况下，光存储器数据传输的速率可达每秒几十兆字节。

③ 采用无接触记录方式。由于激光头在读写光盘上的信息时不与盘面接触，因此大大提高了记录光头和光盘的寿命。

④ 数据保存时间长。光盘的记录介质封在两层保护膜中，且激光存取过程为非接触式、无磨损、抗污染，因此记录介质的寿命很长，数据保存的时间也就很长。

常用的光盘系统有 CD 和 DVD 两种，其中 CD 又包含 CD-ROM（只读光盘）、CD-R（一次写入光盘）和 CD-RW（可擦写光盘）等几种格式；DVD 又包含 DVD-R（可记录 DVD）、DVD-RW（可重写 DVD）等格式。

4. 网卡

网卡也称网络适配器，是计算机局域网中最重要的连接设备之一。计算机主要通过网卡接入网络。网卡的工作是双重的：一方面，它负责接收网络上传来的数据包，解包后将数据通过协议识别变成帧，然后通过主板上的总线传输给本地计算机；另一方面，它将本地计算机上的数据按协议大小分解打包后送入网络。图 2-5 所示为网卡。

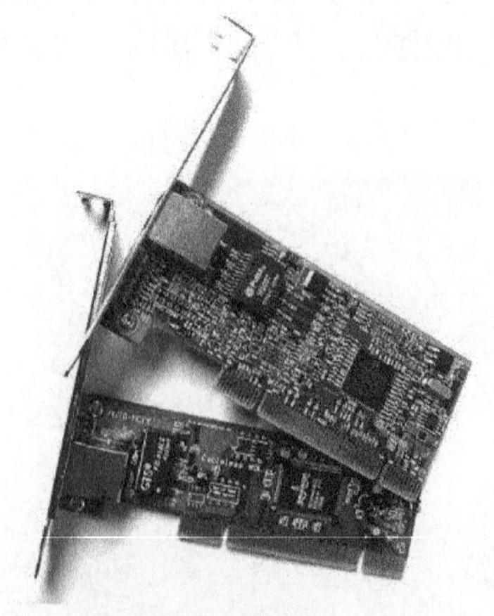

图 2-5　网卡

① 1 寸 =3.33 厘米。

根据工作对象的不同，局域网中的网卡通常分为服务器专用网卡和兼容网卡。

服务器专用网卡是为了适应网络服务器的工作特点而专门设计的，其主要特点是在网络上采用了专用的控制芯片，大量工作由这些芯片直接完成，从而减轻了服务器 CPU 的工作负担。但这类网卡的价格较高，一般只安装在一些专用服务器上，普通用户很少使用。

兼容网卡多用于普通计算机，这些网卡在个人计算机上是通用的，所以称为“兼容网卡”。兼容网卡价格低，工作比较稳定。

2.1.3　扩展的输入 / 输出设备

输入设备是向计算机输入信息的外部设备，它将程序、数据、命令以及某些标识等信息按一定要求转换成计算机能够接收的二进制代码，并输送到计算机中进行处理。输出设备则是把处理器运算处理后的最终结果或中间结果，用人所能识别的各种信息形式表示出来的外部设备。在计算机硬件系统中，除了鼠标、键盘、屏幕等基本的输入 / 输出设备外，还有一些扩展的输入 / 输出设备，如移动硬盘、打印机、扫描仪、数码相机、轨迹球、手写板、触摸屏等。

1. 移动硬盘

移动硬盘是在计算机之间交换大容量数据，并强调便携性的存储产品。图 2-6 所示为移动硬盘。

图 2-6　移动硬盘

移动硬盘具有如下特点：

① 容量大。移动硬盘能够提供相当大的存储容量，目前市场中的移动硬盘能提供几百千兆字节到上百万兆字节的容量，很大程度上满足了用户存储的需求。

② 传输速度高。移动硬盘大多采用 USB2.0 或 3.0、IEEE1394 接口，能提供较高的数据传输速度。

③ 使用方便。在大多数操作系统中，USB 设备都不需要安装驱动程序，具有真正的“即插即用”特性，使用起来灵活方便。

2. 打印机

打印机是将计算机的运算结果或中间结果以人所能识别的数字、字母、符号和图形等，按照规定的格式打印在纸上的设备。打印机可分为针式打印机、彩色喷墨打印机、激光打印机等几种类别。

（1）针式打印机

在打印机历史上，针式打印机曾经在很长一段时间上占有着重要的地位。现在由于它打印质量较低、工作噪声过大，在多数商用打印领域已经看不到了，只有在银行、超市等用于票单打印的少数地方才能看见它的踪迹。图 2-7 所示为针式打印机。

图 2-7 针式打印机

（2）彩色喷墨打印机

彩色喷墨打印机凭借良好的打印效果与较低价位的优点而占领了广大中低端市场。此外，彩色喷墨打印机还具有更为灵活的纸张处理能力，在打印介质的选择上，喷墨打印机也具有一定的优势，它不仅可以打印信封、信纸等普通介质，还可以打印各种胶片、照片纸、光盘封面、卷纸、T恤转印纸等特殊介质。图 2-8 所示为彩色喷墨打印机。

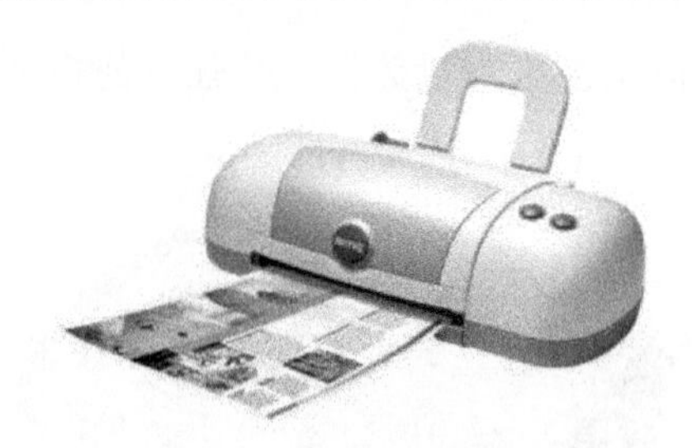

图 2-8 彩色喷墨打印机

（3）激光打印机

激光打印机是近年来科技发展的一种新产物，它提供了更高质量、更快速、更低成本的打印方式。它的打印原理是利用光栅图像处理器产生要打印页面的位图，然后将其转换为电信号等一系列的脉冲并送往激光发射器，在这一系列脉冲的控制下，激光被有规律地放出。与此同时，反射光束被接收的感光鼓所感光，激光发射时就产生一个点，激光不发射时就是空白，这样就在接收器上打印出一行点来。然后，接收器转动一小段固定的距离继续重复上述操作，当纸张经过感光鼓时，鼓上的着色剂就会转移到纸上，印成了打印页面的位图。最后，当纸张经过一对加热辊时，着色剂被加热熔化而固定在了纸上，从而完成打印的全过程。整个打印过程准确而且高效。图 2-9 所示为激光打印机。

图 2-9 激光打印机

3. 扫描仪

扫描仪是一种计算机外部设备，它先捕获图像，再将其转换成计算机可以显示、编辑、存储和输出的数字信息。照片、页面、图纸、胶片，甚至纺织品、标牌面板、印制板样品等三维对象都可作为扫描对象，扫描仪提取扫描对象的图像并将原始的线条、图形、文字、照片、平面实物等转换成可以编辑及存储的文件。图 2-10 所示为扫描仪。

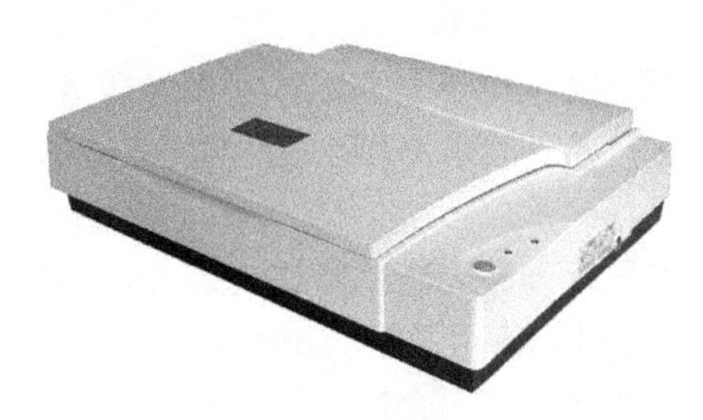

图 2-10　扫描仪

扫描仪的工作原理如下：扫描仪工作时发出的强光照射在稿件上，没有被吸收的光线将被反射到光感应器上。光感应器接收到这些信号后，将其传送到模 / 数转换器，模 / 数转换器再将其转换成计算机能读取的信号，然后通过驱动程序转换成显示器上能看到的正确图像。

扫描仪的种类繁多，根据扫描介质和用途的不同，大体上分为平板式扫描仪、名片扫描仪、胶片扫描仪、文件扫描仪等。除此之外，还有手持式扫描仪、笔式扫描仪、实物扫描仪和 3D 扫描仪等。

4. 数码相机

数码相机是一种利用电子传感器，把光学影像转换成电子数据的照相机。与普通相机在胶卷上靠溴化银的化学变化来记录图像的原理不同，数码相机的传感器是一种光感应式的电荷耦合或互补金属氧化物半导体。图像在传输到计算机以前，通常会先存储在数码存储设备中。图 2-11 所示为数码相机。

图 2-11　数码相机

数码相机的工作原理如下：当按下快门时，镜头将光线会聚到感光器件 CCD（电荷耦合器件）上，CCD 是半导体器件，它取代了一般相机中胶卷的地位，它的功效是把光信号转变为电信号。这样，就得到了对应于拍摄景物的电子图像，但是它还不能马上被送去计算机处理，还需要依照计算机的请求进行模 / 数转换，形成相应的数字信号。接下来，微处理器对数字信号进行压缩并转化为特定的图像格式，例如 JPEG 格式。最后，图像文件被存储在内置存储器中，可通过 LCD（液晶显示器）查看拍摄到的照片。

数码相机的优点如下：

① 拍照之后可以立即看到照片，用户可以立即对不满意的作品重拍。

② 可以有选择地冲洗照片。

③ 色彩还原和色彩范围不再依赖胶卷的质量。

④ 感光度也不再因胶卷而固定，光电转换芯片能提供多种感光度供用户选择。

数码相机的缺点如下：

① 由于通过成像元件和影像处理芯片进行转换，图像质量比光学相机欠缺层次感。

② 由于各个厂家的影像处理芯片技术不同，成像照片表现的颜色与实际物体也会有不同。

5. 轨迹球

轨迹球是另外一种类型的鼠标，其工作原理与机械式鼠标的相同，内部结构也类似。不同的是轨迹球工作时球在上面，可直接用手拨动，而球座固定不动。由于轨迹球占用空间小，多用于笔记本电脑等便携机。轨迹球有两个按钮，一个用于用户单击或双击，而另一个提供选择菜单和拖动对象后需要的动作。轨迹球的最大优点就在于节省了空间，减少了使用者手腕的疲劳。图 2-12 所示为轨迹球的外观图。

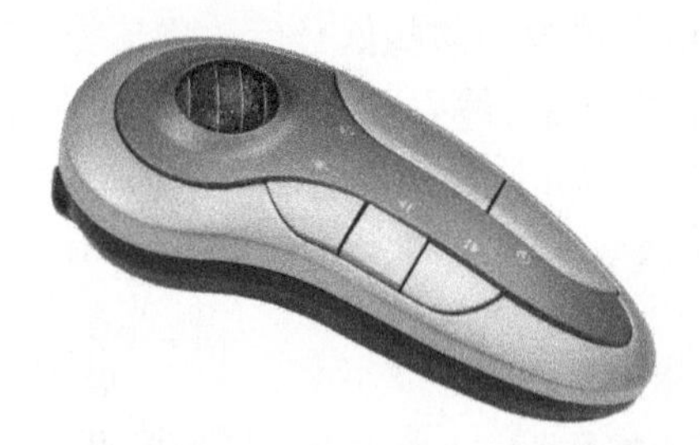

图 2-12　轨迹球外观

6. 手写板

手写绘图输入设备中最常见的是手写板（也叫手写仪），其作用和键盘类似。当然，该设备在功能上基本只局限于输入文字或者绘画，也带有一些鼠标的功能。

手写板一般是使用一支专门的笔或者允许手指在特定的区域内书写文字。它通过各种方法将笔或者手指走过的轨迹记录下来，然后识别为文字。对于不喜欢使用键盘或者不习惯使用中文输入法的人来说非常有用，因为它不需要学习输入法。手写板还可以用于精确制图，例如可用于电路设计、CAD 设计、图形设计、自由绘画以及文本和数据输入等。

手写板有的集成在键盘上，有的是单独使用，单独使用的手写板一般使用 USB 口或者串口。目前手写板种类很多，有兼具手写输入汉字和光标定位功能的，也有专用于屏幕光标精确定位以完成各种绘图功能的。图 2-13 所示为手写板与计算机连接进行操作。

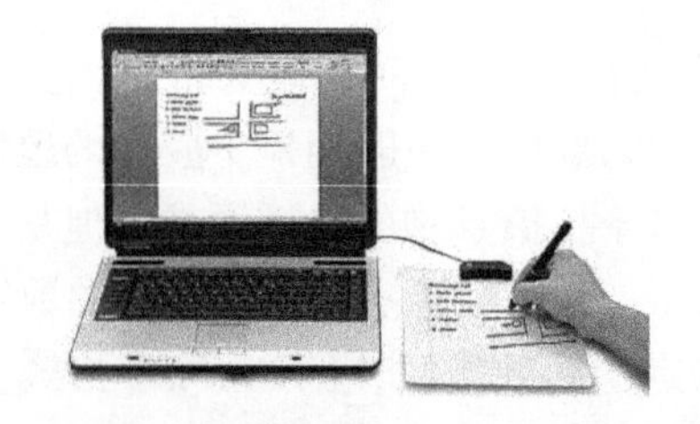

图 2-13　手写板与计算机连接进行操作

7. 触摸屏

触摸屏（Touch Panel）又称为触控面板，是可接收触头的输入信号的感应式液晶显示装置。当接触了屏幕上的图形按钮时，屏幕上的触觉反馈系统可根据预先编制的程序驱动各种连接装置，可用以取代机械式的按钮面板，并借由液晶显示画面制造出生动的影音效果。

触摸屏使人机交互更为直截了当，极大地方便了那些不懂电脑操作的用户，是一种极富吸引力的新型多媒体交互设备。触摸屏的应用范围非常广泛，主要包括公共信息的查询，如电信局、税务局、银行、电力等部门的业务查询；城市街头的信息查询等。此外，也可应用于办公、工业控制、军事指挥、数字游戏、点歌点菜、多媒体教学、景点导游等。图 2-14 所示为导游系统触摸屏界面。

图 2-14　导游系统触摸屏界面

8. 体感交互设备

所谓体感技术，就是躯体动作感应控制技术，通俗来讲，是一种机器通过某些特殊方式对用户的动作进行识别、解析，并按照预定的方式将信息反映到机器上，从而实现对机器控制的最新技术。体感技术主要应用于游戏机，常见的体感交互设备有任天堂公司的 Wii、微软的 Kinect 等。

Wii 的游戏方式给整个产业都带来了巨大的影响，它的控制器具有指向定位及动作感应两项功能，前者就如同光线枪或鼠标一般可以控制荧幕上的光标，后者可侦测三维空间中的移动及旋转，两者结合可以达成所谓的“体感操作”。Wii 遥控器在游戏软件中可以化为球棒、指挥棒、鼓棒、钓鱼竿、转向盘、剑、枪、手术刀、钳子等工具，使用者可以通过挥动、甩动、砍劈、突刺、回旋、射击等各种方式来使用。可以说，体感的概念就是通过 Wii 才广为人知的。

Kinect 是微软公司在 2010 年 6 月发布的 XBOX360 体感周边外设。在 Kinect 的工作原理中，摄像头起到了很大的作用，它负责捕捉人肢体的动作，然后由程序去识别、记忆、分析、处理这些动作。因此，从技术上来说，Kinect 比 Wii 的体感高级很多。Kinect 不只是一个摄像头，虽然它 1 s 可以捕捉 30 次，但这只是整个系统的一部分。除此之外，还有一个传感器负责探测力度和深度，四个麦克风负责采集声音。图 2-15 所示为 Kinect 体感外设图。

图 2-15　Kinect 体感外设图

9. 动作捕捉设备

动作捕捉（Motion Capture，Mocap）技术涉及尺寸测量、物理空间中的物体定位及方位测定等可以由计算机直接处理的数据。在运动物体的关键部位设置跟踪器，由 Mocap 系统捕捉跟踪器位置，再经过计算机处理后得到三维空间坐标的数据。数据被计算机识别后，可以应用在动画制作、步态分析、生物力学和人机工程等领域。

运动捕捉设备一般由以下几个部分组成：

① 传感器。所谓传感器，是固定在运动物体特定部位的跟踪装置，它将向 Mocap 系统提供运动物体的运动位置信息，一般会根据捕捉的细致程度确定跟踪器的数目。

② 信号捕捉设备。这种设备会因 Mocap 系统的类型不同而有所区别，它们负责位置信号的捕捉。对于机械系统来说，它是一块捕捉电信号的线路板；对于光学 Mocap 系统来说，它是高分辨率红外摄像机。

③ 数据传输设备。Mocap 系统，特别是需要实时效果的 Mocap 系统，需要将大量的运动数据从信号捕捉设备快速准确地传输到计算机系统并进行处理，而数据传输设备就是用来完成此项工作的。

④ 数据处理设备。经过 Mocap 系统捕捉到的数据，在修正、处理后还要与三维模型结合才能完成相应的工作，这就需要应用数据处理软件或硬件来完成此项工作。

常见的动作捕捉设备有数据头盔、数据手套等。

数据头盔是虚拟现实应用中的 3D 图形显示与观察设备，可单独与主机相连，以接收来自主机的 3D 图形图像信号。其使用方式为头戴式，辅以三个自由度的空间跟踪定位器，可进行虚拟现实输出效果观察；同时，观察者可做空间上的自由移动，如自由行走、旋转等。动作捕捉设备的特点是用户沉浸感极强，在虚拟现实硬件观察设备中，头盔显示器的沉浸感优于显示器的虚拟现实观察效果，逊于虚拟三维投影显示和观察效果。在投影式虚拟现实系统中，头盔显示器可作为系统功能和设备的一种补充和辅助。图 2-16 所示为头盔显示器 5DT HMD 的模型。

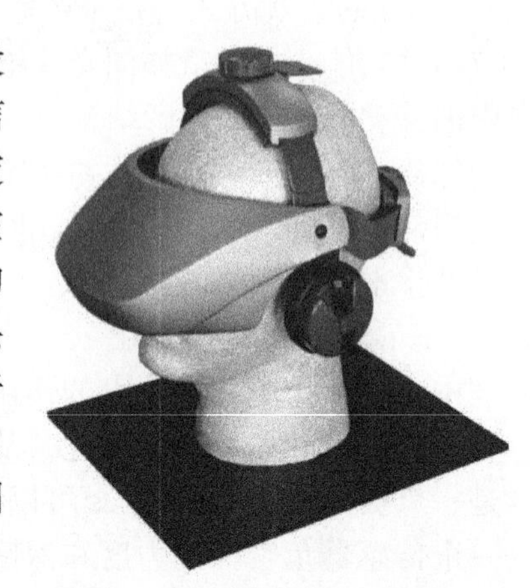

图 2-16　5DT HMD 的模型

数据手套是虚拟现实（VR）应用的主要交互设备，

它作为一只虚拟的手或控件，用于 3DVR 场景的模拟交互，可进行物体抓取、移动、装配、操纵、控制等操作。数据手套有有线和无线、左手和右手、5 个传感器和 14 个传感器之分，可用于多种 3DVR 或视景仿真软件环境中。一般来讲，数据手套通常须同时与 6 自由度的位置跟踪设备结合使用，以识别三维空间的位移信息，达到真正的虚拟人手的动作和位置跟踪。图 2-17 所示为 5DT 公司 Glove 16 型 14 传感器数据手套。

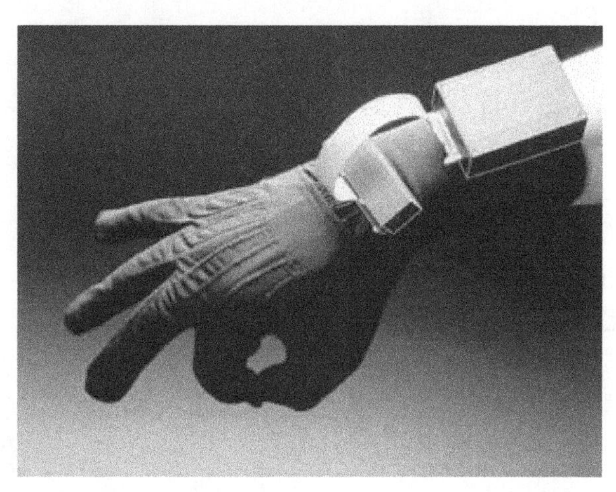

图 2-17　5DT 公司 Glove 16 型 14 传感器数据手套

2.1.4　手机和平板电脑

1. 手机

移动电话（Mobile），通常称为手机，是一种可以在较广范围内使用的便携式电话终端。

第一代手机（1G）是指模拟的移动电话，最早由美国摩托罗拉公司推出。由于受当时的电池容量和模拟调制技术和集成电路的发展状况等制约，这种手机只能称为可移动，算不上便携。另外，第一代手机收信效果不稳定，且保密性不足，无线带宽利用不充分。由于通话是锁定在一定频率的，所以使用可调频电台就可以窃听通话。

第二代手机（2G）也是最常见的手机。通常，这些手机使用 PHS、GSM 或者 CDMA 等十分成熟的标准，具有稳定的通话质量和合适的待机时间。为了适应数据通信的需求，一些中间标准也在这类手机上得到支持，例如支持彩信业务的 GPRS 和上网业务的 WAP 服务，以及各式各样的 Java 程序等。

第三代手机（3G）使用第三代移动通信技术。一般地讲，相对第一代模拟制式手机和第二代 GSM、CDMA 等数字手机，第三代手机是指将无线通信与互联网等多媒体通信结合的新一代移动通信系统。它能够处理图像、音乐、视频流等多种媒体形式，提供包括网页浏览、电话会议、电子商务等多种信息服务。为了提供这些服务，无线网络必须能够支持不同的数据传输速度，也就是说，在室内、室外和行车的环境中能够分别支持至少 2 Mb/s、384 Kb/s 以及 144 Kb/s 的传输速度。

目前，第四代手机（4G）已逐渐成为主流，它指的是第四代移动通信技术，也是 3G 的延伸。4G 集 3G 与 WLAN 于一体，并能够传输高质量视频图像，它的图像传输质量和高清晰度与电视不相上下。4G 系统能够以 10 Mb/s 的速度下载，比拨号上网快 200 倍；上传的速度也能达到 5 Mb/s，并能够满足几乎所有用户对于无线服务的要求。4G 通信技术并没有脱离以前的通信技术，而是以传统通信技术为基础，并利用一些新的通信技术，来不断提高无线通信的网络效率和功能的。如果说 3G 能为人们提供一个高速传输的无线通信环境，那么 4G 通信则是一种超高速无线网络，一种不需要电缆的超级信息高速公路，这种新网络可使电话用户以无线与三维空间虚拟实境连线。

2. 苹果智能手机 iPhone

苹果公司推出的 iPhone 将移动电话、可触摸屏以及具有桌面级电子邮件、网页浏览、搜索和地图功能的互联网通信设备完美地融为一体。iPhone 引入了多触点显示屏和全新用户界面，让用户用手指即可对它进行控制。iPhone 还开创了移动设备软件功能的新纪元，重新定义了移动电话的功能。

iPhone 集成了照相机、个人数码助理、媒体播放器以及无线通信设备等功能，支持 EDGE 和 802.11b/g 无线上网。此外，设备内置有感应器（即重力感应），能依照用户水平或垂直的持用方式自动调整屏幕显示方向；内置了光感器，支持根据当前光线强度调整屏幕亮度；还内置了距离感应器，防止在接打电话时误触屏幕引起的操作。图 2-18 所示为 iPhone 手机。

图 2-18　苹果 iPhone

IOS 是由苹果公司为 iPhone 开发的操作系统。它主要提供给 iPhone、iPod touch 以及 iPad 使用。IOS 的系统架构分为四个层次：核心操作系统层（the Core OS layer）、核心服务层（the Core Services layer）、媒体层（the Media layer）和可轻触层（the Cocoa Touch layer）。Objective-C 是 IOS 的开发语言，可看作是 C 语言的升级版。

3. Android 智能手机

Android 是基于 Linux 内核的操作系统，由 Google 公司在 2007 年 11 月正式发布。Android 采用了软件堆层（software stack，又名软件叠层）的架构，主要分为三部分。底层 Linux 内核只提供基本功能，其他应用软件则由各公司自行开发，程序主要用 Java 编写。

与 iPhone 相似，Android 采用 WebKit 浏览器引擎，具备触摸屏、高级图形显示和上网功能，用户能够在手机上查看电子邮件、搜索网址和观看视频节目等。

Android 比其他手机系统更强调搜索功能，其界面也更强大。

Android 手机系统的最大优势在于其开放性和服务免费。它是一个对第三方软件完全开放的平台，开发者在为其开发程序时拥有更大的自由度，这突破了 iPhone 等只能添加为数不多的固定软件的枷锁；同时，与 Windows Mobile、IOS 等厂商不同，Android 操作系统免费向开发人员提供，这样可节省近三成成本。正是由于 Android 系统具有如此的优越性，目前，它在全球智能手机市场上占据了近七成的份额。国内外一些知名手机生产厂商如三星、华为、中兴、摩托罗拉等，基本都生产以 Android 手机系统为主的手机。图 2-19 所示为 2014 年推出的三星 Note4 Android 系统手机。

图 2-19　三星 Note4 Android 系统手机

4. Windows Phone 智能手机

Windows Phone 是微软公司于 2010 年 2 月发布的一款智能手机操作系统。该系统具有桌面定制、图标拖曳、滑动控制等一系列前卫的操作体验。其主屏幕通过提供类似仪表盘的体验，来显示新的电子邮件、短信、未接来电、日历约会等，让人们对重要信息保持时刻更新。它还包括一个增强的触摸屏界面，更方便手指操作。由于 Windows Phone 和微软新一代桌面操作系统内核一致，所以能够实现微软 PC、智能手机、平板电脑之间的打通整合，包括新的同步客户端和一系列基础云服务，实现类似苹果各终端之间的内容同步（照片、音乐、电影）等功能。目前，支持 Windows Phone 系统的手机并不多，其市场份额只占 3% 左右，主要的生产商包括诺基亚、HTC 等。图 2-20 所示为采用 Windows Phone 8.0 操作系统的诺基亚 920 外观图。

图 2-20　诺基亚 920 外观图

5. 平板电脑

平板电脑是一种小型、方便携带的个人计算机，它以触摸屏作为基本的输入设备。为了方便携带，平板电脑允许用户进行输入的方式非常多，既可以触摸屏技术通过触控笔或手指进行作业，也允许用户通过屏幕上的软键盘、语音识别或者一个真正的键盘（如果可以配备的话）进行操作。目前，平板电脑市场上影响最大的是苹果的 iPad 系列。iPad 是基于 ARM 架构的，目前最新型号是 iPad Air2。iPad 的成功，使它几乎成为平板电脑的代名词。图 2-21

所示为 iPad 示意图。

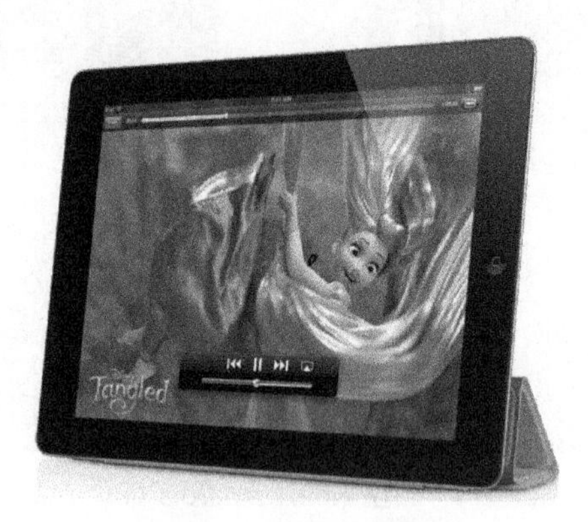

图 2-21 iPad 示意图

6. 手机与计算机的数据传输

（1）数据线传输

数据线传输是指用数据线连接移动设备和电脑来达到数据通信目的。目前，最为常见的手机数据线标准是 Mini-USB 和 Micro-USB。Micro-USB 相较 Mini-USB 而言，在体积、电气特性以及插拔次数方面都具有优势，因此，Micro-USB 接口已成为主流。Micro-USB 标准还支持目前 USB 的 OTG 功能，即在没有主机（例如个人计算机）的情况下，便携设备之间可直接实现数据传输，兼容 USB 1.1（低速：1.5 Mb/s，全速：12 Mb/s）和 USB 2.0（高速：480 Mb/s），且可以同时提供数据传输和充电。图 2-22 所示为 Micro-USB 数据线。

图 2-22 Micro-USB 数据线

（2）红外传输

红外也叫红外适配器。由于安装方便，在传输文件时不需要软件就可以直接在手机和计算机之间进行文件的传输，因而这种方式深受大家喜欢。但是需要注意的是，在传送时红外必须要对准红外端口才可以进行传送。

（3）蓝牙传输

蓝牙是蓝牙适配器的简称。蓝牙和红外一样安装方便，但与红外不同的是，手机和计算机只要在 10 m 以内的距离，就可以使用蓝牙进行传送，且在传输文件时，软件也可以直接进行文件传输。图 2-23 所示为蓝牙适配器。

蓝牙技术是一种无线数据与语音通信的开放性全球规范，它以低成本的近距离无线连接为基础，为手机和计算机之间的通信建立一个特别连接。蓝牙工作在全球通用的 2.4 GHz ISM（即工业、科学、医学）频段。其数据传输速率为 1 Mb/s。为避免不可预测的干扰源，蓝牙特别设计了快速确认和跳频方案以确保链路稳定。跳频技术是把频带分成若干个跳频信道（Hop Channel），在一次连接中，无线电收发器按一定的码序列（即一定的规律，技术上叫作“伪随机码”，

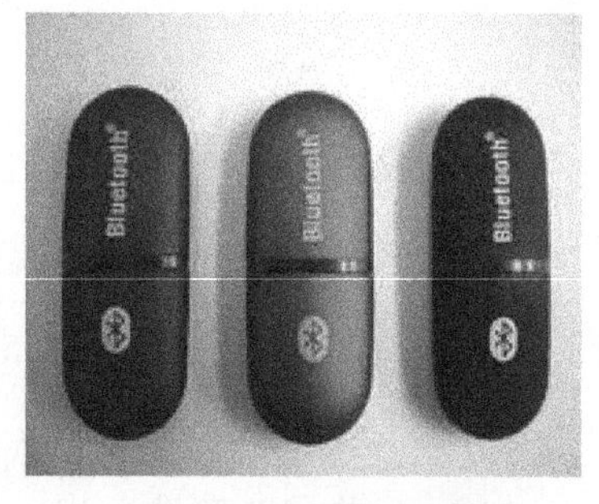

图 2-23 蓝牙适配器

就是“假”的随机码）不断地从一个信道“跳”到另一个信道，只有收发双方是按这个规律进行通信的，而其他干扰源不可能按同样的规律进行干扰。跳频的瞬时带宽是很窄的，但扩展频谱技术使这个窄带宽扩展成百倍而成为宽频带，使干扰可能带来的影响变得很小。

2.2 数字媒体软件基础

数字媒体涉及种类繁多的硬件设备，要处理形形色色的数字媒体数据，如何将这些硬件设备有机地组织到一起，使用户能够方便地使用数字媒体数据，是数字媒体软件的主要任务。除了常见软件的一般特性外，数字媒体软件常常要反映数字媒体技术的特有内容，如数据压缩、数字媒体硬件接口的驱动和集成、新型的交互方式，以及基于数字媒体的各种支持软件或应用软件等。

2.2.1 数字媒体软件的类别

数字媒体软件可以划分成几种不同的类别，即数字媒体操作系统、数字媒体素材制作软件、数字媒体编辑创作软件和数字媒体应用软件。

1. 数字媒体操作系统

数字媒体操作系统，又称数字媒体核心系统，具有实时任务调度、数字媒体数据转换功能和同步控制机制，能对媒体设备进行驱动和控制，同时，它带有图形和声像功能的用户接口等。

2. 数字媒体素材制作软件

数字媒体素材制作软件用于采集数字媒体数据，如声音录制、编辑软件，图像扫描及预处理软件，全动态视频采集软件，动画生成编辑软件等。

3. 数字媒体编辑创作软件

数字媒体编辑创作软件又称数字媒体著作工具，是在数字媒体操作系统之上开发的，供特定领域的专业人员组织和编排数字媒体数据，并将其连接成完整的数字媒体应用的系统工具。

4. 数字媒体应用软件

目前，数字媒体应用软件种类十分丰富，既有可以广泛使用的公共型应用支持软件，也有不需二次开发的应用软件。这些软件已开始广泛应用于教育、培训、电子出版、影视特技、动画制作、电视会议、咨询服务和演示系统等各个方面，今后它还会逐渐深入到社会生活的各个领域。

2.2.2 数字媒体素材制作软件

数字媒体素材是指文本、图像、声音、动画和视频等不同种类的媒体信息，它们是数字媒体产品中的重要组成部分。媒体素材的准备包括对上述各种媒体信息的采集、输入、处理，存储和输出等过程，在这些过程中使用的软件称为数字媒体素材制作软件。

1. 文本编辑和录入软件

在数字媒体创作中，虽然有多种媒体可以使用，但是当有大段的内容需要表达时，文本方式依然是使用最广泛的。文本数据的输入方式有直接输入、幕后载入、利用 OCR（光学字符识别）技术输入等。

一般，文本处理的主要内容包括字和段落的格式，常用的文本编辑软件包括 Word、WPS 等；常用的文本录入软件包括 IBM ViaVoice、汉王语音录入和手写软件等。

2. 图形图像编辑与处理软件

Photoshop 是 Adobe 公司旗下最为出名的图像处理软件之一，它集图像扫描、编辑修改、图像制作、广告创意、图像输入与输出等功能于一体，深受广大平面设计人员和电脑美术爱好者的喜爱。

从功能上看，Photoshop 可分为图像编辑、图像合成、校色调色及特效制作部分。图像编辑是图像处理的基础，可以对图像做各种变换，如放大、缩小、旋转、倾斜、镜像、透视等，也可进行复制、去除斑点、修补、修饰图像的残损等。图像合成则是将几幅图像通过图层操作、应用工具合成完整的、能够传达明确意义的图像，这是美术设计的必经之路。校色调色是 Photoshop 中深具威力的功能之一，可方便快捷地对图像的颜色进行明暗、色偏的调整和校正，也可在不同颜色之间进行切换，以实现图像在不同领域如网页设计、印刷、多媒体等方面的应用。特效制作包括图像的特效创意和特效字的制作，在 Photoshop 中主要由滤镜、通道及工具综合完成。图 2-24 所示为 Photoshop 界面。

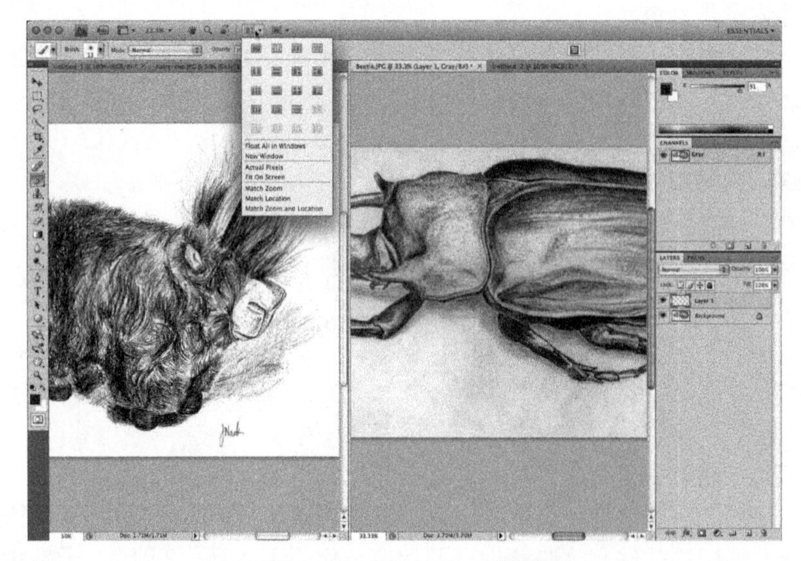

图 2-24 Photoshop 界面

3. 音频编辑与处理软件

声音与音乐在计算机中均为音频，音频是媒体节目中使用最多的一类信息，它主要用于节目的解说配音、背景音乐以及特殊音响效果等。

GoldWave 是一个集声音编辑、播放、录制和转换于一体的音频工具，体积小巧、功能强大。GoldWave 可打开的音频文件相当多，包括 WAV、OGG、VOC、IFF、AIF、AFC、AU、SND、MP3、MAT、DWD、SMP、VOX、SDS、AVI、MOV、APE 等音频文件格式，也可以从 CD、VCD、DVD 或其他视频文件中提取声音。GoldWave 内含丰富的音频处理特效，如多普勒、回声、混响、降噪等一般特效及由高级公式计算产生的特效。图 2-25 所示为 GoldWave 的主界面。

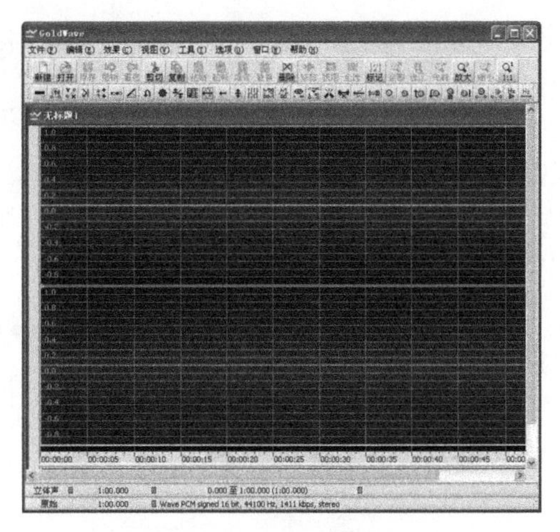

图 2–25　GoldWave 的主界面

4. 视频编辑

数字媒体硬件和软件所取得的进展，使得在数字媒体计算机中演示数字影视节目变得日益盛行。与图形、图像数据一样，视频也是以外部文件的形式输入到产品中的，所以准备视频资料就是采集或准备各种数据格式的视频文件。

Adobe Premiere 是一款常用的视频编辑软件，它有较好的兼容性，且可以与 Adobe 公司推出的其他软件相互协作。目前，这款软件广泛应用于广告制作和电视节目制作中。

Premiere 具有如下基本功能：

① 可以实时采集视频信号，采集精度取决于视频卡和 PC 的功能。其主要的数据文件格式为 AVI。

② 可以将多种媒体数据综合处理为一个视频文件。

③ 具有多种活动图像的特效处理功能。

④ 可以配音或叠加文字和图像。

图 2–26 所示为 Adobe Premiere 使用界面。

图 2–26　Adobe Premiere 使用界面

5. 动画编辑

动画具有形象、生动的特点，适宜模拟表现抽象的过程，易吸引人的注意力，在多媒体应用软件中对信息的呈现具有很大的作用。动画素材的准备要借助于动画创作工具，如二维动画创作工具 Flash 和三维动画创作工具 3D Studio Max 等。

Flash 由于具有文件数据量小、适于网络传输的特点，并且拥有可无限放大的高品质矢量图形、完美的声音效果及较强的交互性能，因此受到广大动画爱好者的一致欢迎。这也使得 Flash 日臻完善，并且已经成为目前事实上的交互式矢量动画标准。目前，许多产品展示、多媒体演示及课件的制作也都采用 Flash 进行，这进一步扩展了 Flash 的应用领域。图 2–27 所示为 Adobe Flash 主界面。

图 2–27　Adobe Flash 主界面

3D Studio Max，常简称为 3DS Max 或 MAX，是 Autodesk 公司开发的基于 PC 系统的三维动画渲染和制作软件。目前广泛应用于广告、影视、工业设计、建筑设计、多媒体制作、游戏、辅助教学以及工程可视化等领域。不同行业的应用对 3DS Max 的掌握程度也有不同的要求，相对来说，建筑方面的应用局限性要大一些，它只要求单帧的渲染效果和环境效果，只涉及比较简单的动画；片头动画和视频游戏应用中，动画占的比例很大，特别是视频游戏对角色动画的要求要高一些；影视特效方面的应用则把 3DS Max 的功能发挥到了极致。图 2–28 所示为 3D Studio Max 工作界面。

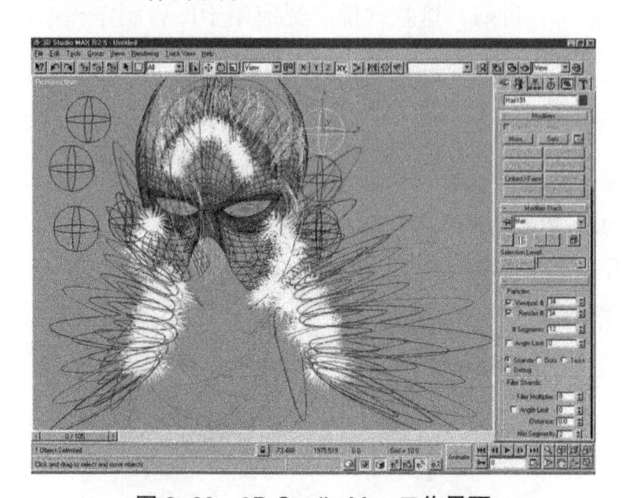

图 2–28　3D Studio Max 工作界面

2.2.3　数字媒体著作工具

随着数字媒体技术的迅速发展，人们能够通过计算机处理各种媒体信息，开发适合不同应用场合的数字媒体应用系统。早期，数字媒体应用软件的制作大多是依赖程序语言。但是，由于数字媒体技术的复杂性，以及对各种媒体处理与合成的高难度，通常应用程序设计数字媒体应用系统开发比一般计算机应用系统开发要难得多。

所谓数字媒体著作工具，是指能够集成处理和统一管理数字媒体信息，使之能够根据用户的需要生成数字媒体应用系统的工具软件。使用数字媒体著作工具的目的就是简化数字媒体的创作，使创作者可以不必关心数字媒体程序的细节而创作数字媒体的一些对象、一个系列以至整个应用程序。

数字媒体著作工具的类型可分为以下几种：以图标为基础的数字媒体著作工具，如 Micromedia Authorware；以时间为基础的数字媒体著作工具，如 Micromedia Action；以页为基础的数字媒体著作工具，如 ToolBook；以传统程序设计语言为基础的数字媒体著作工具。

在各种数字媒体应用软件的开发工具中，Macromedia 公司推出的 Authorware 是不可多得的开发工具之一。它的主要功能及特点：

① 编制的软件具有强大的交互功能，可任意控制程序流程。

② 在人机对话中，提供了按键、鼠标、限时等多种应答方式。

③ 提供了许多系统变量和函数，以根据用户响应的情况来执行特定功能。

④ 编制的软件除了能在其集成环境下运行外，还可以编译成扩展名为 .exe 的文件，在 Windows 系统下脱离 Authorware 制作环境运行。

图 2-29 所示为 Authorware 的工作界面。

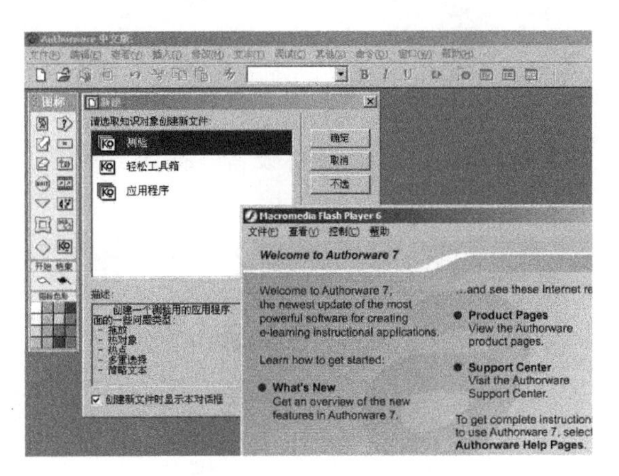

图 2-29　Authorware 的工作界面

2.2.4　数字媒体程序设计基础

在计算机发展初期人们就开始从事计算机图形的开发，但直到 20 世纪 80 年代末 90 年代初，三维图形才开始迅速发展。各种三维图形工具软件包相继推出，如 GL、RenderMan 等。随着计算机技术的迅速发展，GL 已经进一步发展为 OpenGL，现在 OpenGL 被认为是高性能图形和交互式视景处理的标准。这些三维图形工具软件包有些侧重于使用方便，有些侧重于绘制效果或与应用软件的连接，但没有一种软件包能在交互式三维图形建模能力和编程方便程度上与 OpenGL 相比拟。

下面介绍两种数字媒体程序设计的开发技术：OpenGL 和 DirectX。

1. OpenGL

OpenGL 是专业的图形程序接口，它定义了一个跨编程语言和跨平台的编程接口规格，用于二维和三维图像，是一个功能强大、调用方便的底层图形库。

OpenGL 是一个开放的三维图形软件包，它独立于窗口系统和操作系统，以它为基础开发的应用程序可以十分方便地在各种平台间移植。OpenGL 使用简便、效率高，具有的功能包括建模、变换、设置颜色模式、设置光照和材质、映射纹理、显示位图等。

2. DirectX

DirectX（Direct eXtension，DX）是由微软公司创建的多媒体编程接口。它由 C++ 编程语言实现，遵循 COM 标准，被广泛使用于 Windows、Xbox 和 Xbox 360 游戏开发中。DirectX 并不是一个单纯的图形 API（应用程序编程接口），它用途广泛，包含有 Direct Graphics（Direct 3D+Direct Draw）、Direct Input、Direct Play、Direct Sound、Direct Show、Direct Setup、Direct Media Objects 等多个组件，提供了一整套的多媒体接口方案，只是它在 3D 图形方面的优秀表现，让它其他方面显得暗淡无光。DirectX 使程序能够轻松确定计算机的硬件性能，然后设置与之匹配的程序参数。该程序使得多媒体软件程序能够在基于 Windows 的、具有 DirectX 兼容硬件与驱动程序的计算机上运行，同时，可确保多媒体程序能够充分利用高性能硬件。DirectX 包含的丰富 API 能访问高性能硬件的高级功能，如三维图形加速芯片和声卡。这些 API 也能控制低级功能（其中包括二维图形加速）、支持输入设备（如游戏杆、键盘和鼠标），并控制混音及声音输出。

习题

1. 根据你所拥有的数字媒体输入 / 输出硬件设备，描述它的类别、接口、支持的数据格式、传输速率等参数。

2. 描述你使用的手机的操作系统，尝试分析它的特点，以及和其他手机操作系统相比的优点和缺点。

3. 数字媒体著作工具和素材制作软件有什么联系和区别？

第 3 章
音频技术基础

我们在感知世界时，如果仅依靠眼睛，则感受到的世界是不完整的。声音作为携带信息的重要媒体，是我们传递信息、感知世界、开展娱乐活动的最主要的途径之一。那么，什么是声音？声音究竟是如何产生的？计算机能够处理的声音文件是什么样的？以上种种问题，皆可在本章找到答案。

3.1 声音的产生及基本特征

3.1.1 声音的产生和传播

铜钟被敲击时会发出绵延不绝的“嗡嗡”声，这反映了声音产生和传播的过程。声音是由物体的振动而产生的机械振动波。首先，声音的产生需要有声源或音源，例如铜钟，它能使周围的介质如空气、水等产生振动，并以波的形式进行传播；其次，声音的传播离不开介质，这里的介质主要指空气、液体和固体。人耳感觉到从介质传播过来的振动，就听见了声音。

3.1.2 振幅和频率

自然界的声音是随时间而变化的连续信号，可以用正弦或余弦函数逼近它，从而将连续的声波用单一频率的正弦波或余弦波来表示。

$$f(t_0)=\sum_{n=0}^{+\infty} A_n \sin(n\omega_0+\varphi_n)$$

由于声波也是波的一种，因此振幅和频率（或周期）就成为描述声波的重要参数。其中，声波的振幅（Amplitude）描述的是声波的高低幅度，即声音信号的强弱程度，表现为声音的大小；声波的周期是指两个相邻波之间的时间间隔；声波的频率（Frequency）描述的是声源每秒钟振动的次数，频率单位一般采用赫兹（Hz）来计算，表现为声音的音调，声音尖细表示频率高，反之，频率低。如图 3-1 所示，通常人可以听到的声音频率范围为 20 Hz~20 kHz，低于这个频率范围的称为“次声波”，高于此范围的称为“超声波”。

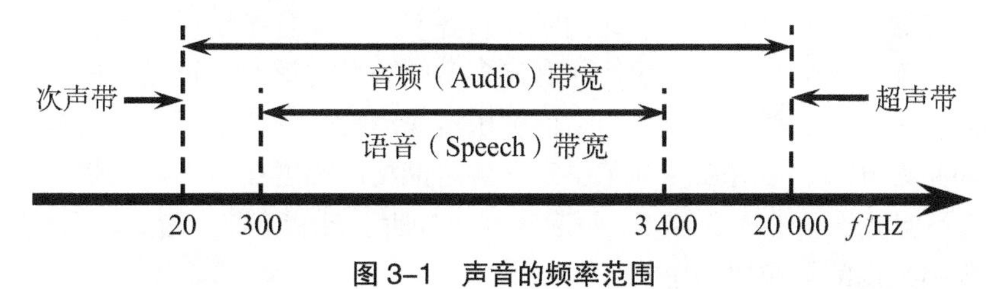

图 3-1 声音的频率范围

3.1.3 声音的三要素

我们以自身感受作为衡量声音的标准，把人耳能听到的声音范围称为听阈，以响度、音高和音色描述声音的振幅、频率和相位三个物理量，这也是衡量声音质量高低的三个主要特征，因而也称为声音的“三要素”。在多种音源的环境中，除了声音本身具有的三种特征，人耳的掩蔽效应特性发挥着更为重要的作用，它是心理声学的基础，将在后续章节进行进一步介绍。

1. 响度

响度又称音强或音量，表示声音能量的强弱程度，与声波振幅成正比关系。声音的强度一般用声压或声强计量，声压的单位为帕（Pa），它与基准声音比值的对数值称为声压级，单位为分贝（dB）。

响度是听觉的基础，人耳对于声音细节的分辨能力与响度有直接关系，但该关系并不是线性的，只有在强度适中时人耳辨音最为灵敏。正常人听觉的强度范围是 0~140 dB，超出人耳可以听见的频率范围（20 Hz~20 kHz）的声音，即使响度再大，人耳也听不出来（响度为 0）；在该范围内的声音，如果弱或强到一定程度，人耳也听不到。

2. 音高

音高也称音调，表示人耳对声音曲调高低的主观感受。音调的单位是 Hz，而代表主观感觉的音高单位为 Mel，音调与音高并不相同，但有联系，其度量关系为 $1\ \text{Mel}=1\,000\log_2(1+f)$，其中 f 表示客观的音调。

另外，音调与声音的频率有关，但并非是完全线性关系，一般来说，频率越高，音调越高；频率越低，音调也就越低。人们对音高的感觉与声音的频率大体呈对数关系，音乐中音阶的划分就是按频率的对数等分而得的，见表 3-1。在音乐中，每增加一个八度，其声音的频率就升高一倍。

表 3-1 音阶与频率的对应关系

音　阶	C	D	E	F	G	A	B
简谱符号	1	2	3	4	5	6	7
频率 /Hz	261	293	330	349	392	440	494
频率（对数）	48.3	49.3	50.3	50.8	51.8	52.8	53.8

3. 音色

音色又称音品，指声音的感觉特性。发声体振动的振幅决定了声音的响度，发声体振动的频率决定了音调的高低，而发声体材料、结构的不同又导致其发出声音的音色不同。

发声体整体振动时发出基音，与此同时，其各部分的复合振动形成泛音。每一种发声体发出的声音中，除了一个基音外，还伴随有许多不同频率的泛音，正是这些泛音决定了发声体音色的不同，使人能区别发出声音的是何种乐器或动物。音色主要是由谐音的多寡和各谐音的特性（如频率分布、相对强度等）决定。各阶谐波的幅度比例不同，随时间衰减的程度不同，音色就不同。乐音中泛音越多，听起来就越好听。低音丰富，给人以低沉有力的感觉；高音丰富，则给人以活泼愉快的感觉。

- 纯音：一般的声音由几种振动频率的波组成，若该声音只有一种振动频率，就叫作纯音。
- 复音：由许多纯音组成。复音的频率用组成这个复音的基音频率表示，一般的音乐都是复音。
- 基音：复音中频率最低部分的声音。
- 泛音：在一个复音中，除去基音外，所有其余的纯音都是泛音。

3.1.4　影响音色的主观因素

以上介绍了声音的三要素，在声音的实际评判过程中，人耳的感受也是非常重要的影响部分。一方面，人耳对声音的方位、响度等有不同的感受；另一方面，不同的人对同一种声音的感受也不尽相同。下面就从人耳的听觉特性方面入手，讨论影响音质音色的因素。

1. 方位感

人耳能够准确地辨别听到的声音来自哪个方向以及大概距离，这种听觉特性称为“方位感”。

2. 响度感

我们在收听歌曲时将原本很小的音量调大，只要响度稍有增加即有所感觉，然而当歌曲音量已震耳欲聋时，即使再调大声音，人耳的感觉也无明显变化，人耳对声音响度的这种听觉特性称为“对数式”特性。

另外，人耳对不同频率的声音所感受到的听觉响度也不相同。按照倍频关系将声音划分为低音频段 20~160 Hz（3 倍频）、中音频段 160~2 500 Hz（4 倍频）、高音频段 2 500~20 000 Hz（5 倍频）。其中人耳对中音频段的声音感受到的响度较大，对于 300~6 000 Hz 的频段较为敏感，而该频段包含大部分人讲话的声音以及婴儿啼哭的频率范围。

3. 音调感

人耳在声音响度较小的情况下，对音调的变化不敏感，对高、低音小范围的提升或衰减很难觉察。随着声音响度增大，人耳对音调的变化变得较为敏感，我们把人耳对音调的这种听觉特性称为“指数式”特性。

为了补偿人耳的这一听觉特性，增强人在声音响度较小时对音调的敏感程度，使之尽量平衡呈线性关系，通常将音量电位器按指数方式（Z）控制响度，而音调则采用对数方式（D）控制。

4. 音色感

人耳对音色的听觉反应非常灵敏，并具有很强的记忆与辨别能力。例如，我们熟知亲戚朋友的声音甚至脚步声，熟悉乐器的人可以快速分辨出乐曲是由何种乐器演奏的。除此以外，人耳对音色具有一种特殊的听觉综合性感受，这是由声场内的纵深感、方向、距离、定位、反射、衍射、扩散、指向性与质感等多种因素综合构成的，即使用世界上最先进的电子合成器模拟各种乐器，其声音的频谱、音色与真实乐器的完全一致，音乐发烧友仍能分辨其中的不同。

5. 聚焦效应

我们在欣赏演奏会时，可以将注意力与听力集中到小提琴发出的声音中，而忽略交响乐队中其他声部乐器的声音，这是由大脑皮层对其他声音的抑制作用实现的。我们把人耳的这种听觉特性称为“聚焦效应”。这种抑制能力因人而异，而且可以通过听力锻炼提高。

3.1.5 影响音色的模 / 数音频处理因素

除了人耳的听觉特性，声音本身的质量也会影响人的听觉感受。声音的质量简称为“音质”，音质的好坏与音色、频率范围、声音还原设备以及音频信号的信噪比等都有关系。

- 频率范围：声音的质量与声音的频率范围有关，即频率范围越宽，声音的质量就越好。表 3–2 是几种常见的声音频宽。

表 3–2 几种常见的声音频宽

声音类型	频宽 / Hz
电话语音	200~3 400
调幅广播	50~7 000
调频广播	20~15 000
宽带音响	20~20 000

- 动态范围：音频信号的动态范围是指信号的最强音与最弱音的强度差，用分贝（dB）表示。它是衡量声音强度变化的重要参数。在音乐中，动态范围小，给人以平淡、枯燥的感觉；而动态范围大，则给人以生动、细腻、表现力强的感觉。FM 广播的动态范围约 60 dB，AM 广播的动态范围约 40 dB。在数字音频中，CD–DA 的动态范围约 100 dB，数字电话约 50 dB。
- 信号转换：模拟音频信号转换为数字音频信号过程中的采样频率和量化数据位数，直接影响数字音频的音质。采样频率越低，位数越少，音质越差。
- 声音还原设备：音响放大器和扬声器的性能直接影响重放的音质。具体来说，音响放大器的频率响应指标（单位为 dB），描述了功率放大器的输出增益随输入信号频率的变化而提升或衰减，功率放大器的相位滞后随输入信号频率而变的现象。分贝值越小，说明信号失真越小，还原度和再现能力越强，重放的音质越好。
- 信噪比：信噪比是指音频信号的幅度和噪声信号的幅度比值。我们在自行录制音频时总是希望这个比值越大越好，因为较高的信噪比意味着声音不会被噪声干扰，成品音质较好。

3.2 模拟音频记录设备

早期，人们尝试通过机器直接记录声音的模拟信号，例如通过录音磁带和密纹唱片将声音拾取，处理后以磁记录或机械刻度的方式记录下来，此时磁带中剩磁的变化，或密纹唱片音槽内的纹路起伏变化都与声音信号的变化成正比关系。

1. 机械留声机

1857 年，法国发明家斯科特（Scott）发明了只能记录声音的波形而不能还原声音的声波振记器，这是最早的原始录音机，也是留声机的雏形。目前，公认的最早的可还原声音的记录设备是 1877 年爱迪生发明的留声机，如图 3–2 所示。它有一根固定在膜片上的刻针，刻针下面有一个能转动的圆筒，圆筒上铺有锡箔。对着膜片说话，膜片带动刻针上下振动，同时转动圆筒的摇把，小针就在锡箔上刻出与膜片振动相一致的深浅不同的沟纹，声音就这样被记录下来。相对地，让小针沿着刻好的沟纹滑动，带动膜片振动，膜片就发出与原来相同的声音。

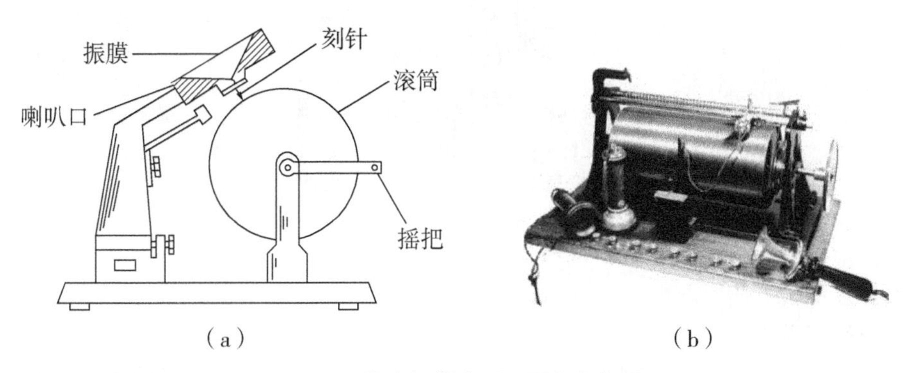

图 3-2　留声机构造原理图和实物图

1885 年，美国发明家奇切斯特·贝尔和查尔斯·吞特利用涂蜡的镀锌圆盘来代替爱迪生留声机中的圆筒，先将音乐刻录在蜡层上，这样就可以从蜡层上大量复制唱片了。1887 年，旅美德国人 Emil Berliner 成功地研制了这种使用圆盘刻录的唱片机，并获得了专利。于是，留声机和唱片开始大量生产并在家庭中使用。

进入 20 世纪，电子管的产生，使得电信号的放大成为可能。以贝尔实验室为代表的一些研究机构开始用电气马达代替手摇（图 3-3），并把麦克风和功率放大器等设备应用到唱片录音上，这标志着录音开始进入电声录音时代（图 3-4）。后来，随着盒式磁带的出现，留声机逐渐被淘汰。

图 3-3　手摇式唱片机

图 3-4　电气式唱片机

2. 钢丝录音机

美国人史密斯于 1888 年提出用磁体记录声音的设想，丹麦电话工程师将这一设想变成现实。他发明的永磁钢丝录音机与传统的唱片机不同，与振动膜片相连的不是尖针，而是一块小磁铁。当磁铁振动时，一根钢丝在磁铁前匀速通过，钢丝上不同的位置发生不同程度的磁化，这样声音就变为强弱不同的磁信号，从而被记录下来。后来，美国科学家马文·卡姆拉斯对钢丝录音机进行了改良，采用通电的线圈代替磁铁，并让钢丝以穿过线圈的方式进行磁化，改良后的录音机性能提升了很多。图 3-5 所示为美国产“芝加哥—西风”牌钢丝录音机。

图 3-5　钢丝录音机

3. 磁带录音机

由于钢丝笨重而不易携带，并且音质不好，美国的奥奈尔将铁粉涂在纸带上代替钢丝，制造了世界上最早的磁带录音机。1928 年，德国人弗勒马用塑料带代替牛皮纸带，并将氧化铁粉涂在上面，使磁带更加牢固可靠。当时的录音机主要以开盘录音机（图 3-6）为主，并有不同的规格。50 年代菲利浦公司在开盘式录音机的基础上发明了走带构造，才使得录音机真正普及到了家庭之中。随后出现的立体声录音机和磁带录音机（图 3-7）被投入市场，使得磁带录音机风靡全球。

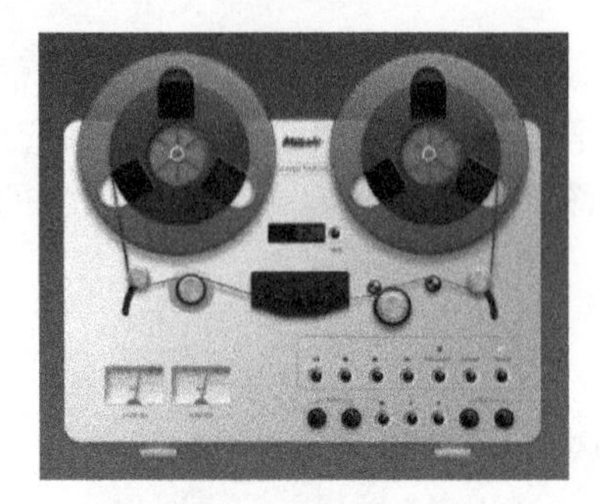

图 3-6　开盘式录音机

图 3-7　磁带式录音机

从传统模拟音频记录设备的演变来看，其记录介质经历了石蜡（锡箔）、钢丝到磁带的过程；技术手段经历了由机械记录演变到磁记录的过程；设备结构经历了从开放式的开盘结构到封闭式的磁带结构的演变过程。

3.3　音频数字化

传统的模拟音频设备，都是采用模拟信号处理方式来记录和重放音频的。比如我们常用的录音机，在录音时将声音信号变为电信号，再利用磁头把电信号转换为磁信号记录在磁带上；重放时的处理过程与此相反，它将磁带上的磁信号转换为声音信号再播放出来。采用模拟的方式记录和重放声音曾经流行过相当长的一段时间，但是它的缺点在如今看来也是显而易见的。

首先，从音频信号的动态范围来看，实际声场中的声音动态范围可以达到 120 dB，但对于磁带这种模拟设备来说，要想使存储的声音达到这样的动态范围是不可能的。实际上，这类设备的动态范围一般不超过 60 dB。其次，从重放时的效果看，留声机、录音机等模拟设备由于存在失真、噪声以及电动机转速不均匀等问题，使得重放的效果大打折扣；数字录音的音乐是以数字的形式存储的，而数字的传输错误率低至可以忽略不计，因此录制好的音乐可以多次复制而效果不变。最后，对于传统的音频设备来说，声音都是以线性的方式存储在唱盘、磁带上的，因此对于声音的后期处理很不方便；数字音频处理则是通过信号处理的方式进行的，因此处理方式多种多样且操作简单。

在计算机出现以后，我们通常对模拟音频进行数字化处理，将模拟存储的声音转换为计算机能够识别的二进制数字信号，再应用已有的计算机处理技术与数字信号处理技术，从而很好地解决上述问题。

3.3.1　模拟音频与数字音频

声音是机械振动的结果，振动越强，声音越大。模拟音频技术是以模拟电压的幅度表示声音的强弱，而模拟声音的录制是将代表声音波形的电信号转移并存储到适当的媒体（如磁带或唱片）上，播放时再将记录在媒体上的信号还原为声音波形。因此，模拟音频信号在能量转换、信号传输、信号存储以及声音的重放过程中，其信号都是连续不间断的。

在计算机内，所有信息都是以二进制数字来表示的，不仅各种幅度的物理量是数字，各种命令也是数字。数字音频就是用一系列的二进制数据来保存的声音信号，它在存储、传输以及处理的过程中都是离散的信号。

与模拟音频相比，数字音频信号有其显著的特点：

① 动态范围大。如果数字音频采用 16 bit 的量化精度，音频信号的幅值可分为 65 536 个量化等级，动态范围高达 $20\lg 2^{16}=96$（dB）。由此可见，其记录信号的动态范围比模拟音频提高了将近一倍，这也是 CD 技术之所以取得高水准音质的重要原因。

② 信息易处理。数字音频信息是以二进制数的形式存储的，所以可以用计算机对数字音频信息进行各种特效以及非线性编辑。

③ 可靠性高，重放无失真。在数字音响系统中，即使从记录到重放的过程中有失真和噪声，由于重放时不需要考虑信号的幅值大小，只要能识别码的长短、脉冲的有无或电压的高低等就可再现原有信号，因此，对硬件一致性和稳定性的要求下降了很多。

④ 媒体易保存，使用时间长。若采用数字化的光盘或其他存储介质，重放时不存在机械磨损，可大大延长使用寿命。

⑤ 成本低。数字化信息便于大规模集成电路的存储和处理，可以降低成本。

3.3.2　声音的数字化过程

如前所述，声波是随时间变化的物理量，可以通过能量转换装置，使用随声波变化而改变的电压或电流信号来模拟声波的变化过程。然而，模拟电压难以保存和处理，并且计算机无法直接处理这些模拟量。因此，首先要把模拟声音信号通过模数（A/D）转换电路转换成数字信号（图 3-8），然后由计算机对数字信号进行处理；处理后的数据再由数模（D/A）转换电路还原成模拟信号，通过扬声器或其他设备输出，这就是音频数字化及处理的过程。

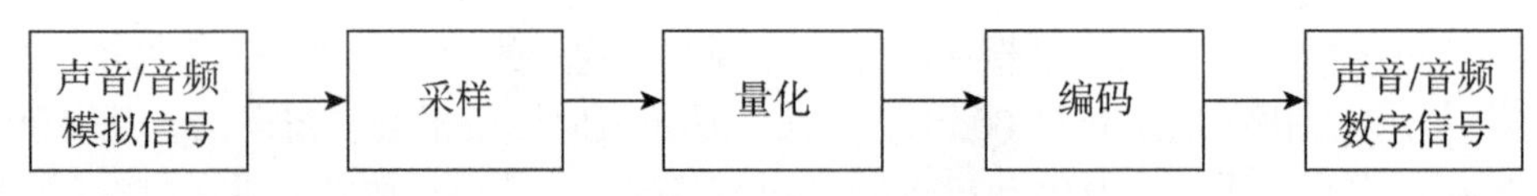

图 3-8　音频模拟信号数字化流程

1. 采样

如图 3-9 所示，每隔一定时间间断性地在模拟音频的波形上采集幅度值的过程称为采样。其中，每次采样所获得的数据与该时间点的声波信号相对应，称为采样样本。将这一连串的样本连接起来，就可以描述一段声波了。

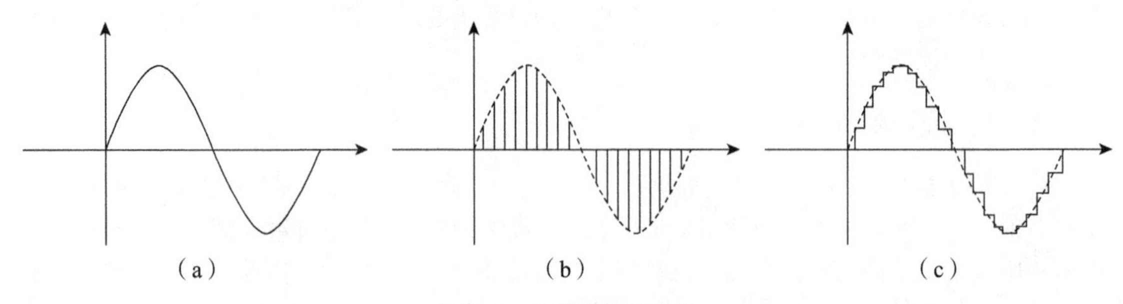

图 3-9　音频信号的采样

(a) 连续的模拟声音信号；(b) 声音信号的采样；(c) 离散的音频信号

奈奎斯特采样定理明确指出：当对连续变化的模拟信号进行采样时，只要采样频率 f 高于被采样信号最高频率的两倍，那么就可以通过插补技术正确地恢复原始的模拟信号，否则就会引起频谱混叠，而混叠的部分是不能够通过插补技术正确恢复的。根据奈奎斯特采样定理，就可以确定常用的音频信号采样频率标准。例如，假设音频信号的频率最高为 20 kHz，则采样频率 f_s 应该大于 40 kHz，但由于 LPF 在 20 kHz 处大约有 10% 的衰减，为了全频带高质量地还原，可以选择 22 kHz 的 2 倍作为音频信号的采样频率。同时，由于我国电视所使用的 PAL 制式场频为 50 Hz，而 NTSC 制式的电视场频为 60 Hz，为了使音频信号能与电视信号同步，选择两者的整数倍，即 44.1 kHz 作为音频信号的采样频率，这就是 CD-DA 音频信号的采样标准。对于电话音质来说，话音的信号频率约为 3.4 kHz，采样频率为最高频率的 2 倍再取整，即选择 8 kHz 为电话音质的采样标准。常见的采样标准与其对应的音质见表 3-3。

表 3-3　常见的采样标准与音质

采样频率 /kHz	声音质量
8	电话质量
11.025	AM 音质
22.05	FM 音质
44.1	CD 音质
48	DAT 音质

2. 量化

经过采样得到的样本是模拟音频的离散点，但在幅值上仍然是连续的，即每一个采样值都可能取最大幅值范围内的所有值。为了将采样得到的离散序列传入计算机并进行后续处理，必须首先将这些采样后的数据在幅值上进行离散化，再将其转换为计算机也能识别的二进制数字，这一过程称为量化编码。

量化是指将整个幅度划分为有限个小幅度（量化阶距）的集合，再把落入某个阶距内的采样值归为一类，并赋予相同的量化值。满幅度的模拟数据平均分得的份数称为该模拟数据的量化级数，而表示该级数所采用的二进制的位数称为量化位数。

当量化位数为 n 时，量化级数则为 2^n。显然，量化位数越大，量化级数就越多，所能记录声音的变化程度就越细腻，量化后的样值就越接近原始值，但位数的增多会使得量化后的数据量增大，这对声音数据的存储、传输和处理是不利的，因此，在量化位数的选择上应该综合考虑信号质量和数据量的大小。因为计算机是按字节来组织存储器的，因此一般选择 8 位、16 位或 32 位进行量化。

当量化位数确定后，每一个采样样值都要按照一定的方法对应到相应的量化级数上，这时所采用的方法就是取整，一般是按照四舍五入的方法将每一个样值归到某一个与其最接近的量化级上。量化级的最小单位称为量化级差，它是二进制最低有效位所代表的物理量。在量化过程中，由于四舍五入所导致的量化后的输出值与输入样值的差称为量化误差，或称作量化噪声。

（1）均匀量化

均匀量化采用相等的量化间隔来度量采样得到的幅度。该方法对于输入信号，不论大小一律采用相同的量化间隔，因此获得的音频具有品质较高的优点，但是同时也存在音频文件容量较大的缺点。

（2）非均匀量化

非均匀量化对输入的信号采用不同的量化间隔，例如，对于小信号，则采用较小的量化间隔；对于大信号，则采用较大的量化间隔。采用该方法虽然能减小文件容量，但对于大信号的量化误差较大。

3. 编码

编码即编辑数据，是指将量化后的数据用计算机二进制数的数据格式表示出来的过程，也就是设计如何保存和传输音频数据的方法。日常生活中用到的 MP3、WAV 等音频文件格式，就是采用不同的编码方法得到的不同数字音频文件。

声音的三大要素（响度、音调和音色）可以由传声器转变为相应的电流三大特性（幅度、频率和波形）。表 3-4 给出了模拟电压的均匀量化编码实例。

表 3-4　模拟电压的均匀量化编码

电压范围 /V	量化数值	编码
0.5~0.7	3	11
0.3~0.5	2	10
0.1~0.3	1	01
−0.1~0.1	0	00

3.3.3 数字音频的分类

由上一节可知，模拟声音通过采样、量化及编码等一系列过程就可转换为数字音频序列。在实际生活中，对于电话语音质量的要求显然与高保真家庭影院甚至电影院的不同。在接下来的章节中，将数字音频信息按用途、来源和文件格式等进行分类说明。

1. 按用途分类

按照使用场合及功能的不同，可将音频文件分为语音、音乐及音效等。

（1）语音

语音是人类器官发出的具有特定意义的声音，通常利用麦克风和录音软件把语音信息录入计算机。语音的四要素分别为音高、音强、音长和音色。其中，音高指声波频率，即每秒振动次数的多少；音强指声波振幅的大小；音长指声波振动持续时间的长短，也称为“时长”；音色指声音的特色和本质，也称为“音质”。

（2）音乐

音乐是指有旋律、节奏或和声的人声或乐器音响等配合构成的旋律，数字音乐是用数字格式存储的、可以通过网络传输的音乐，无论经历多少次下载、复制和播放，其品质都不会发生变化。

（3）音效

音效是指有特殊效果的声音，例如汽车轰鸣声、爆炸声、敲击金属等材质的声音等。效果声的制作最直接的方法是录制自然的声音，例如，让一群人在打开的麦克风前鼓掌，就可获得鼓掌声。在现代广播电视配音等领域，也可通过替代物品的声音来获取某些特殊的音效，例如，专业配音演员利用口技模仿爆炸声等。

2. 按来源分类

音频文件根据来源可分为数字化声波、MIDI 合成和声音素材库三大类。

（1）数字化声波

数字化声波是将麦克风插在计算机的声卡上，利用录音软件，将语音和音乐等波形信号经由模 / 数转换实现数字化存储和编辑，必要时还可通过数 / 模转换还原成原来的波形。

（2）MIDI 合成

MIDI（Musical Instrument Digital Interface）乐器数字接口，是 20 世纪 80 年代初为解决电声乐器之间的通信问题而提出的。MIDI 作为编曲界最广泛的音乐标准格式，可称为计算机能理解的乐谱。MIDI 与数字音频有着本质的区别，前者提供一组乐器的指令，而后者描绘一个音频波形。MIDI 传播的不是声音信号，而是音符、控制参数等指令，几乎所有的现代音乐都是用 MIDI 加上音色库来合成的。MIDI 合成就是利用连接计算机的 MIDI 乐器数字化接口，弹奏出曲子，或者合成音效并录入计算机，再通过音频软件进行编辑的过程。

（3）声音素材库

与图像素材获取的过程类似，可将录音带或 CD 唱盘等声音素材库中的曲子，用放音设备通过转接线转录到计算机中，再用声音软件加以编辑，存成多媒体软件可以读取的文件格式。需要注意的是，使用声音素材库中的乐曲等需要获得版权许可。

3. 按格式分类

数字音频通过各种编码方法形成不同的数字音频文件格式。随着多媒体技术和网络技术的迅速发展，以及 CD、MP3、录音笔、手机等各种多媒体设备相继进入人们的生活，数字音频的文件种类也日益丰富。到目前为止，出现过的数字音频格式已经数不胜数，有些现在仍然被广泛地应用，有些已经慢慢地淡出了人们的视野。

根据人们所用的数字音频设备的不同，其所采用的音频文件格式也不同，最常见的数字音频格式有 WAV、MIDI、MP3、RealAudio、WMA、AU、AIFF、VQF、APE、CD、AAC、CDA、OGG、VOC 等。

（1）WAV 文件

WAV（Wave）文件又名波形文件，是 Microsoft 公司与 IBM 公司联合开发的一种古老的音频文件格式，扩展名为 .wav。WAV 文件是以一定的采样频率对模拟音频采样，得到一系列离散的采样点，再把采样点的采样值量化成二进制数，从而得到的数字音频。

所有的 WAV 文件都有一个文件头，用来保存音频流的编码参数。在 Windows 平台下，基于 PCM 编码的 WAV 是使用最广泛的音频格式，所有音频软件都能支持该格式。由于 Windows 系统的普及，这个格式已经成为事实上的通用音频格式。

WAV 文件囊括了各种精度的音频，可以支持多种采样频率、量化位数和声道数量。由于 WAV 直接记录声音的波形，对数据不做任何的压缩，因此其文件的数据量非常大。如果存储 1 小时的采样频率为 44.1 kHz，16 位量化精度的双声道立体声 WAV 文件，所需占用的存储空间大约为：

$$\frac{\text{采样频率}\times\text{采样精度}\times\text{声道数}}{8}\times\text{时间}=\frac{44.1\times16\times2}{8}\times60\times60=635\,040(\text{KB})$$

其音质跟 CD 盘的音质几乎没有区别。由于 WAV 本身可以达到较高的音质要求，因此，它也是音乐编辑创作的首选格式，适合保存音乐素材。

WAV 文件格式设计得非常灵活，可以存放任何媒体数据，比如压缩音频 MP3，甚至是一幅图像都可以存放在 WAV 文件中。WAV 文件本身的结构决定了它的用途是存放音频数据并做进一步处理的，而不是像 MP3 那样用于聆听。

WAV 波形文件在采样频率、数据量和声音重放等方面具有明显特点：

① 采样频率越高，数字化声音与声源的效果越接近，音质越好，数据量越大。

② 采样精度越高（位数越多），数据的表达越精确，音质越好，数据量越大。

③ 可选择数字音频信号的声道数。如果选择立体声，则数据量比单声道的大一倍。

④ 可真实记录任何音源发出的声音，声音效果稳定。

⑤ 音频数据基本没有经过压缩处理，数据量较大。

（2）MIDI 文件

MIDI（Music Instrument Digital Interface）指电子乐器数字接口，是由世界上的电器乐器制造商建立的一个通信标准，用以规定在音乐合成器、乐器和计算机之间交换音乐信息、播放和录制音乐的一种标准协议。MIDI 文件的扩展名为 .mid。

MIDI 文件中包含音符、定时和多达 16 个通道的乐器定义，每个音符包括键、通道号、持续时间、音量和力度等信息，因此，MIDI 文件记录的不是乐曲本身，而是一些描述乐曲演奏过程的指令。播放的时候再对这些指令进行分析，然后通过 FM 或者波表的方式进行合成。FM 合成是通过将多个不同频率的声音进行混合，来模拟乐器的声音；波表合成是将乐器的声音样本存储在声卡的波形表中，播放的时候从波形表中取出产生的声音，然后进行合成。由于不同的声卡所采用的合成方式不同，而硬件音源的音色各有差异，相同的 MIDI 文件在不同的设备上播放会有不同的效果。因此，与波形文件不同，MIDI 文件主要用于计算机声音的重放和处理。

与其他文件格式相比，MIDI 文件具有显著的优点：

① MIDI 文件很小。由于 MIDI 文件存储的都是一些指令，而不是声音本身，因此十分节省空间。例如，同样半小时的立体声音乐，波形（WAV）文件需要大约 300 MB，而 MIDI 文件只有 200 KB 左右。

② 容易编辑。MIDI 存储的是指令或命令，对命令的编辑要比波形容易得多，比如可以很容易地改变某音乐所用的乐器，或者某个音的长短、音调高低等。

③ 适合作为背景音乐。MIDI 音乐可以和其他媒体，如数字电视、图形、动画、语音等一起播放，也可以作为网页的背景音乐来播放。

MIDI 格式的主要缺点是它缺乏重现真实自然声音的能力，因此不能用在需要语音等自然音的场合。此外，MIDI 只能记录标准所规定的有限乐器的组合，而且回放质量受声卡上合成芯片的限制。

（3）MP3 文件

MP3 是采用 MPEG-1 Audio Layer 3 标准对 WAV 音频文件进行压缩，以较大的压缩比达到 CD 唱片的音质。虽然 MP3 采用的是一种有损压缩方式，但由于其削减了音频中人耳听不到的成分，同时尽可能地维持原有音质，因此非常实用。

MP3 是网络上常用的音乐格式，一张 MP3 唱片能容纳 10 张 CD 唱片的歌曲。每分钟的 WAV 格式文件大约占用 10 MB 的存储空间，而每分钟 MP3 音乐格式文件仅占用 1 MB 左右的空间。一张标准的 CD-ROM，刻录成音乐 CD 只能存放几首乐曲，但使用 MP3 格式却能容纳几百个曲目。在有限的存储空间里，能够存储大量的音频数据，这使得 MP3 格式极大地方便了音频的存储、交流和传输。MP3 编码虽不适用于实时传送，但能在低编码速率下提供较高的音质，所以成为网上音乐的主流编码方式。

目前，网络上广为流传的 MP4 格式文件，不仅可以为观众提供高质量的听觉享受，还可以提供高清视频信息。MP4 采用了 MPEG-2 AAC 技术，其特点是音质更加完美，压缩比更大（15:1~20:1），增加了多媒体控制、降噪等 MP3 所没有的特性。此外，经过以 DivX 或者 XviD 为代表的 MP4 技术处理过的视频、音频质量下降不大，但容量缩小到原来的几分之一。

（4）Real Audio 文件格式

Real Audio（RA）、RAM 和 RM 都是 Real Networks 公司开发的典型音频流文件格式，它包含了 Real Networks 公司所指定的音频、视频压缩规范（称作 Real Media），主要用于在低速的因特网上实时传输音频信息。根据网络连接速度不同，客户端所获得的声音品质也不尽相同：对于 14.4 kb/s 的网络连接，可以获得调幅（AM）质量的音质；对于 28.8 kb/s 的网络连接，可以达到调频（FM）广播级的声音质量；如果使用 ISDN 或 ADSL 等更快的连接线路，则可以获得 CD 音质的声音。

Real 音频具有流媒体的一切优点——文件小、易于传输、可在线实时播放，因此是目前网络上实时播放的主流格式。不过由于 Real Media 是从极差的网络环境下发展过来的，所以 Real Audio 的音质并不好，在高码率时要比 MP3 差。尽管后来 Real Networks 公司通过与

SONY公司合作，使用ATRAC技术实现高比特率下的高保真压缩，但这些已经无法改变它在用户心目中音质差的印象。这也是很多音乐网站能够提供免费的RA音乐下载的一个重要原因。RA音乐的主要用途是在线聆听，不适合用于编辑和处理。

（5）WMA文件格式

WMA（Windows Media Audio）是Microsoft为了挑战Real Networks在流媒体领域的霸主地位所推出来的音频格式。最初WMA的效果与RA相差不大，但随着Windows Media Player 9技术的推出，WMA已经令人刮目相看了。微软公司声称，在只有64 kb/s的情况下，WMA可以达到或接近CD的音质。WMA的压缩技术中还拥有可变码率（VBR）、无损压缩技术，并支持多声道编码。WMA中还加入了数字版权管理（Digital Right Management,DRM）技术，可以防止复制以保护版权。

目前，WMA已经成为MP3的主要竞争对手之一。WMA格式可以将音频文件压缩到原来的1/18，其压缩率比MP3还高。无论从技术性能上，还是从压缩率上，WMA都比MP3好。WMA以其优异的性能和高压缩比的特点，成为微软公司主推的在线音频格式。

（6）AIFF/AU文件格式

AIFF（Audio Interchange File Format）格式和AU格式都与WAV格式很相似，大多数的音频编辑软件也都提供了对它们的支持。AIFF作为苹果电脑的标准音频格式，被Mac平台及其应用程序所支持。这一格式的特点就是格式本身与数据的意义无关，因此受到了Microsoft的青睐，并在此基础上开发出了WAV格式。AIFF虽然是一种很优秀的文件格式，但由于适用主机的局限性，远没有PC平台上通用的WAV格式那么流行。不过由于Apple电脑多用于多媒体制作出版行业，因此几乎所有的音频编辑软件和播放软件都或多或少地支持AIFF格式。

AU文件格式最初是由SUN公司推出的一种数字音频格式，是UNIX平台下常见的一种音频格式。AU格式本身也支持多种压缩方式，但其文件结构的灵活性远比不上AIFF和WAV。由于平台的限制，AU格式所得到的支持也远不如AIFF和WAV。

（7）CD音频

CD-DA（Compact Disk-Digital Audio）是光盘的一种存储格式，专门用于存储和记录音乐。CD文件格式的采样频率为44.1 kHz，每个采样使用16位存储信息，文件后缀为.cda。该格式可以提供高质量的音源，而且不是通过硬盘存储声音，而是直接通过光盘由CD-ROM驱动器中的特定芯片处理后完成相关操作。

（8）AAC格式

AAC是Advanced Audio Coding（高级音频编码）的缩写。AAC最早出现于1997年，是基于MPEG-2的音频编码技术。AAC由Fraunhofer IIS、杜比实验室、AT&T、Sony（索尼）等公司共同开发，目的是取代MP3格式。2000年，随着MPEG-4标准的出现，AAC加入了一些新的特性，成为MPEG-4音频编码的核心，为了区别于传统的MPEG-2，AAC又称为MPEG-4 AAC。

AAC的音频算法在压缩能力上远远超过了以前的一些压缩算法（比如MP3），它同时支持多达48个音轨、15个低频音轨、更多种采样率和比特率，具备多种语言兼容能力和更高的解码效率。总之，AAC可以在比MP3文件缩小30%的前提下提供更好的音质。

AAC格式的特点：

① 低比特率（相对较高的音质）和较小的文件数据量，使用 SBR（频段复制）技术。
② 支持多声道：最多可提供 48 条带宽声道。
③ 更高的解析度：最高支持 96 kHz 的采样频率。
④ 更高的解码效率：解码播放器所占的资源更少。

3.4 数字音频质量及相关技术指标

通过音频模拟信号的数字化流程获得了可以在计算机中存储并进行处理的数字音频。评价数字化音频的标准就是声音的质量好坏，而在数字化的采样、量化和编码过程中，选取的采样频率、量化位数和声道数将会影响音频数字信号的质量。

3.4.1 数字音频质量

声音的质量是指经传输、处理后音频信号的保真度。

首先，模拟音频与数字音频的音质要求存在不同。以模拟音频为例，再现声音的频率成分越多，失真与干扰越小，声音保真度就越高，音质也越好；对于数字音频来说，再现声音频率的成分越多，误码率越小，音质越好。

其次，不同类别的声音作用不同，其音质要求也各不相同。例如，语音音质保真度主要体现在清晰、不失真上（忠实再现平面声像）；乐音的保真度要求较高，根据目前大众对环绕立体声甚至虚拟现实系统的需要，设计厂商着力于采用多声道模拟环绕立体声或虚拟双声道 3D 环绕声等方法，再现原有声源的一切声像（忠实再现空间声像）。

最后，在对数字音频信号进行存储和传输时，经常要对这些音频信号进行压缩编码和纠错编码。压缩编码的目的是降低数字音频信号的数据量和数码率，以提高存储和传输的有效性；纠错编码用于为信号提供纠错、检错能力，从而提高音频信号存储和传输的可靠性。音频信号的用途不同，压缩编码的质量标准也不同，例如，电话质量的音频信号采用 ITU-TG 711 标准，用 8 kHz 取样、8 b（比特）量化，码率为 64 Kb/s；AM 广播采用 ITU-TG・722 标准，用 16 kHz 取样、14 b 量化，码率为 224 Kb/s 等。

3.4.2 衡量数字音频质量的三大参数

在数字化的采样、量化和编码过程中，选取的采样频率、量化位数和声道数将会影响音频数字信号的质量。因此，可以用以下三个参数来衡量数字音频的质量。

1. 采样频率

采样频率指计算机每秒对声波幅度值样本采样的次数，是描述声音文件音质、音调、声卡的质量标准，计量单位为 Hz（赫兹）。采样频率越高，意味着采样的时间间隔越短，因此，在单位时间内计算机得到的声音样本数据越多，所需的存储空间越大，声音的还原过程越真实自然。常见的采样频率有 8 kHz、11.025 kHz、22.05 kHz、44.1 kHz、48 kHz 等。

2. 量化位数

如前所述，通过采样获得的样本需要进行量化，而量化位数也称为“量化精度”，是描述每个采样点样本值的二进制位数。常用的量化位数有 8 位、12 位和 16 位。其中，8 位量化位数表示每个采样值可以用 2^8 个不同的量化值之一来表示，16 位量化位数则表示每个采

样值可以用 2^{16} 个不同的量化值之一来表示。量化位数决定了声音的动态范围，量化位数越高，音质越好，但音频文件的数据量也越大。

3. 声道数

声音通道的个数称为声道数，声道数指一次采样所记录的声音波形个数。记录声音时，如果每次生成一个声波数据，则称为单声道；如果每次生成两个声波数据，则称为双声道（立体声）；每次生成前左、前右、后左、后右四个声道则称为 4 声道；目前，家庭影院中的 5.1 甚至 7.1 声音系统则是在此基础上通过加入超低音声道、中置声道形成的新型声音系统。随着声道数增加，声音质量提升，音频文件所占用的存储容量也成倍增加。

3.4.3　评价再现声音质量的方法

在前面的章节中学习了人耳对于不同音质、音色的感受，以及模 / 数转换过程对音质的影响，对于数字音频信号的再现过程，可以通过主观评价和客观评价两种方法评价其质量。

1. 语音音质

评定语音编码质量的方法分为主观评定和客观评定。其中，主观评定标准即主观打分（MOS），分为以下五级：5（优），不察觉失真；4（良），刚察觉失真，但不让人讨厌；3（中），察觉失真，稍觉讨厌；2（差），讨厌，但不令人反感；1（劣），极其讨厌，令人反感。当再现语音频率达到 7 kHz 以上时，MOS 可评为 5 分。这种评价标准广泛应用于多媒体技术和通信技术中，常见于可视电话、电视会议、语音电子邮件、语音信箱等。

2. 乐音音质

乐音音质受多种因素影响，如声源特性（声压、频率、频谱等）、音响器件的信号特性（失真度、频响、动态范围、信噪比、瞬态特性、立体声分离度等）、声场特性（如直达声、前期反射声、混响声、两耳间互相关系数、基准振动、吸声率等）、听觉特性（如响度曲线、可听范围、各种听感）等。由于影响音质的原因相对复杂，因此对音响设备再现音质的评价难度较大。

通常采用以下两种方法评价乐音音质：一是使用仪器测试技术指标；二是凭主观聆听各种音效。评价乐音音质或音响系统是否符合高保真（Hi-Fi，High-Fidelity）要求，一般可采用主观听音评价和客观指标测试相结合的方式进行，并以客观测试指标为主要依据。这是因为采用主观听音评价方式难免带有主观随意性，容易受参评人员的听音素养、听音心理、习惯、爱好以及听音环境等因素的影响而得出有争议的结果，而采用仪器测试设备的性能指标，可以得到直观的、科学的、定量的、值得信赖的结果。例如，主观评价语音的常用标准有 ITU-T P.800 和 ITU-T P.830；主观评价乐音（音响设备）的常用标准有 ITU-R BS.1284、ITU-R BS.1116-1、ITU-R BS.1534 等。客观评价语音的常用标准有 ITU-T P.563、ITU-T P.861、ITU-T P.862；客观评价乐音（音响设备）的常用标准有 ITU-R BS.1387-1 等。

3.4.4　音频的数据率与数据量

通过上面的分析可知，声音文件的大小与以下几个因素有关：声音长度、采样频率、量化精度和声道数。所以未经压缩时，声音文件大小的计算公式为：

$$文件大小 =（采样频率 \times 量化精度 \times 声道数 \times 持续时间）\div 8$$

其中，采样频率的单位是赫兹（Hz），量化精度的单位为比特（b），时间的单位为秒（s），文件大小的单位为字节（B）。

以 CD 格式声音文件为例，它的采样频率是 44.1 kHz，量化精度为 16 位，声道数是 2（双声道立体声），根据上述公式计算出每分钟声音的数据量为：

$$(44\,100 \times 16 \times 2 \times 60) \div 8 \approx 10.58\ (\text{MB})$$

那么，1 h 的 CD 格式数字音乐需要 635 MB 的存储空间。由此可见，未经压缩的音频信号的数据量很大，需要大量的存储空间，因此，必须对音频信号进行编码压缩，以节约存储空间。

声音每秒钟的数据量称为声音的码率，也叫比特率，即每秒钟记录音频数据所需要的比特值，通常以 kb/s（千比特 / 秒）为单位。未经压缩的声音，其码率可由下面的公式计算得到：

$$\text{声音的码率} = \text{采样频率} \times \text{量化精度} \times \text{声道数}$$

CD 音质的码率为 1 411.2 kb/s，而 MP3 音频的码率为 112~128 kb/s 时即可基本接近 CD 音质。

表 3-5 所示为几种常见的数字声音的技术参数。由此可见，数字化音频文件所需的存储容量是相当可观的，因此，在进行音频文件的数字化处理时，既要考虑声音的质量，也要考虑声音文件的大小，要根据实际需要在这两者之间取得平衡。

表 3-5　常见数字音频的技术参数

声音质量	声音带宽 /Hz	采样频率 /kHz	量化位数 /b	声道数	数据率（未压缩）/（$KB \cdot s^{-1}$）
电话	200~3 400	8	8	单道声	8
AM	20~15 000	11.025	8	单道声	11.0
FM	50~7 000	22.050	16	立体声	88.2
CD	20~20 000	44.1	16	立体声	176.4
DAT	20~20 000	48	16	立体声	192.0

3.5　数字音频的编辑技术

3.5.1　数字音频设备

1. 数字录音机

数字录音机是运用数字技术进行记录和重放的录音机。数字录音机按照存储介质可以分为磁带式、硬盘式、闪存式和光盘式几种，图 3-10 所示为便携式 SD 卡数字录音机和 4 通道数字录音机。数字录音机一般采用脉冲编码调制（即 PCM）的方式将声音记录在存储媒体上。由于数字录音机记录的是 0 和 1 的组合，所以它可以降低传统音频设备的噪声和失真；同时，在记录和重放时，那些数字可以先被读入一个缓存器，这就可以保证数据能以一定的速率被读出，消除了重放时的速度变化所造成的声音失真，因此，数字录音机的声音非常干净。

（a）

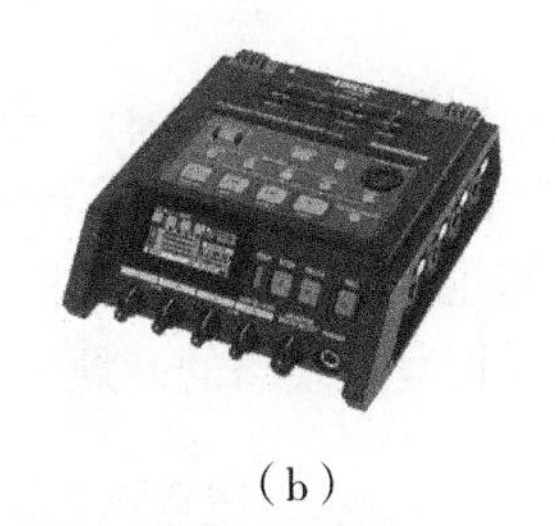
（b）

图 3–10　便携式 SD 卡录音机（a）和 4 通道录音机（b）

2. 数字调音台

数字调音台（Audio Mixing Console）是一种在扩音系统和影音录音中经常使用的设备，如图 3–11 所示。其功能与模拟调音台一样，主要用于对音频信号进行放大，对各种音频信号进行频率调节（即调音），以及对各路信号进行混合、输出等功能。但与模拟调音台不同的是，数字调音台的处理对象是数字音频，处理的手段也是数字的方式。数字调音台的主要特点如下：

① 操作过程的可存储性。数字调音台的所有操作指令都可以存储下来，从而可以再现原有的操作方案。

② 信号的数字化处理。由于调音台直接处理数字信号，因此不经由模 / 数转换和数 / 模转换即可完成任务。

③ 数字调音台的信噪比和动态范围高。一般的噪声干扰源对数字信号是不起作用的，因而数字调音台的信噪比和动态可以轻易做到比模拟调音台大 10 dB，各通道的隔离度可达 110 dB。

④ 对于 20 b 量化精度和 44.1 kHz 的采样频率来说，数字调音台可以保证在 20 Hz~20 kHz 范围内的频响不均匀度小于 ±1 dB。

⑤ 每个通道都可以方便地设置高质量的数字压缩限制器和降噪扩展器。

⑥ 数字通道的位移寄存器可以给出足够的信号延迟时间，以便对各声部的节奏做出同步调整。

⑦ 立体声双通道的联动调整非常方便。这是因为通道状态调整过程中，所有的数据都可快速地从一个通道复制到另一个通道中。

⑧ 数字式调音台设有故障自动诊断功能。

⑨ 数字调音台界面众多，操作直观性差，因此部分用户转而选择操作更加直观易懂的数字音频工作站。

图 3–11　数字调音台

3. 数字音频工作站

数字音频工作站是一台集录音、编辑、混合、压缩、母盘刻录等全部音频处理功能于一体的设备，如图 3-12 所示。因此，拥有一台数字音频工作站就相当于拥有多轨录音机、编辑机、效果器、调音台等几乎所有能在录音棚见到的昂贵设备，而且这些设备合为一体，具有高度集成性，免去了连接复杂线路的麻烦。

图 3-12　数字音频工作站

数字音频工作站主要有两种类型：一种是专门的音频处理系统，另一种是通过在计算机上添加必要的硬件和软件的方式实现的系统。由于专业音频处理系统价格高昂，因此大多数数字音频工作站都是采用第二种模式建立的。

数字音频工作站以其高效性、集成性、功能多样性等优势，得到了广泛的应用，其应用方向可分为如下几类。

① 声音剪辑和 CD 刻录：主要对现成的音乐进行剪辑处理，或者是将现成的音乐制成 CD 唱片。

② 日常音乐录制：主要用于录制各种日常使用的音乐，例如歌曲伴奏、舞蹈音乐、晚会音乐、影视音乐等。

③ 大规模音乐录音和混音：将音乐中的每一种乐器或声部都录为一个单独的音轨甚至是立体音轨，以便对每个乐器或音色单独做均衡、效果和动态处理。

④ 多媒体、影视音乐制作与合成：根据视频画面的变化同步录入语言或音乐，进行配乐和配音工作，多见于影视作品、游戏软件、教学软件、电子书籍等音频作品的制作。

3.5.2　数字音频编辑软件简介

如前所述，我们越来越多地将计算机技术融入数字音频的处理过程中。音频编辑在多媒体音效制作、视频音效处理、音乐后期合成等领域发挥着重要的作用。根据数字音频文件的生成原理，可以采用数字信号处理技术对数字音频进行调控。随着计算机技术、软件技术、信号处理技术等相关领域的不断发展，Adobe Audition CC（Cool Edit）、GoldWave 和 Cakewalk 等知名音频编辑软件应运而生。

1. Adobe Audition

Adobe Audition 是一个专业的音频编辑和混合环境，原名 Cool Edit Pro，后被 Adobe 公司收购后，改名为 Adobe Audition。Audition 不仅可用于音频处理，还可用于专业视频处理，专为在照相室、广播设备和后期制作设备方面工作的专业人员提供先进的音频混合、编辑、控制和效果处理功能。Audition 最多可混合 128 个声道，可编辑单个音频文件，创建回路并可使用 45 种以上的数字信号处理效果。

Adobe Audition CC 作为 Audition 家族最新的成员之一，支持 5.1 杜比数字和 7.1 杜比数字 + 音频内容，同时提供了功能增强的多轨编辑以及多种增强功能，并且可以自定义声道，优化和增强编辑体验，让用户获得比以往更丰富的音频编辑体验。

2. GoldWave

GoldWave 作为一款功能强大的数字音乐编辑器，集声音编辑、播放、录制和转换于一体，还可以对音频内容进行格式转换等处理。它体积小巧、功能强劲，可以打开包括 WAV、OGG、VOC、IFF、AIFF、MP3、MAT、AVI、MOV 等音频文件格式，也可以从 CD、VCD 或 DVD 中提取声音。GoldWave 可实现的音频处理特效种类繁多，包括多普勒、回声、混响、降噪等一般特效以及高级计算公式生成的各种声音。

除了以上内容，GoldWave 还为用户提供了以下特性：直观、可定制的用户界面，进一步简化了操作；多文档界面，可以同时打开多个文件，简化了文件之间的操作；根据编辑音乐的长短，在硬盘和内存之间进行自动切换；允许使用包括倒转、回音、摇动、边缘、动态、增强和扭曲等在内的多种声音效果；采用精密的降噪器和突变过滤器修复声音文件；在不同格式和类型间转换音乐文件；CD 音乐提取工具可以将 CD 音乐复制为一个声音文件，为缩小尺寸，可直接将音乐另存为 MP3 格式。

3. CakeWalk

CakeWalk 在早期是专门进行 MIDI 制作、处理的音序器软件，曾经在音乐创作领域占有绝对的统治地位。后来，它慢慢加入了音频处理的功能，到 6.0 的时候，真正实现了一个音序软件能够胜任从 MIDI 制作到音频录制的全部工作。

从 9.0 开始，CakeWalk 改名为 Sonar，它在 CakeWalk 的基础上，增加了针对软件合成器的全面支持，并且增强了音频功能，从而成为新一代全能型超级音乐工作站，但音序功能一直是它的强项，其完善的乐谱编辑功能给音乐创作提供了直观的平台。尽管它在音频处理方面还有些微不尽如人意之处，但这丝毫不妨碍它成为个人音乐工作室的首选软件，而且，它在 MIDI 制作、处理方面，功能超强，操作简便，具有无法比拟的绝对优势。

Sonar 8 通过引入 Channel Tools、TL–64 Tube Leveler、NI Guitar Rig 3 LE、TS 64 Transient Shaper 等新插件以及 TruePianos、Beatscape、Dimension Pro 等新乐器，使用户能够凭借个人数字音频工作站创造出令人震撼的音乐。

4. Cubase/Nuendo

Cubase 是德国 Steinberg 公司开发的全功能数字音乐、音频工作软件，该软件的 MIDI 音序功能、音频编辑处理功能、多轨录音缩混功能、视频配乐以及环绕声处理功能均属世界一流。除此以外，Cubase 还支持 MAC 系统，新推出的 iPad 版本可提供包括超过 70 个来自 HALion Sonic 的虚拟乐器声音、包含 11 个效果器的 MixConsole 调音台，内置超过 300 个 MIDI 和音频 Loop 的丰富特性。

Cubase 的特点是全面。它可以说是一个强大的音乐工作站系统，不仅扮演着音序器的角色，也担任着录音、混音的工作。比如在一个游戏音乐制作中，前期的 MIDI 输入、编辑、修改和后期的独奏乐器录音（如武侠风格游戏中，民乐独奏乐器古筝、二胡、琵琶等）以及最终的成品调整、输出、效果处理都可以在这个系统之内完成。虽然 Cubase 的用户没有 CakeWalk 的多，但它的很多技术都比 CakeWalk 优秀，混音功能也更加完善，因此更受专业人士的推崇。它的缺点是操作界面不够人性化，使用不太方便，学习的曲线较长。

2013 年年底推出的 Cubase 7.5，在 Cubase 7 的基础上首先对运行速度和 UI 显示进行了优化，其次对于 MIDI 轨和乐器轨进行了完美的整合，除此之外，还新增了诸如可将一条轨道分层使用的 Track Versions 等功能。

Nuendo 也是 Steinberg 旗下的优秀音频处理软件，它的强项在于录音、混音和环绕立体声的制作，也能够进行视频的同步配音配乐工作，但 MIDI 方面的功能则较弱。

5. Sony Vegas

Sony Vegas 是由 Sonic Foundry 公司推出的一个专业影像编辑软件，后被 Sony Pictures Digital 公司收购。Sony Vegas 整合了视频编辑和音频编辑的功能，提供了视频合成、高级编码、转场特效、裁剪及动画控制等功能，并且具有无限制的视频轨道和音频轨道，就其功能来说，几乎可以和 Premiere 相媲美，但操作更加简单，无论是专业用户还是个人用户，都可以很快上手，因此是 PC 上最佳的入门级视频编辑软件。

Sony Vegas 的音频处理能力也非常强，可以说远超其他视频编辑软件。它可以为视频素材添加音效、录制声音、处理噪声，以及生成杜比 5.1 环绕立体声。它支持的格式非常多，可以在同一个音轨中混合编排不同格式的音频数据，同时，支持 24 b/192 kHz 音频，可以使用 DirectX 以及 VST 音频插件对音频处理和混音功能进行扩展，并且可以采用混音控制台精确调整音频属性。

6. Samplitude

Samplitude 是一款由德国公司 MAGIX 出品的 DAW（Digital Audio Workstation，数字音频工作站）软件。该软件集音频录音、MIDI 制作、缩混、母带处理于一身，功能强大且全面，其早期版本 Samplitude 7 和 Samplitude 8 深受国内用户喜爱。

7. ProTools

ProTools 是 Digidesign 公司出品的工作站软件系统，最早只在苹果电脑上出现，后来也出现了 PC 版。ProTools 对音频、MIDI 和视频都可提供较好的支持，由于使用算法的特点，其音频回放和录音音质大大优于目前 PC 上流行的各种音频软件。特别是从 ProtTools 9 以后，AVID 公司解除了与硬件的强行捆绑，从此结束了 ProTools 系统必须由 ProTools 软件和它所支持的硬件共同组成的历史。

目前的 ProTools 系统可分为三大板块：

① ProTools HD 版：这是 ProTools 最核心的版本，具体可分为 HD1、HD2 和 HD3。由于 ProTools 依靠配套硬件设备来进行音频处理和效果运算，因此 HD 版本价格高昂；但也由于 ProTools HD 采用硬件进行处理和运算，几乎不占用 CPU 资源，因此该版本也是公认的音乐行业标准。

② ProTools LE 版：LE 版本就是有限制的版本，该版本与 HD 版最大的不同在于硬件。随着计算机技术的发展，个人电脑的处理速度越来越快，越来越多的硬件效果器、硬件音源等逐渐被软件效果器、软音源取代。在此情况下，Digidesign 被迫推出的 LE 版本核心与 HD

基本相同，只是必须在 Digidesign 自己的声卡上才能使用，并且对音轨数进行了限制，不支持环绕声，支持最高 96 kHz 采样率，其赠送的效果器也减了。

③ ProTools M-Powered 版：该版本的出现也是受市场影响，Digidesign 后来与 M-Audio 合作，推出了专门用于 M-Audio 声卡上的 ProTools M-Powered 版本，该版本与 LE 版本基本相同，只是支持的声卡由 Digidesign 扩展至 M-Audio。

3.5.3　数字音频的常用编辑方式

音频采集与录制是音频处理软件最基本的功能。一般，首先通过麦克风或 CD 唱机等外设采集音频文件，之后通过对音频波形进行剪裁、切分、均衡化、添加混响、包络编辑、调整频率等操作来增强音乐的感染力，专业人士甚至可以仅凭数字音频工作站就可进行多音轨复杂乐曲的创作和实现。

1. 录音

数字音频的录音是指将自然界的声音或存储在其他介质中的模拟音频通过麦克风或 CD 唱片，以特定的采样频率（通常是 44.1 kHz）和量化位数进行数字化，然后存储在计算机中，形成数字音频文件。

2. 音频编辑

常用的音频编辑主要是对音频波形进行裁剪、切分、合并、锁定、编组、删除、复制、包络编辑以及时间伸缩编辑。另外，需要注意的是，虽然音频文件分为单声道、双声道等，但音频的编辑工作往往先在单轨编辑模式窗口中进行，再进行多轨合成，因此可以在多轨模式中双击某个音轨的音频波形，进入相应音频的单轨编辑界面。

① 剪裁音频：录入的音频文件往往包含不需要的时间段，可以通过对音频波形进行裁剪来快速删除不需要的部分。

② 切分音频：在音频文件的创作过程中，经常需要对不同段落的音频素材进行不同处理，因此需要用到切分音频——音频文件录制成功后，可将其切分成多个音频片段，并对每个片段进行不同的编辑处理。

③ 合并音频波形：经过切分的音频切片可以通过合并的方式进行合成。

④ 锁定音频波形：在组织合并音频切片过程中，经常需要将已经排列好的音频切片位置固定下来，这就是音频切片的时间位置锁定。

⑤ 编组音频波形：将多个音频切片组成一个固定的音频切片组，组内各切片的相互位置固定不变，从而简化多个切片整体移动的工作。

⑥ 删除和复制音频波形：删除或复制音频波形或某个音频切片。

⑦ 包络编辑：在音频波形幅度上绘制一条包络线，从而改变声音输出时的强度，可实现淡入淡出等特殊的音乐效果。

⑧ 时间伸缩编辑：在模拟音频中，如果改变声音的播放速度，音乐的音量高低和音色都会有所改变，例如，录音机没电或故障时，会听到女声变成男声等。而对于数字音频来说，声音的速度和音高是分别独立处理的，即可以根据影片或设计需要改变音乐播放时长而不需担心女声变男声等情况。

3. 降噪处理

通过麦克风录入自己的声音并进行后期特效加工和伴奏并轨之前，往往需要对录入的音频文件进行降噪处理。降噪处理的目的是降低噪声对声音的干扰，使声音更加清晰，音质更加完美。降噪处理针对不同类型的噪声有不同的处理方法，例如爆破音修复、“嘶嘶”声降低器等。需要注意的是，降噪处理也会在一定程度上影响现有音乐的品质（类似图像处理中的降噪导致图片细节受损），因此，降噪过程需根据实际情况和需要进行调整。

4. 音频特效处理

音频特效处理主要是使用音频处理软件提供的多种效果器，如均衡效果处理、混响效果处理、压限效果处理、延迟效果处理等。

① 均衡效果处理：均衡效果处理是使用软件中的图形式均衡器来完成的，通过调整不同频段，改变增益或衰减，可实现对音乐效果的初步处理。

② 混响效果处理：教堂管风琴的声音带有强烈的回响，通过音频处理软件的特效器也可实现类似功能。混响效果器可将干涩的声音处理为在空旷的房间内具有多次反射的特殊效果，这一特效在实际应用中非常常见，但须注意伴奏与歌声混响的一致性。

③ 压限效果处理：在录制自己的歌声时，经常会出现高音爆音的情况，而观察专业歌手录制的歌曲波形，会发现其振幅相当均匀，这就是使用了压限效果处理的缘故。压限效果处理不仅可以对声音的振幅进行控制，还可以改变输入增益等，从而实现对高音部分的声音效果进行限制。

④ 延迟效果处理：延迟效果器是对人声进行处理和润色的一种效果处理器，它可以使单薄的声音变得厚实、丰满。

5. 合成输出

一个完整的工程文件不仅仅是由一个个音频切片组成的，因此，在保存时，除了音频文件本身，还需要保存一个工程文件。这个工程文件的作用是保存多轨模式下的波形状态，比如哪一轨设置为静音，某段波形放在什么位置等。它不包含音频，所以文件很小。但是这个文件的作用很大，例如，在 Cool Edit Pro 中进行所有非破坏性设置（如音量的增减、相位的调节、波形的移动等）时，所有的信息都存储在 .ses 工程文件中。

6. 格式转换

当将制作好的音频文件上传至网络或做其他用途时，经常需要对音频文件进行格式转换。格式转换是指对音频文件的格式进行的操作，包括改变文件格式类型（例如，将 WAV 文件转换为 MP3 文件）、改变音频文件的参数（比如改变音频文件的采样频率、量化位数、编码方法等）。

3.5.4 数字音频编辑实例

接下来通过一个实例简要介绍数字音频的处理步骤。该实例的内容是以 Adobe Audition 3.0 为数字音频处理软件，录制一段歌声，并为其配上伴奏。

1. 准备硬件环境

首先需要准备好多媒体计算机、声卡、麦克风、耳机等必要的硬件，以及数字音频编辑软件 Adobe Audition。

2. 插入伴奏并进行语音录制

如图 3-13 所示，首先点选左上角的“文件”菜单，选择“新建会话”，并选择默认采样率。

注意，虽然采样率越高，精度越高，细节表现越丰富，但采样率并不是越大越好。此处选择默认采样率 44 100 是因为大多数网络下载的伴奏都是 44 100 Hz 的，只有少数精品能达到 48 000 Hz，因此，为了保证录音和伴奏采样率一致，选择 44 100 Hz。

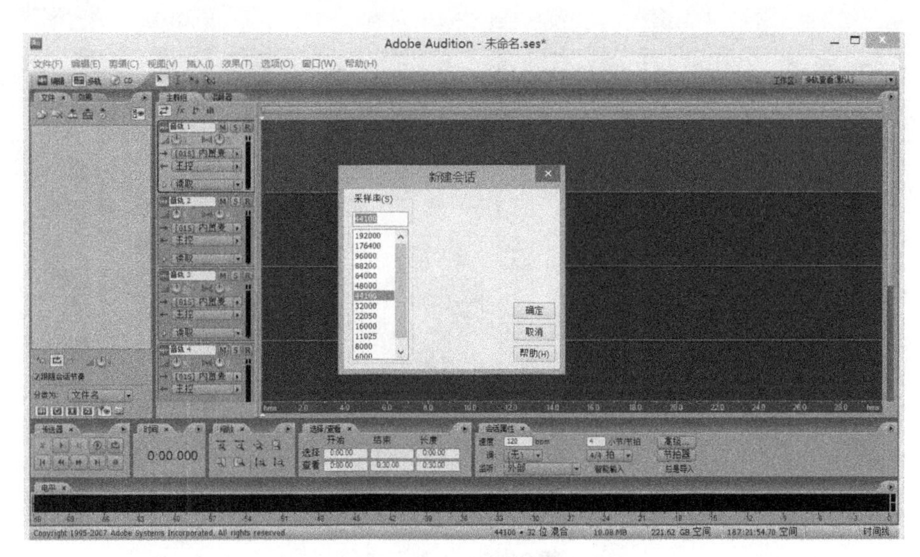

图 3-13　新建会话并选择采样率

然后开始插入伴奏。依次点选“文件”→“导入”来插入需要的伴奏，被导入的文件会显示在左侧的材质框中。右键选定导入的伴奏，选择“插入到多轨”（图 3-14），则选定的伴奏会自动插入轨道 1。

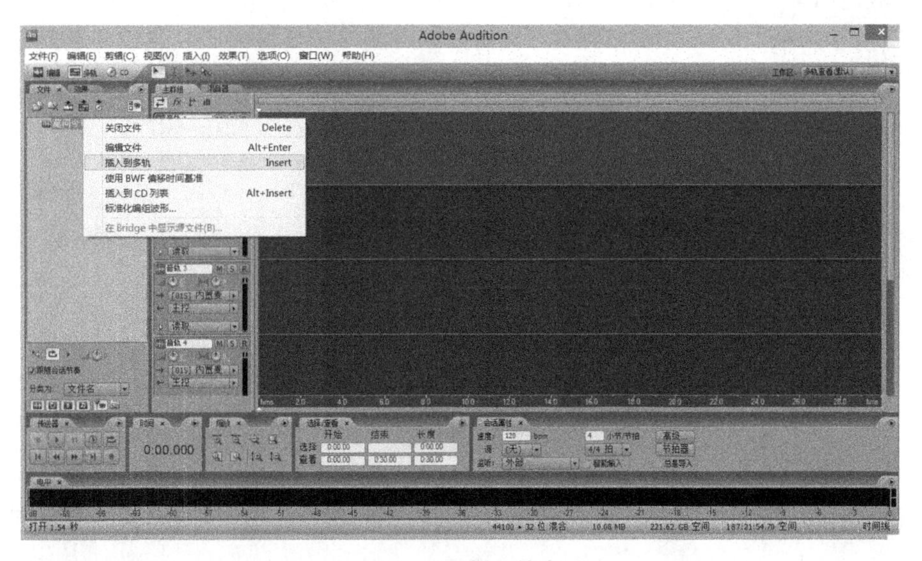

图 3-14　插入伴奏

接下来需要录制人声。首先，点选第 2 音轨，按下红色按钮 R 保存录音项目。注意，此时应该选择一个较大的硬盘，进行分区并建立文件夹。此文件夹是录音文件的临时储存区，以后可定期进行清理。之后，点选图 3-15 左下角的红色录音按钮，开始录音，录音结果如图所示。需要注意的是，如果一次录音效果不佳，可在第 2 音轨上覆盖原曲重新录制。

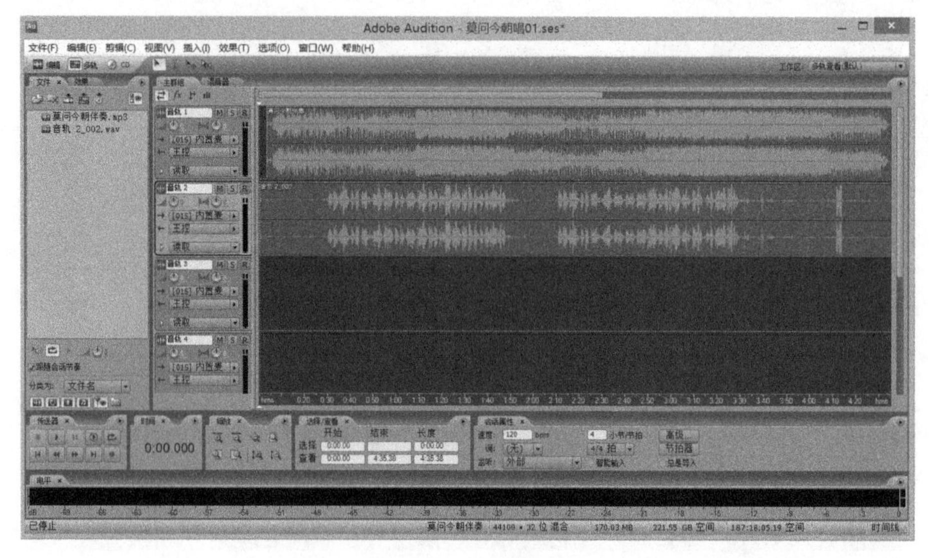

图 3–15　人声录音

3. 降噪处理

录制完成后，左键双击人声的第 2 音轨可以切换到单轨编辑模式。由于录制现场不能做到百分之百静音，所以，首先要对录入的音频文件进行降噪处理。选择开头没有正式唱的部分（一般是前奏），左键刷选一部分，然后点选左上角的“效果”→“修复”→“降噪器”，如图 3–16 所示。根据提示修改参数（一般需要修改的是“特性快照”和“FFT 大小”，前者根据电脑性能决定，后者根据录音设备好坏、录音环境和电流底噪决定），最终选定“获取特性”。接下来对照噪声特性图调节参数值，最后选择“确定”，清除噪声。

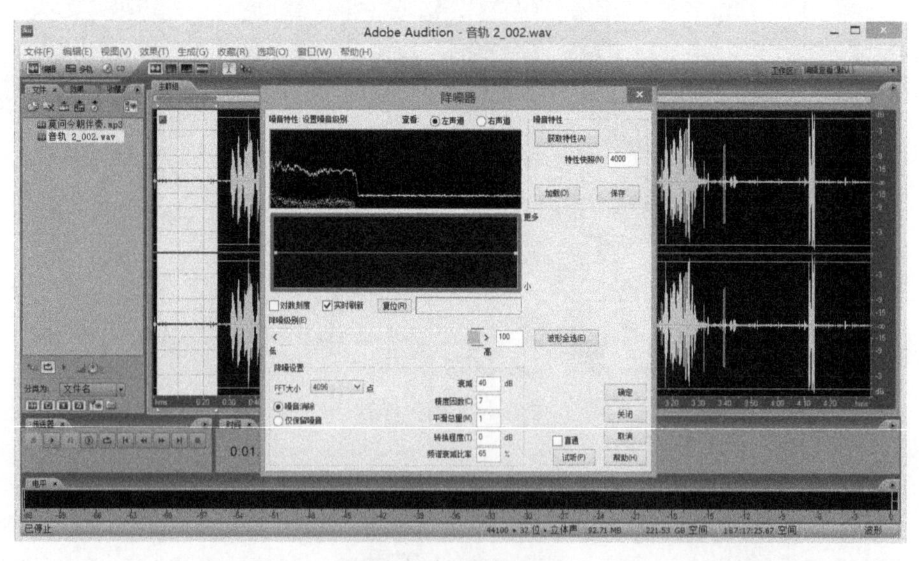

图 3–16　降噪处理

4. 添加特效

降噪处理后切换至多轨模式，我们再听一次配上伴奏的录音。此时，虽然噪声已经基本消失了，但人声与伴奏音乐还不能很好地融为一体，甚至演唱过程中还有爆音、喷麦、抢拍等问题。这时，不仅需要进行剪裁等人声音轨波形处理，还需要使用音频编辑软件自带的各种特效器。除了可以使用 Adobe Audition 自带的各种特效器外，还可以添加其他功能插件。

常用特效如下：

- 高音激励器 BBE（图 3-17）：全称 BBE Sonic Maximizer，用于调节人声的高音和低音部分，使声音显得更加清晰、明亮或厚重。
- 均衡效果器 EqualizerR3：可以调节人声的清晰度，使音色更加纯净。
- 动态效果器 CompressorR3：可以使声音更加均匀，提高声音的力度和表现力，减少爆音。
- 压限效果器 WavesC4：压限的作用是使人声的高频部分不“噪”，低频部分不“混”，简单来说，就是将录入时忽大忽小的人声变得均匀。
- 混响效果器 ReverbR3：该功能对于制造声音的层次感和临场感非常有用，但是调整过程和数值因人而异、因歌而异。

另外，还可以使用“臭氧”处理人音部分，“臭氧”包括如下组件：10 段均衡器；混响器；电平标准化；高质量的采样精度转换；多段激励器；多段动态处理；多段立体声扩展；总输入 / 输出电平调节。其中，均衡器、混响器、多段激励器及电平标准化比较常用。

总体来说，特效的数值和搭配根据个人演唱风格、声音特质、歌曲风格等有很大的不同，没有标准数值作为参考，往往依靠经验和反复尝试选择最适合自己的搭配。

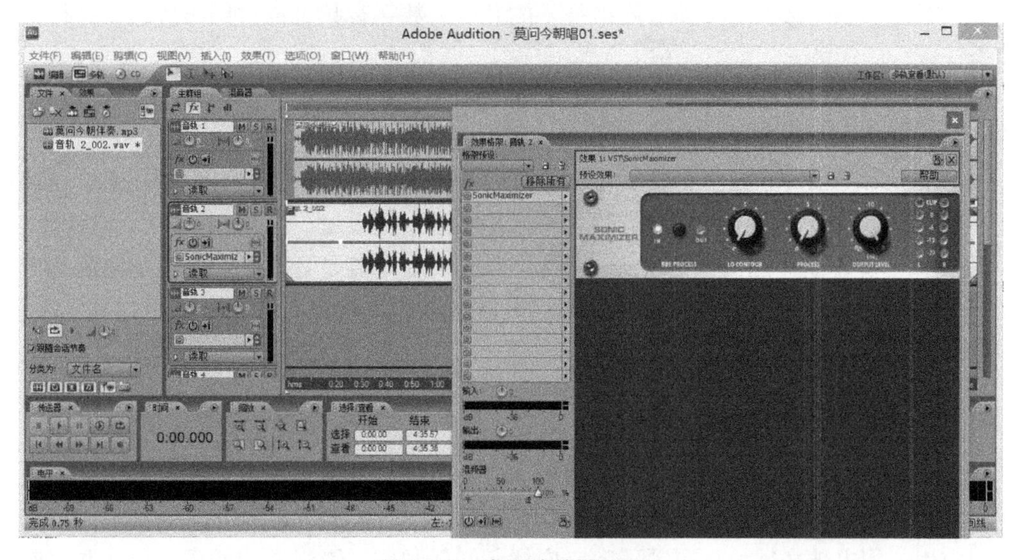

图 3-17　常用特效器 BBE

5. 混缩输出

以上是针对人声录音的一系列处理过程，获得满意效果后，即可将伴奏和调整好的人声进行混缩输出，如图 3-18 所示。最后，将混缩好的歌曲进行保存。

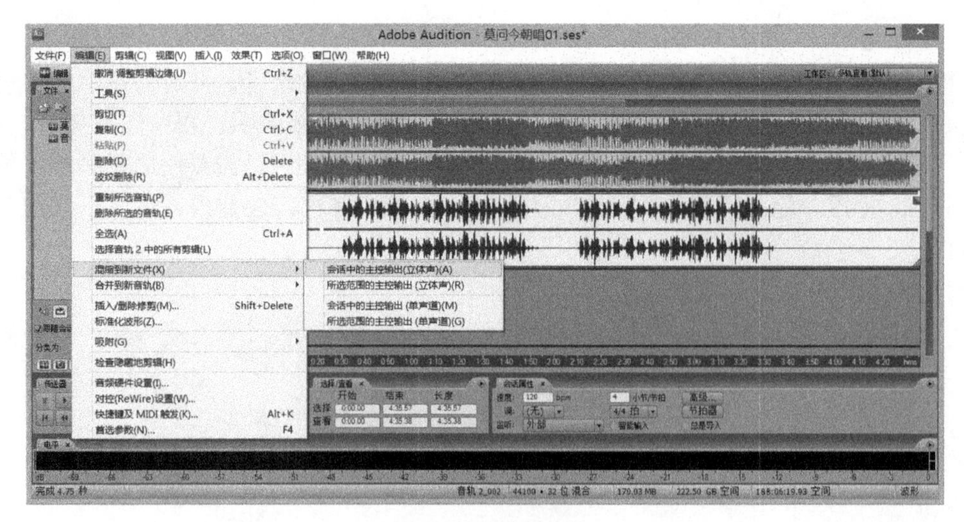

图 3–18　混缩输出

3.6　数字音频技术应用

3.6.1　音频数字化的意义

总体来说，音频数字化的意义如下。

① 降低声音在复制、传输和重放过程中的损耗：模拟音频数字化后的数字音频文件在复制和重放的过程中没有衰减，在传输过程中没有损耗，信噪比较高。

② 传输途径进一步扩展：随着网络技术的升级，数字音频可通过网络传输，使得信息传播变得快速、广泛。

③ 降低存储成本：存放模拟音频需要有储藏间和大量磁带唱片，而数字音频进行压缩后便于存储，可进一步降低存储费用。

④ 便于应用新技术：模拟音频转化为数字音频信号后，可通过信号处理技术、计算机技术对音频文件进行各种处理，提高音频处理过程的效率和质量。

⑤ 降低了音乐创作的门槛：过去的音乐创作需要在专业录音棚中，由专业乐队和专业人士完成，随着数字音频工作站的出现，人们可以通过计算机合成各种乐队组合和现场特效，从而降低了音乐创作的门槛。

3.6.2　数字音频技术的应用

我们正身处一个数字化时代，大到演唱会音响系统、音乐创作系统、家庭影院系统，小到手机、MP3 等，数字化音频设备在人们的生产和生活中发挥的作用越来越大，数字音频技术的应用范围也越来越大，覆盖了数字广播、音乐制作、影视游戏配乐、个人和家庭娱乐等各个方面。上一节中，通过实例学习了自己录音合成歌曲的初级操作，下面简单介绍数字音频技术在电子合成音乐和手机铃声制作两个方面的应用。

1. 电子合成音乐

电子合成音乐应用的是 MIDI 技术。MIDI 是在计算机和电子乐器之间进行通信的一种标准协议，它不仅定义了计算机音乐程序、音乐合成器及其他电子音乐设备交换音乐信号的方式，还规定了不同厂家的电子乐器与电脑连接的电缆和硬件及设备间数据传输的协议，可用于为不同乐器创建数字声音。MIDI 本身并不能发出声音，它是一个协议，只包含用于产生特定声音的指令，而这些指令包括调用何种 MIDI 设备的音色、声音的强弱及持续的时间等。它把电子乐器的弹奏过程记录下来，在播放乐曲的时候，记录的乐谱指令通过音乐合成器生成音乐声波，声波经放大后由扬声器播放出来，其处理过程如图 3-19 所示。

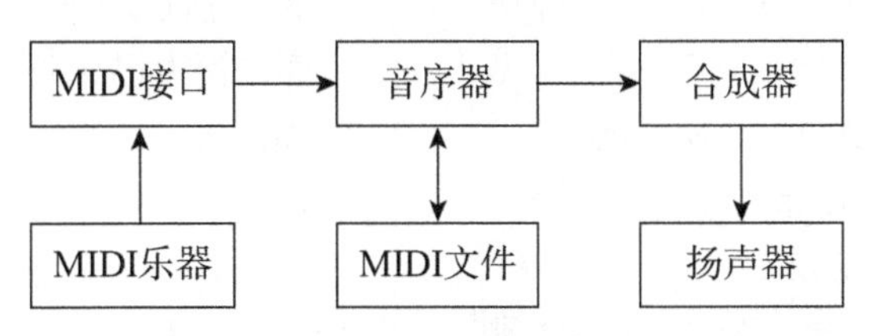

图 3-19　MIDI 音频处理过程

计算机中的声卡都有 MIDI 接口，它通过 MIDI 电缆与 MIDI 乐器相连，来采集 MIDI 乐器演奏的 MIDI 指令。音序器（Sequencer）的作用是记录、编辑和播放由 MIDI 指令构成的 MIDI 文件，它通常是一个软件，比如前面介绍过的 Sonar 等。音乐合成器是声卡上的一个部件，一些电子乐器也有专用的内部 MIDI 合成器，它可以将 MIDI 信息转换成模拟信号的波形，再送到扬声器播放出来，于是就产生了声音效果。

MIDI 音乐合成的方法有很多，现在用得最多的方法有两种：一种是 FM（Frequency Modulation）合成法，另一种是乐音样本合成法，也称为波表（Wavetable）合成法。

（1）FM 合成法

20 世纪 80 年代初，美国斯坦福大学的研究生 John Chowning 发明了一种产生乐音的新方法，这就是数字式频率调制合成法，也称为 FM 合成法。这种合成方法的原理是用数字信号来表示几种乐音的波形，然后用计算机把它们组合起来，再通过数 / 模转换器（DAC）生成乐音。不同乐音的产生是通过组合各种波形和波形参数，并采用各种不同的方法实现的。斯坦福大学把专利授权给 Yamaha 公司，该公司把这项技术做在集成电路芯片中，使其成为市场上的热门产品。FM 合成法的发明使得合成音乐领域发生了一次革命。

（2）波表合成法

使用 FM 合成法来产生各种逼真的乐音是相当困难的，有些乐音甚至不能通过 FM 合成法产生。为了能够真实地再现乐音，目前，大部分声卡使用最多的是乐音样本合成法，即波表合成法。这种方法是将每种真实乐器发出的声音进行采样，加以适当的处理后存储成声音样本（音色文件），记录在合成器的内存当中。当需要这些乐音时，调用相应样本并通过改变播放速度来改变音频周期，生成该乐器的各种音节的音符。

2. 手机铃声

随着手机的日益普及，人们对它的要求也越来越高，手机已不只是人们的通信手段，它同时也成为人们个性的体现，同样，手机铃声也成为人们尤其是年轻人彰显个性的一个方面。在这样的需求以及数字音频技术迅速发展的背景下，各种不同格式的手机铃声如雨后春笋般涌现出来，各种手机铃声下载业务在全球大受欢迎，而手机制造商则不断更新可下载铃声的手机的性能，以支持多种多样音效的铃声下载。短短数年，各类手机铃声技术日新月异，发展极其迅猛。

目前，比较流行的手机铃声有 MP3 铃声、和弦铃声、MIDI 铃声、WAV 铃声等。由于 MIDI 是所有铃声格式制作的基础，所以相当大一部分的手机采用或兼容 MIDI 格式。后来手机厂商逐渐开始采用 YAMAHA 公司的芯片，手机“发烧友”们开始中意于“真人真唱”铃声，所以 MMF 格式的铃声也占据了一部分份额。随着手机铃声的不断发展，MMF 播放时间短的弊端慢慢开始显露（一般最长十几秒），诺基亚、索尼、爱立信等手机行业的“巨头”推出了新一款的真人真唱格式“AMR”，这种格式的手机铃声播放时间长，但音质相对较差。手机铃声发展到现在，MMF、AMR、MP3、WAV 文件格式铃声已经逐渐成为主流格式。

MMF 格式也称为 SMAF（Synthetic music Mobile Application Format）格式，是 YAMAHA 公司推出的一种现在比较常见的手机铃声格式。和 MIDI 铃声一样，MMF 也分各种和弦数。国内常见有 MA2（16 和弦）、MA3（40 和弦）、MA5（64 和弦）三种。在 MA-3 所支持的 40 个复音中，有 32 个是用 FM 合成器合成的，其余 8 个是用波表合成的，这使它的表现力有了质的飞跃。MMF 格式包容性极大，可以支持不同的手机配置，分别支持和弦、波形、语音合成等内容。因为采用了专门的铃声芯片，MMF 和弦铃声音色饱满，表现力比同样和弦数的 MIDI 铃声更好。MMF 铃声音量大，可以逼真地表现人声、鸟鸣等模拟音效，这是 MIDI 所不能的；另外，MMF 音乐文件较小，大约是相同曲目 MIDI 的 2/3，用 GPRS 下载时更省钱。

目前，苹果手机一般采用 m4r 格式的手机铃声、m4a 格式的音频 Podcast 和 m4b 格式的有声读物。其中，m4a 是 MPEG-4 音频标准文件的扩展名，普通的 MPEG-4 文件扩展名是 mp4，而 Apple 在 iTunes 以及 iPod 中使用 m4a 以区别于 MPEG4 的视频和音频文件；m4b 格式是 iPod、iPhone 以及 iPad 上播放的“有声读物”的音频文件格式，它作为一种为“音频书籍”专门设计的格式，支持书签，允许书在任何时候暂停和恢复播放，因此也常用于 podcasts（博客）。

其他常见的手机铃声格式还有 WAV、MP3、WMA、AAC、MFM 以及 RMF 等。

习题

1. 声音的三要素各是什么？

2. 数字音频的优点都有哪些？

3. 请说明模拟音频信号转化为数字信号的三个步骤。

4. 根据采样定理采样后的信号能被正确还原的原因是什么？

5. 数字音频信号的声音质量取决于哪些因素？

6. 假设某音频的采样频率是 22.05 kHz，量化精度为 16 位，声道数是 2（双声道立体声），则每分钟声音的数据量是多少？

7. MIDI 音乐合成的方法有哪些？

第 4 章
图形与图像基础

视觉是人类获取信息最主要的方式，人类 70% 的信息来自视觉。随着计算机技术的不断发展，计算机图形与图像技术逐步走入人们的视野。21 世纪信息技术时代，计算机图形图像技术已渗透到各个科技领域，卫星通信、数据传输、数据压缩、计算机网络、多媒体、人工智能等技术都离不开图形图像技术。

本章首先从图形与图像的相关理论知识入手，介绍了图像种类、颜色模型、基本属性与分类等相关信息，然后通过列举常用图像获取设备以及图像处理软件，使读者进一步了解图形图像处理技术的发展概况，再通过实例演示，说明图像处理的基本流程，最后介绍了图形图像技术在实际生产生活中的应用前景。

4.1 数字图像与图形

在计算机科学中，图形与图像是密不可分而又彼此不同的概念：图形一般指用计算机绘制的各种有规则的画面，如直线、圆、圆弧、任意曲线和图表等；图像则是指由输入设备捕捉的实际场景画面或以数字化形式存储的任意画面。图形的数据信息处理起来更灵活，而图像数据则与实际更加接近。虽然概念有区别，但是图形与图像在计算机上的显示结果基本相似。一般把矢量图称为图形，而把位图称为图像。矢量图与位图的实现方法是完全不同的。

图形是由外部轮廓线条构成的矢量图，构成图形的要素是图形元素间的拓扑关系，如连接关系、交接关系、相切关系、平行关系等。因此，产生图形的主要工作是决定组成图形的几何元素之间的关系。图形文件主要用于表示线框型的图画、工程制图、美术字等。常用的矢量图形文件有 3DS（用于 3D 造型）、DXF（用于 CAD）、WNF（用于桌面出版）等。相对于位图（图像）的大量数据来说，它占用的存储空间较小，但由于每次屏幕显示时都需要重新计算，因此显示速度没有图像快。

图像以点阵图形式出现，更强调整体形式，它记录的是点及其灰度或色彩。图像的显示过程是以一定的分辨率将每个点的色彩信息以数字化形式，直接快速地在屏幕上显示出来。图像在计算机中的存储格式有 BMP、PCX、TIF、GIF 等，一般用于表达真实的照片或复杂绘画的细节信息，但数据量比较大。另外，在打印输出和放大时，图形的质量较高而点阵图（图像）常发生失真。

4.1.1 数字图像浅析

数字图像是指以二维数字方式存储和处理的图像。生成数字图像的过程包括两大步骤：

① 取样，即图像空间坐标的数字化，可理解为将连续空间中的模拟图像进行离散化，以二维数组的行数和列数记录每一个离散像素点的位置信息。

② 量化，即图像函数值（灰度值）的数字化，可理解为以像素幅值量化存储每一个离散像素点位置的亮度和色彩信息，从而得到最简单的数字图像。数字图像的基本单位是像素，在计算机中通常保存为二维整数数组，一般数据量较大，需通过图像压缩技术进行传输和存储。下面以灰度图和彩色图的像素取值说明数字图像信息的保存形式：

以灰度图像（单色图像）为例，灰度图中每个像素的亮度通常以一个 0~255 之间的数值来表示。0 表示黑、255 表示白，其他数值表示处于黑白之间的灰度。

彩色图像的存储与表示相对复杂，图像颜色模型多种多样，此处以红、绿、蓝三元组为例进行说明，其他模型见 4.2 节。彩色图像可以用红、绿、蓝三元组各自的二维矩阵叠加表示，每种颜色的二维矩阵数值的取值范围在 0~255 之间，0 表示相应基色在该像素点处没有出现，而 255 表示相应基色在该像素点处取得最大值。

数字图像与模拟图像相比，在以下方面均具有优势：

① 图像存储：从理论上说，数字图像可以存储无限时长，图像质量不会随时间延续而下降。

② 图像复制：数字图像的复制过程非常简单，并且可以保证复制版本和原版本完全相同。

③ 后期处理：相较于普通图像，数字图像在加工、处理、印刷等后期处理方面的优势更为明显。

④ 图像传输：由于数字图像可用数字计算机或数字电路存储和处理，因此，在图像传输方面拥有传统纸质照片无法比拟的优势。

4.1.2 矢量图与位图的比较

1. 矢量图与位图介绍

上一节简要介绍了数字图像的原理及特点，这一节主要介绍静态数字图像的两大分类：矢量图（Vector）和位图（Bitmap）。其中，位图也称为栅格图像、点阵图、像素图。下面分别介绍这两种图像。

（1）矢量图

假设使用 AutoCAD 绘制指定中心位置及半径大小的圆，就构成了一幅简单的矢量图。矢量图与传统的绘画或通过图像采集器件获取的图像不同，它是采用数学与机器语言表达的图像。简单来说，矢量图是用一系列绘图指令来表示一幅图，图可以分解为一系列由点、线、面等组成的子图，其表示过程即是通过数学公式描述图像，形成数学表达式，再通过计算机语言编程实现。矢量图的每一个形状称为一个对象，矢量图不仅记录了对象的几何形状，还记录了对象的线条粗细和色彩等信息。由于对象都是各自封闭的整体，所以矢量图中的任意对象的变化都不会影响到图像中的其他对象。常见的矢量图处理软件有 CorelDraw、

AutoCAD、Illustrator 和 FreeHand 等。

根据矢量图的形成原理可知，矢量图具有以下特点。

矢量图的 2 个优点：矢量图的文件数据量很小；图像质量与分辨率无关，这意味着无论将图像放大或缩小多少倍，图像总能以显示设备允许的最大清晰度显示。

矢量图的 3 个缺点：矢量图只能表示由规律的线条或形状组成的图形，主要用于工程图、三维造型或艺术字等，而风景、人物、山水等图像元素繁杂且没有规律性，则难以用数学形式表达，因此不适宜用矢量图表述；矢量图由计算机绘制，表达色彩受机器性能限制，因而不适宜制作色彩丰富的图像，绘制的图像也不太真实，而且在不同的软件之间交换数据也不方便；矢量图无法通过扫描原画获得，它们主要依靠设计软件生成。

（2）位图

如果说矢量图是依靠规则和数学公式，通过自上而下的绘图指令形成的图形，那么位图就是从微观的角度绘制图像中的每个像素点，通过自下而上的像素点汇聚形成的图像。

仔细观察计算机屏幕或电视屏幕，可以发现显示图像实际是由屏幕中的发光点（即像素）构成的，这就是最基本的位图表现形式。由前两节的介绍可知，像素点离散分布，且采用二进制数据来描述其颜色及亮度信息，最后组成的二维点阵图就是位图。假设有一幅 $M\times N$ 的位图，M、N 为整数，$f(0,0)$ 到 $f(M-1,N-1)$ 每个代表一个像素，那么该图二维数组矩阵如图 4-1 所示。

$$\begin{bmatrix} f(0,0) & f(0,1) & \cdots & f(0,N-1) \\ f(1,0) & f(1,1) & \cdots & f(1,N-1) \\ \vdots & \vdots & \ddots & \vdots \\ f(M-1,0) & f(M-1,1) & \cdots & f(M-1,N-1) \end{bmatrix}$$

图 4-1　位图像素矩阵

Windows 把位图分为两类：设备相关位图 DDB、设备无关位图 DIB。其中，DDB 位图没有调色板，其数据结构与设备有关，显示方式视显卡而定，显示颜色依赖硬件，因此在图像传输过程中可能出现各种问题；DIB 位图自带调色板，且任何运行 Windows 的机器都可以处理 DIB 位图，该类型位图通常以后缀为 .BMP 的格式保存在磁盘中或作为资源存在于程序的 EXE 或 DLL 文件中。

以图像颜色划分，位图可分为四种：线画稿（LineArt）、灰度图像（GrayScale）、索引颜色图像（Index Color）、真彩色图像（True Color）。

① 线画稿：只有黑白两种颜色，每个像素占 1 位，其值为 0 或 1。

② 灰度图像：像素灰度一般用 8 b 表示，像素亮度以 0~255 之间的整数数值表示，黑色为 0，白色为 1，其他数值表示介于这两色之间的灰色。

③ 索引图像：又称伪彩色图像。该类图像出现在真彩色图像之前，由于受当时的技术所限，计算机无法为位图的每个像素提供 R、G、B 三通道总共 2^{24} 位的真彩色，为此人们创造了索引颜色。就像绘画时使用调色盘一样，使用颜色表中的预定义颜色表达位图，索引图像的颜色最多为 256 种。

④ 真彩色图像：如上所述，显示颜色达到或超过人眼辨别极限 2^{24} 位的就是真彩色图

像。目前，主流真彩色分为24位色和32位色，它们的R、G、B三通道各有2^8位，发色数都为2^{24}，达到1 677多万，只是32位色增加了256阶颜色灰度。另外，还有少量显卡能达到36位色，与前两者不同，36位色由27位发色数加上512阶颜色灰度形成。

将位图进行放大，当放大到一定限度时会发现，位图是由一个个小方格（像素点）组成，因此，位图的大小和质量由图像中像素点的数量和像素点密度决定。像素点密度越高，图像越清晰，图像放大时的模糊速度越慢；像素点数量越多，图像数据量越大。

根据位图的形成原理可知位图具有如下特点。

位图的3个优点：可通过数字相机、扫描或PhotoCD获得，也可以通过其他设计软件生成，获得途径多样；可通过图像输入设备获取真实图像，逼真地表现自然界各种景物；表现力强、细腻、富于层次感，可表现色彩丰富而繁杂的图像画质。

位图的2个缺点：由于位图是由像素构成的点状图，因此，对图像进行拉伸、放大或缩小等处理时，其清晰度和光滑度会受到影响；位图文件的数据量较大。

2. 矢量图与位图对比试验

选取相同图案的矢量图与位图进行放大对比试验。以树木中的金色树叶作为观察对象，分别进行两轮放大试验，放大过程中树叶清晰度的变化过程如下。

矢量图放大过程如图4-2所示。

图4-2 矢量图放大过程

（a）矢量图原图，高亮为待放大区域；（b）矢量图亮部放大8倍；
（c）高亮显示图（b）待放大区域；（d）图（c）亮部放大8倍

位图放大过程如图4-3所示。

图 4-3　位图放大过程

（a）位图原图，高亮为待放大区域；（b）位图亮部放大 8 倍；
（c）高亮显示图（b）待放大区域；（d）图（c）亮部放大 8 倍

对比上述两组图的变化过程可以看出，矢量图就好比画在质量非常好的橡胶膜上的图，不管怎样拉伸橡胶膜，画面依然清晰，无论观察者靠得多近，也不会看到组成图案的细小颗粒。相对而言，位图就像是幅面巨大的沙画，从远处看时，画面多彩细腻，然而观察者走近时，会清晰地看到沙盘中的每一粒细沙。

在现实生活中，位图广泛应用于各领域，大到闹市街头悬挂的巨型海报，小到间谍手中的微缩照片。也许你会问，如果位图图像一经放大，画面就会模糊不堪，那为什么高清照片放大后依然十分清晰，为什么不采用矢量图全面取代位图。这时就要再次提到位图的像素密度和表现力。一方面，像素密度越大的图像，在放大过程中模糊的速度越慢，就像是用大块单色瓷砖和细沙铺成同种图案、同样大小的两幅图，明显后者的细节保留得更多。然而，该过程也带来另一个问题：为保证位图中保存尽可能多的细节信息，位图文件的数据量一般较大，且随着像素数量的增加迅速上升。相比之下，矢量图是根据数学表达式生成的图像，从原理上说，可以进行无限放大都不会出现画面模糊的效果，且图像信息存储量较小，因此广泛应用于科学计算、简单图案设计等领域。另一方面，位图的获取方式多种多样，在表现色彩层次丰富的逼真图像效果时远优于矢量图。试想一下，我们需要构建一幅真实的春季森林场景，如果采用矢量图形式表现，那么绘制各种树木花朵及叶片形状、表现光影明暗交错将是多么庞大的计算过程；而采用位图形式，仅仅只是一台相机一张照片的工作量。

矢量图与位图作为数字图像的两大组成部分，广泛应用于工业、医学、军事等各大领域。位图色彩变化丰富、图像层次细腻，可通过调整局部像素点的信息改变任意区域的色彩显示效果。相应地，位图表达信息越复杂，需要的像素数越多，图像文件的大小（长宽）和体积（存储空间）越大。相比之下，矢量图的轮廓的形状更容易修改和控制，但是对于单独的对象，色彩变化上的实现不如位图来得方便直接。另外，支持矢量格式的应用程序也远远没有支持位图的多，很多矢量图形都需要专门设计的程序才能打开浏览和编辑。位图与矢量图的比较参见表 4–1。

综上所述，矢量图和位图的成像原理和表现形式不同，在实际应用中各有优势。然而，这两种图像并不是完全割离而毫无联系的：一方面，矢量图可以轻松转化成位图，但位图转化为矢量图的过程却并不简单，往往需要比较复杂的运算和手工调节；另一方面，在实际应用中，往往将矢量和位图结合使用，同时发挥两种图像各自的优势，例如，在矢量文件中嵌入位图实现特别效果，或者在三维影像中用矢量建模和位图贴图实现逼真的视觉效果等。

表 4–1　位图与矢量图比较

图形格式	位　　图	矢量图
文件大小	与图像的复杂程度无关，只与图像大小有关。需要记录每一个像素的位置和色彩，文件较大	与图像大小无关，只与图像的复杂程序有关。文件较小
缩放旋转	失真，可能出现马赛克	不失真
构成	像素	多个对象组合生成，每一个对象的记录方式都是以数学函数来实现的。
转化	转化过程涉及复杂运算和手工调节	转化过程简单
常用绘制软件	Adobe Photoshop、Corel Painter 等	Adobe Illustrator、CorelDraw、Freehand、Flash 等
文件格式	psd、jpg、bmp、gif、tiff、png 等	cdr、ai、eps、dxf、dwg 等
显示速度	把图像文件中的像素点映射到屏幕上，显示速度快	显示一幅复杂的矢量图时，需要大量的数学运算和变换，显示速度慢
显示效果	常用于表现出色彩和层次变化非常丰富的图像，图像清晰细腻，具有生动的细节和极其逼真的效果	只能表示由规律的线条或形状组成的图形，并且表达色彩受机器性能所限，不适宜制作色彩丰富的图像

3. 矢量图与位图的应用领域对比

矢量图主要应用领域：

① 广告艺术和表现其他对比鲜明、外观质量要求高、真实感强的图形。

② 建筑设计图、产品设计或其他精密线条绘图。

③ 商业图形、图标和反映数据、演示工作方式的信息图。

④ 传统的、需要边缘非常平滑的标志和文字效果，尤其适用于美术字体的创作。

⑤ 宣传彩页和其他包含插图、标志和标准大小文字的单页文档。

⑥ 网页设计中用到的各种图形以及网页动画的基本素材。

位图主要应用领域：

① 通过相机等视觉传感器获得的图片以及通过扫描仪获得的图片。

② 依赖高光与阴影来体现画面层次与真实感的图画。

③ 印象派作品和其他按照纯个人风格或美学意义创作的图画。

④ 具有柔和边缘、反光或细小阴影的现实图像。

⑤ 利用绘图软件较难实现的、需要使用滤镜等特技效果的图像。

4.2　色度学基础与数字图像颜色模型

上一节介绍了索引图像与真彩色图像，本节将详细说明计算机是如何模仿人眼显示各种颜色的。首先对人眼可见的颜色信息进行分析。

4.2.1　颜色三要素

国际照明委员会（CIE）定义了颜色三大要素：

1. 色调（Hue）

色调，也称色相，是从物体反射或透过物体传播的颜色，也是区别各种不同色彩的最准确的标准，它是各类色彩的相貌称谓。由于色相由原色、间色和复色构成，因此，自然界中的色相是无限丰富的。色相由颜色名称标识，不同波长的可见光具有不同的颜色，各种波长的光以不同比例混合也可形成各种各样的颜色，然而，只要波长组成情况一定，那么颜色就是确定的。色相一般用“°”表示，取值范围 0°~360°。另外，灰色系（白色、灰色、黑色）没有色相属性。

2. 饱和度（Saturation）

饱和度是指色彩的鲜艳程度，也称色彩的纯度。与色调不同，饱和度取决于该色中含色成分和消色成分（灰色）的比例，含色成分越大，饱和度越大，表现越鲜明；消色成分越大，饱和度越小，表现则越黯淡。高饱和度的色彩可因掺入了消色成分而降低纯度或颜色变浅，变成低饱和度的色彩。100% 饱和度的色彩代表完全没有混入消色成分的纯色；饱和度为 0 时为灰色，白、黑和其他灰色色彩都没有饱和度。在标准色轮上，饱和度从中心到边缘逐渐递增。色相和饱和度通常统称为色度。

3. 明亮度（Brightness/Value）

有时也称为明度或亮度。明亮度的变化源于不同有色物体的反射光亮区别，表示物体反射光线和吸收光线的比值，通常使用从 0%（黑色）至 100%（白色）的百分比来度量。明度的差异主要体现为颜色在明暗、深浅上的不同，其差异分为两种情况：一是同一色相不同明度，例如深红、朱红、暗红的区别；二是各种颜色固有的不同明度，以纯色为例，黄色明度最高，蓝紫色明度最低。

4.2.2　视觉系统感知颜色特性分析

上一节中简要分析了颜色三要素，可以看出颜色的区别源于反射物体的性质以及光线的变化，那么人眼又是如何感知这种变化并区分颜色呢？本节将介绍人眼视觉系统感知颜色的过程和特性。

1. 亮度变化与视觉感知系统

在黑暗的环境中，无法看清周围物体的形状和颜色，是因为没有足够的光线进入人眼。在白天能看到不同物体的不同颜色，是由于不同物体的表面具有吸收和反射不同光线的能力。进入人眼的光不同，看到的颜色也不同。因此，色彩的发生，是光对人的视觉系统和大脑产生作用的结果，是一种视知觉。感知颜色的过程，可以总结为“光—眼—神经”的过程。

2. 人眼辨色力

人眼可感知 380~780 nm 范围内的可见光谱刺激，并可在产生亮度反应的同时感知色彩。大量试验表明，人眼能分辨 128 种不同的色调，10~30 种不同的饱和度，35 万种颜色。除此以外，人眼对亮度非常敏感，眼睛在白天的光照强度下很容易分辨各种颜色，然而在光线昏暗的夜间，对于颜色的分辨能力大为降低，无法很好地区别各种相近颜色。究其原因，是由人眼特殊的生理构造决定的。

3. 人眼感知颜色特性分析

研究表明，人眼视网膜中存在分别对红、绿、蓝颜色特别敏感的三种锥体细胞，以及对颜色不敏感、仅在光功率极端低下的条件下工作的杆状细胞，这些锥体细胞和杆状细胞组成视网膜上的神经元，人眼通过这些神经元感知外部世界的颜色。因此，可以说颜色是视觉系统对可见光的感知结果。如图 4-4 所示，红、绿和蓝三种锥体细胞对不同频率的光的感知程度不同，对不同亮度的光线的感知程度也不同。自然界中的光线往往不是单一波长的光，而是受不同光源、反射物体的影响，由许多不同波长的光组合而成的。红、绿、蓝构成光线的三基色，这三种光线以不同的比率融合，组成新的颜色光，人眼只需通过红、绿、蓝三种锥体细胞即可感知大千世界的诸般颜色。机器视觉模仿人眼的感知系统，通过红、绿、蓝三基色的融合表示不同颜色，这三种颜色也就构成了最常用的颜色模型——RGB 颜色模型，因此，可以使用图像处理技术来降低数据量而不使人感到图像质量明显下降。

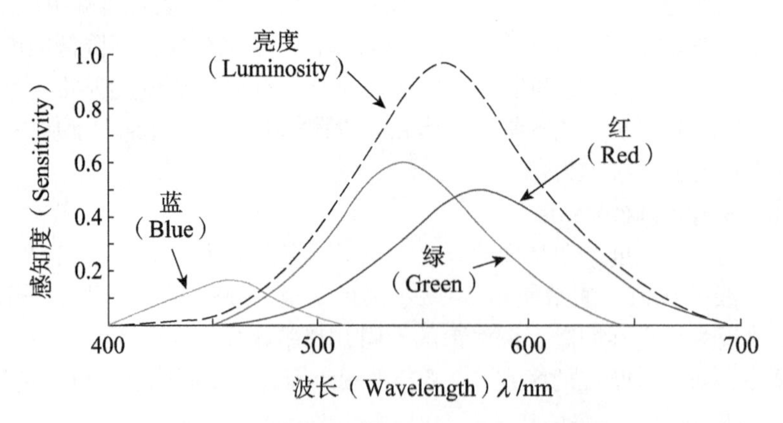

图 4-4　视觉系统对颜色和亮度的响应特性

综上所述，自然界中的任何一种颜色都可由 R、G、B 这三种颜色混合组成，它们共同构成一个三维的 RGB 矢量空间，空间中任意分量的取值均不同，得到的颜色也就各不相同。选取基色波长为 700 nm（红色）、546.1 nm（绿色）和 435.8 nm（蓝色）时，混色产生不同波长的光波所需的三种基色取值如图 4-5 所示。图中的纵坐标表示标称单位光强度，横坐标表示波长，负值表示某些波长（即颜色）不能精确地通过相加混色得到。注意，此处的三基色是光线的三基色，即光学三原色（光源的颜色叠加，只会越来越亮），遵循颜色加法原理而不是颜色减法原理（如印刷三原色），因此，使用等能量的三基色光混合可产生等能量的白光而不是黑色。

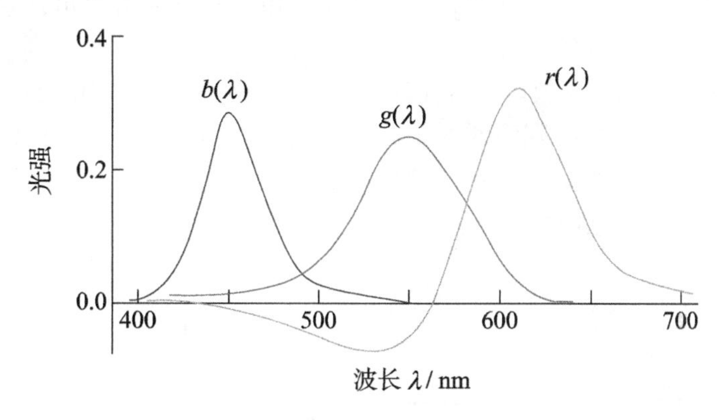

图 4-5　产生波长不同的光所需要的三基色值

4.2.3　RGB 颜色模型

上一节中简要介绍了人眼视觉系统感知颜色的原理和特点，在接下来的章节中将针对机器视觉中常用的颜色模型进行分析和介绍，说明机器视觉是选用何种颜色模型，以人造光源来模拟自然光源而产生各种颜色的。

在介绍颜色模型前，先来了解一下颜色空间模型。颜色通常以三个相对独立的属性来进行描述，这三个独立分量综合作用的结果，就构成了一个空间坐标——颜色空间。在实际应用中，往往根据不同的需要，选择不同的三个分量构成一个颜色空间。虽然颜色空间选用的独立分量不同了，但是被描述的颜色对象本身是客观存在的，不同的颜色空间只是从不同的角度去衡量同一个颜色对象。确定一个颜色空间后，就可以选择一个空间模型来描述它的属性分量。

如上所示，光学三基色即为红、绿、蓝，本节首先介绍与此对应的颜色模型——RGB 颜色模型。RGB 模型又称加色法混色模型，是通过对红（Red）、绿（Green）、蓝（Blue）三种颜色的变化以及它们相互之间的叠加来得到各种颜色的。光学三基色的成色原理与显示器红、绿、蓝三色发光极的发光成色原理一致，因此，该模型适用于显示器等发光体的显示。显示器的显色原理是通过电子枪打在显示器的红、绿、蓝三色发光极上，从而产生 32 位约 100 万种的颜色。如图 4-6 所示，当三基色按不同强度相加时，总的光强增强并可得到任一种颜色，这种颜色称为相加色。等量的绿、蓝相加而红色为 0 值时，得到青色（Cyan）；等量的红、蓝相加而绿色为 0 值时，得到品红（Magenta）；等量的红、绿相加而蓝色为 0 值时，得到黄色（Yellow）；等量的红、绿、蓝相加得到白色。而品红、青、黄色构成印刷三原色，印刷三原色的调色规则与用水彩笔直接调颜色的规则一样，遵循颜色减法原理。三基色的大小决定彩色光的亮度，混合色的亮度等于各基色分量亮度之和。三基色的比例决定了混合色的色调，当三基色混合色比例相同时，混合色是灰色。任意相加色 F 的配色方程为

F=r［R］+g［G］+b［B］，式中 r［R］、g［G］、b［B］为 F 的三色分量。以目前常见的 24 位色和 32 位色为例，数字图像采用 RGB 颜色模型时，会为图像中的每一个像素的 R、G、B 分量分配一个 8 位的 0~255 范围内的强度值，共 2^{24} 位，24 位色构成 16 777 216 种颜色，32 位色是在此基础上再加上 8 位透明度，构成 16 777 216 种颜色。

另外，RGB 颜色模型通常采用如图 4-7 所示的单位立方体来表示，立方体的主对角线上各点表示三基色的强度相等，（0，0，0）表示黑色，（1，1，1）为白色，黑白之间的各点代表光线由暗到明的不同灰度值。立方体的六个交点分别为光线三基色红、绿、蓝以及印刷三原色品红、青、黄。需要特别注意的是，RGB 颜色模型是人造光源模仿自然光源形成的颜色模型，因此，与人造光源如显示屏等外设性能相关，RGB 颜色模型所覆盖的颜色域取决于显示设备荧光点的颜色特性，与硬件息息相关。

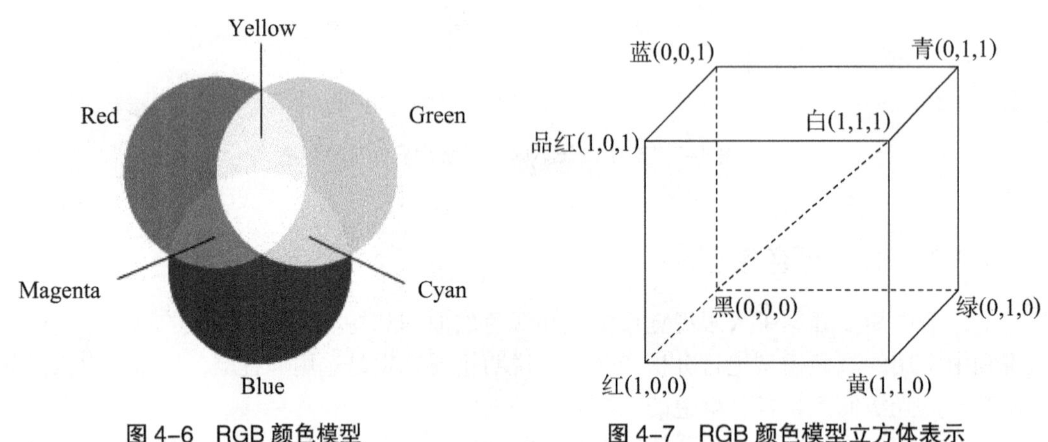

图 4-6　RGB 颜色模型　　　　图 4-7　RGB 颜色模型立方体表示

综上所述，RGB 颜色空间采用物理光线三基色表示，因而其物理意义清楚，适合彩色显像管工作。然而，这一模型并不适应人的视觉特点，它与日常绘画时的配色结果相悖。因此，在实际生产生活中产生了其他不同的颜色空间表示法。下面将介绍 CMYK 模型。

4.2.4　CMYK 颜色模型

上面已经介绍了基于光线三基色原理的 RGB 颜色模型，然而，在实际应用中发现，该模型的配色结果虽与人造光源的配色相同，但与颜料绘制而成的结果相悖，那么在印刷出版等领域，常用的颜色模型又是什么呢？

CMYK 颜色模型也称印刷色彩模式，是以打印在纸上的油墨的光线吸收特性为基础的。与 RGB 颜色模型不同，CMYK 是依靠反光的色彩模式，当白光照射到半透明的油墨上时，色谱中的一部分被吸收，而另一部分被反射回人眼，其中哪些光波反射到人眼中，决定了人能感知哪些颜色。如图 4-8 所示，CMYK 颜色模型常用于印刷品中，例如期刊、杂志、报纸、宣传画等。与预先混合好的特定彩色油墨——专色不同，CMYK 定义了三基色——青色（Cyan）、品红（Magenta）和黄色（Yellow），以及在实际印刷中往往不是由三基色混合而成的黑色，这也是 CMYK 这个名字的由来——构成任一种颜色的三基色：品红、青、黄，以及由于打印油墨含有杂质而无法直接合成的黑色（为避免与蓝色混淆，黑色用 K 而不是用 B 表示）。

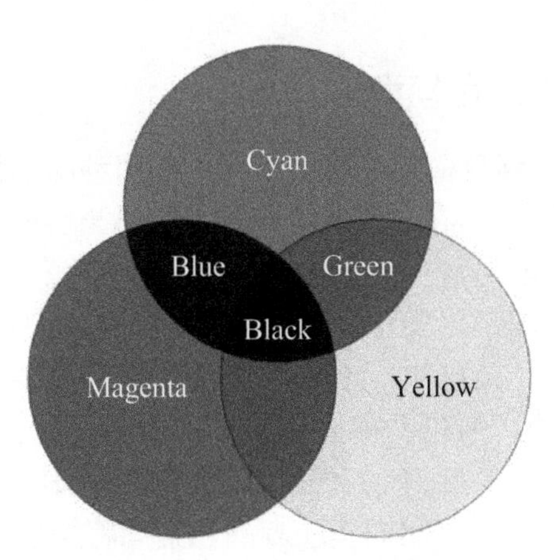

图 4–8　CMYK 颜色模型

本节介绍的 CMYK 颜色模型和上一节介绍的 RGB 颜色模型构成了颜色模型中的两大模型——减色模型和加色模型，那么这两种模型是怎样构成的呢？上一节中的 RGB 模型反映的是主动发光体的混色原理，对于人眼等视觉感知器官来说，多一种颜色光就是多一个光源，相当于多加一个元素；而 CMYK 模型是反映被动发光体的混色情况，所得颜色为白色减去印刷用的色料吸收的光线，即相减混色。相减混色利用了材料的滤光特性，即滤除在白光中不需要的彩色，留下所需要的颜色。以黄色为例，我们看到的黄色染料，是因为其吸收了白光中蓝色的光线，所以呈现出黄色，即黄色 = 白色 - 蓝色。当两种以上的色料混合叠加时，白光就必须减去各种色料的吸收光，最后剩下的反射光就是色料混合叠加产生的颜色，例如颜料（黄色 + 青色）= 白色 - 红色 - 蓝色 = 绿色。

综上所述，用相加混色三基色表示的颜色模式称为 RGB 颜色模式，主要用于显示屏等有人造光源的输出设备中；而用相减混色三基色原理表示的颜色模式称为 CMYK 颜色模式，它们广泛运用于绘画和印刷等领域。常见相加色和相减色的混色原则见表 4–2。

表 4–2　相加色与相减色

相加混色	相减混色	生成的颜色
RGB	CMY	
000	111	黑
001	110	蓝
010	101	绿
011	100	青
100	011	红
101	010	品红
110	001	黄
111	000	白

4.2.5 HSB（HSV）颜色模型

RGB 颜色模型及 CMYK 颜色模型是目前最常用的两种颜色模型，其他颜色模型在显示时都需转换为 RGB 颜色模型，而在打印或印刷（又称输出）时都需要转为 CMYK。这两种模型虽然从原理上说非常清晰易懂，但都比较抽象。例如，很难用 RGB 分量来形容春天桃花的颜色。我们可以第一时间说出桃花是粉红色的，然而这种粉红色的 R、G、B 分量各是多少却很难给出定量的答案。又比如，想在 Photoshop 等作图软件中调出紫色，则需要分别调整 R、G、B 三个移动滑块，通过动态显示效果慢慢调出自己想要的颜色。在此基础上，研究者提出了一种新的基于人类感官特征的颜色模型——HSB（HSV）颜色模型。

与前面章节介绍的颜色三要素相同，HSB 颜色空间将颜色分为色相、饱和度和明度三个因素。如图 4-9 所示，HSV（Hue，Saturation，Value/Brightness）颜色空间的模型对应于圆柱坐标系中的一个圆锥形子集，圆锥的顶面对应于 V=1，它包含 RGB 模型中的 R=1，G=1，B=1 三个面，色彩 H 由绕 V 轴的旋转角给定。红色对应于角度 0° ，绿色对应于角度 120° ，蓝色对应于角度 240° 。在 HSV 颜色模型中，每一种颜色和它的补色相差 180° 。饱和度 S 取值从 0 到 1，所以圆锥顶面的半径为 1。HSB 颜色模型首先将颜色按色调粗分，再根据颜色的饱和度及亮度进行细化，它接近人类感官认知，常用于图像处理及机器视觉系统中。特别需要注意的是，该颜色模型受用户使用的机器硬件限制，一般出现在色彩汲取窗口中。

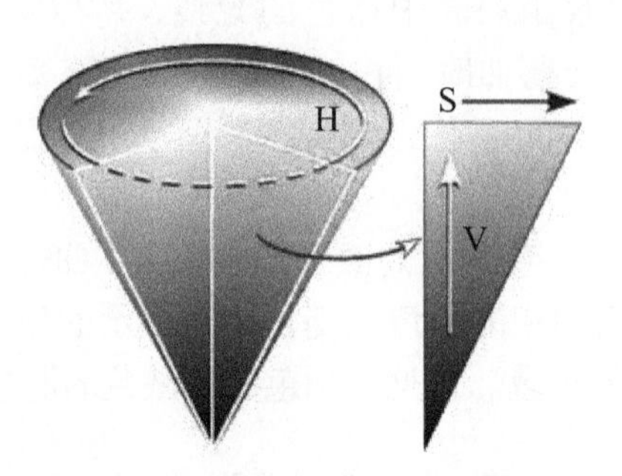

图 4-9 HSV（HSB）模型

4.2.6 YUV 与 YIQ 颜色模型

YUV（又名 YCrCb），作为一种颜色编码方法，广泛用于欧洲电视系统。该颜色空间与前面介绍的 RGB 颜色空间不同，虽然都是用于人造光源的显示系统，然而 RGB 颜色空间属于基色颜色空间，YUV 颜色空间属于色、亮分离颜色空间。色、亮分离指的是亮度参量和色度参量分开表示的像素格式，这样分开的好处就是不但可以避免相互干扰，而且可以降低色度的采样率，同时不会对图像质量影响过大。

现代彩色电视系统，通常采用三管彩色摄影机或彩色 CCD 摄像机进行取像，然后把取得的彩色图像经分色、分别放大校正后得到 RGB，再经过矩阵变换电路得到亮度信号 Y 和两个色差信号 R-Y（即 U）、B-Y（即 V），最后将亮度和色差三个信号分别进行编码，用同一信道发送出去。这种色彩的表示方法就是所谓的 YUV 色彩空间表示，其中，“Y”表示明亮度（Luminance 或 Luma），也就是灰阶值；而“U”和“V”表示色度（Chrominance 或

Chroma），它们的作用是描述影像色彩及饱和度，用于指定像素的颜色。YUV 和 RGB 颜色空间可以通过公式进行换算。

上面已经介绍过 YUV 的色亮信号分离，首先，如果只有 Y 信号分量而没有 U、V 信号分量，那么这样显示的图像就是黑白灰图像，彩色电视采用该颜色空间即可解决彩色电视机与黑白电视机的向下兼容问题；其次，与 RGB 视频信号传输相比，色亮分离最大的优点在于只需占用极少的带宽（RGB 要求三个独立的视频信号同时传输），因此常用于视频传输；最后，由于人眼对亮度的敏感性远超于对色彩的敏感性，所以在视频传输过程中可进一步压缩色彩分类 UV 的比例（例如，YUV 4:4:4、YUV 4:2:2、YUV 4:1:1 等格式），从而达到压缩图像，降低带宽的目的。

YIQ 颜色模型与 YUV 颜色模型类似，它是广泛应用于北美电视系统的一种 NTSC（National Television Standards Committee）系统。其中，Y 分量也是指颜色的亮度或明度（Luminance/Brightness），而 I 和 Q 指色调（Chrominance），用于描述图像色彩及饱和度属性。虽然三分量与上面介绍的 YUV 功能一致，但 NTSC 为了进一步压缩色度带宽，用色差信号 I、Q 取代 U、V，I 分量代表从橙色到青色的颜色变化，Q 分量代表从紫色到黄绿色的颜色变化，这样就解决了 YUV 色度、亮度信号的共频带部分极大和亮、色干扰大的问题。

4.2.7　颜色空间的线性变换

前面几节中学习了常用的颜色空间及其模型，这些颜色空间并不是独立而割裂的，它们彼此之间存在联系，可以通过计算公式进行转换。

1. RGB 与 YUV 颜色空间变换（RGB 三分量取值范围均为 0~255）

$$\begin{aligned} Y&=0.299R+0.587G+0.114B \\ U&=-0.147R-0.289G+0.436B \\ V&=0.615R-0.515G-0.100B \end{aligned} \tag{4-1}$$

矩阵形式如下：

$$\begin{bmatrix} Y \\ U \\ V \end{bmatrix} = \begin{bmatrix} 0.229 & 0.578 & 0.114 \\ -0.148 & -0.289 & 0.437 \\ 0.615 & -0.515 & -0.100 \end{bmatrix} \begin{bmatrix} R \\ G \\ B \end{bmatrix} \tag{4-2}$$

$$\begin{bmatrix} R \\ G \\ B \end{bmatrix} = \begin{bmatrix} 1 & 0 & 1.140 \\ 1 & -0.395 & -0.581 \\ -1 & 2.032 & 0 \end{bmatrix} \begin{bmatrix} Y \\ U \\ V \end{bmatrix} \tag{4-3}$$

2. RGB 与 YIQ 颜色空间变换

$$\begin{aligned} Y&=0.299R+0.587G+0.114B \\ I&=0.596R-0.275G-0.321B \\ Q&=0.212R-0.523G+0.311B \end{aligned} \tag{4-4}$$

矩阵形式如下：

$$\begin{bmatrix} Y \\ I \\ Q \end{bmatrix} = \begin{bmatrix} 0.229 & 0.587 & 0.114 \\ 0.0596 & -0.274 & -0.322 \\ 0.211 & -0.523 & 0.312 \end{bmatrix} \begin{bmatrix} R \\ G \\ B \end{bmatrix} \tag{4-5}$$

$$\begin{bmatrix} R \\ G \\ B \end{bmatrix} = \begin{bmatrix} 1 & 0.956 & 0.621 \\ 1 & -0.272 & -0.647 \\ -1 & -1.106 & -1.703 \end{bmatrix} \begin{bmatrix} Y \\ I \\ Q \end{bmatrix} \tag{4-6}$$

3. RGB 与 CMYK 彩色空间变换

RGB 与 CMY 颜色空间变换：

$$\begin{bmatrix} R \\ G \\ B \end{bmatrix} = \begin{bmatrix} 1 \\ 1 \\ 1 \end{bmatrix} - \begin{bmatrix} C \\ M \\ Y \end{bmatrix} \tag{4-7}$$

（1）RGB → CMYK

$$\begin{aligned} K &= \min(1-R, 1-G, 1-B) \\ C &= (1-R-K)/(1-K) \\ M &= (1-G-K)/(1-K) \\ Y &= (1-B-K)/(1-K) \end{aligned} \tag{4-8}$$

（2）CMYK → RGB

$$\begin{aligned} R &= 1-\min(1, C*(1-K)+K) \\ G &= 1-\min(1, M*(1-K)+K) \\ B &= 1-\min(1, Y*(1-K)+K) \end{aligned} \tag{4-9}$$

4.3 数字图像的获取

从 20 世纪 20 年代海底电缆第一次将图像从伦敦传往纽约开始，数字图像的发展就如同踏上了飞速行驶的列车，在不到 100 年时间内经历了从尝试性科学试验到覆盖日常生活的巨大变化。数字图像色彩丰富、生动形象，足以记录我们的生活；同时，处理手段繁多、易于传输保存，能在真实记录的同时改变我们的生活。数字图像及其处理技术的出现和发展，推动了多媒体技术、出版印刷、工业设计、军事观察、气象分析等无数领域的快速发展，而这一切的源头和起点，就是数字图像的获取技术。数字图像获取是数字图像处理的基础，如何通过各种方式获取高质量的数字图像是本节的重点。

4.3.1 数字图像的获取方式

1. 数字化设备采集数字图像

图像都是由照射源和形成图像的场景元素对能量的反射或吸收相结合而产生的。传统光学成像利用相机镜头和快门聚焦被摄物体反射的光线，首先在暗箱中的感光材料上形成潜像，再经过冲洗生成照片。而数字图像的主流采集设备包括数字照相机和数字摄像机，它利用光电效应，使相机镜头成像在纱窗格型的面阵光电元件 CCD（光感应式电荷耦合器件）或 CMOS（互补金属氧化物半导体）上，利用光电元件上所生电荷与接收光强的正比关系，将被摄景物的光线反射信息反映在数字图像中。

采用数字设备可以直接拍摄任何自然景象，并将其以数字格式进行存储。数字照相机和摄像机都带有标准硬件接口，可通过数据线或 WIFI 直接将拍摄的数字图像和影像信息传输至电脑。由于数字图像依靠网格型光电元件成像，因此所得图像画面仍是由间断点组成的，其光学性能不如传统照相机和摄像机，但由于其易保存、易传输、处理手段多样等特点，其发展前景不可限量。

2. 数字转换设备采集数字图像

模拟图像可通过数字转换设备转换为数字图像。模拟视频可以通过视频采集卡转换为数字影像数据。而对于普通平面图像，例如照片、幻灯片、艺术图画等，通常采用扫描仪按需求转换为不同质量的数字图像。

3. 绘图软件创建数字图像

目前，Windows 环境下的大部分图像编辑软件，如画图等，都拥有一定的绘图功能，这些软件都有很好的图形用户接口，可以利用鼠标、数位板等外设绘制各种图形，并进行色彩、纹理、图案等的填充和加工处理。然而，在实际创作中会发现，尽管这些软件和外设对于小型图形、图标、按钮等的直接创作十分方便，却仍不足以描述自然景物和人像。

可以通过鼠标及数位板快速完成简笔图的绘制和上色，然而，绘制过程存在一定的局限性：画图等自带的基础图像编辑软件没有特色笔刷等工具，无法体现数位板笔触压力变化时的画笔浓淡效果；Photoshop 等图像编辑软件支持压感，拥有强大的后期处理能力，功能十分全面，但笔触设定和颜色调节方面效果稍显不足，更适用于图像的后期处理；SAI、ComicStudio 等软件，笔刷图案丰富逼真、笔触硬直，适用于漫画绘制；除此以外，还有 Painter 等专业型绘画软件，这些软件笔触自然、设定方便，与数位板和画笔搭配顺畅自然，但要求绘画者具有一定的美术知识及创意基础。

4. 数字图像库的利用

数字图像库是为满足高质量的数字图像使用需求，由从事美术设计、计算机图像处理的专业人员制作，以光盘的形式存储并正式出版发行，可供使用者购买后使用的特殊图像库。除了通过光盘等硬件形式传播，国内外各大高校及研究所的网站中也有免费或收费的专业图像库，如 Corel、美国麻省 Media 实验室人脸库等，可供研究者下载后进行图像处理方面的研究。现有的数字图像库种类几乎应有尽有，按图案题材来分，山水风光、花鸟虫鱼、风土人情、几何花纹等包罗万象，丰富多样；按成像原理来分，雷达图像、红外图像、可见光图像、医学图像分门别类，应有尽有，足以满足设计者和使用者的需要。

目前，存储在 CD-ROM 光盘和 Internet 网络中的数字图像库越来越多，这些图像的内容比较丰富，图像尺寸和图像深度可选的范围也较广。利用已有的图像资源可省去复杂烦琐的一次创作过程，然而图像的内容可能并不能满足客户的创意需求，因此可根据需要，选择已有的数字图像，或者在原有图像的基础上进行进一步的编辑和处理。

4.3.2　位图获取技术

主要通过以下 3 种方式获取位图图像：通过数字化设备，如数码相机、数字摄像机摄取；通过数字转换设备，如扫描仪或视频采集卡采集；从数字图像库，如光盘、硬盘、网络等收集。

1. 数码相机

数码相机（Digital Still Camera/ Digital Camera，简称 DSC/DC），又名数字式相机。如上一节所述，与普通相机在胶卷上靠溴化银的化学变化来记录图像的成像原理不同，数码相机利用光电传感器将光学影像转化为电荷变化数据。其存储方式也与依靠胶片保存的传统光学相机不同，数码相机中的图像传输到计算机以前，通常会先存储在SD存储卡等数码存储设备中。

数码相机（图4-10）是光学、机械、电子一体化的产品，它集影像信息的转换、存储和传输等功能于一身，具有数字化存取、与电脑交互处理和实时拍摄等优势。该技术最早出现在20多年前的美国，最初用于卫星向地面传送照片，后来随着信号处理与传输、数字图像获取与处理、计算机图像处理与存储等技术的不断发展，逐渐向民用领域普及和扩展。

图4-10　数码相机

2. 扫描仪

扫描仪（图4-11）作为一种常用图像信号输入设备，可对照片、文本、图纸、美术图画、胶片甚至纺织品、印刷板样品等三维对象进行光学扫描，然后将光学图像传送到光电转换器并转换为模拟电信号，再将模拟电信号转换为数字电信号，最后通过计算机接口传送至计算机中。扫描仪由于可实现平面实物中线条、图形、文字等的快速提取，并通过标准接口或WIFI传输给计算机，因此成为计算机获取平面图像数据的重要外设。

图4-11　扫描仪

3. 数位板

从最早的人类在墙壁上作画开始，我们就习惯通过绘制图画记录故事，抒发感情，而在现代工业设计、图画绘制等领域，我们逐渐开始采用数位板代替画板和画笔。数位板又名绘图板、手绘板等，与手写板类似，它也是计算机输入设备的一种，通常由数位板和压感笔组成。早期数位板按工作原理可分为电阻压力式、光学感应式、超声波定位以及电磁感应式几种。

其中，电磁感应式数位板由于定位精度高、能检测使用者用笔的压力大小而得到广泛应用，并成为目前市场上的主流数位板。该款数位板主要依靠电磁感应原理工作，平板内有电路板，电路板上均匀覆盖纵横交错的线条，可产生纵横交错的均衡磁场。压感笔在数位板上移动时切割磁场，从而产生电信号。通过多点定位，数位板芯片就可精确测定压感笔所在的位置。其另一特别之处，就在于电磁感应式数位板不仅可测定笔尖所在的位置，还可测出绘画者的力度，通过专业绘图软件将压力强弱的变化表现为绘画作品中笔触的浓淡变化。这一特殊功能源于压感笔中的压力电阻，压感笔中的传感器可将压感信息通过磁场信号反馈到数位板上。

相较于鼠标，压感笔的使用感受类似普通画笔，更符合一般人的作画习惯；相较于使用传统画笔在纸上作画，再通过扫描仪转为数字图像，数位板具有三大优势：

① 与纸面手绘线稿再扫描上色相比，直接在数位板上绘制可省去复杂的线条抽取与消除杂线的过程。

② 与纯手工绘画再扫描保存相比，采用数位板 + 图像处理软件的组合可以借助强大的计算机图像处理技术，创造丰富多变甚至奇幻的画面效果。

③ 在电脑上进行图画的绘制，一旦出现错误，可直接调用软件删去错误步骤，而纸面作画出错需借助橡皮或白色颜料，如果画面改动较大，则很难实现。

按数据传输方式，电磁感应式数位板（图 4–12）又可细分为有线电磁式（有线笔）、无线有源式（无线笔、用电池）和无线无源式（无线笔、不用电池）三种。其中，有线笔由于使用不方便已被淘汰，无线有源型辐射较大而且内装电池使用不方便，因此，目前应用较为广泛的为无线无源式数位板，代表品牌有 Wacom、汉王等。

图 4–12　数位板

4. 视频采集卡

视频采集卡（Video Capture Card）（图 4–13）又称视频卡，可将模拟摄像机、录像机、LD 视盘机、电视机输出的视频信号或视频音频混合信号输入计算机，并将其转换为计算机可识别的数字信号，以数据文件的形式保存在硬盘中，以备后期进一步的编辑处理。视频采集卡是进行模拟视频信号处理必不可少的硬件设备，可通过它对数字化的视频信号进行剪切画面、添加滤镜特效、设置转场效果等后期处理，最后将编辑完成的视频信号转换为标准 VCD、DVD 及网上流媒体格式并进行传播和保存。

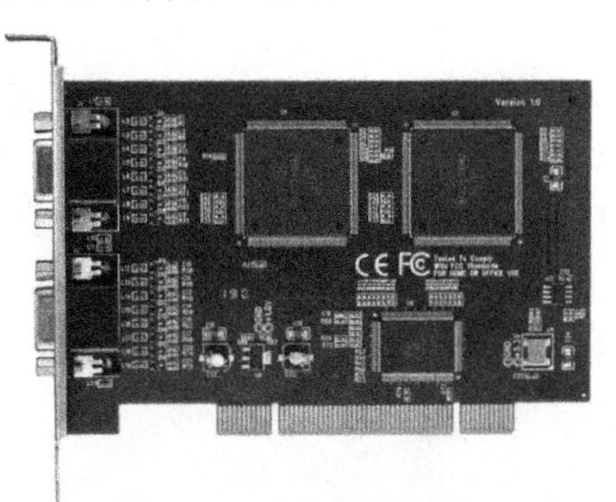

图 4–13　视频采集卡

4.3.3 矢量图获取技术

我们主要通过两种方式获取矢量图：通过相应软件或多媒体制作工具直接绘制；从数字图像库中收集。

目前流行的矢量图制作软件包括 CorelDraw、Adobe 公司的 Illustrator、Macroemedia 公司的 Freehand 等。另外，动画制作软件 Flash 的绘图工具绘制的图形都是矢量图，其中的修改选项可以将位图转换为矢量图。

1. CorelDraw

CorelDraw 是加拿大 Corel 公司推出的平面设计软件，该软件主要用于矢量图形制作，功能强大而应用广泛，可为设计师提供矢量动画、页面设计、网站制作、位图编辑和网页动画等多种功能，目前 Windows 平台主流版本为 X6，Mac 平台主流版本为 V11。

2. Illustrator

Adobe Illustrator（简称 AI）是美国 Adobe 公司推出的专业矢量绘图工具，该软件以功能强大、界面人性化著称，市场占有率极高，是出版、多媒体和在线图像等领域的工业标准矢量插画软件。该软件的最大特色在于钢笔工具的使用以及能快速将栅格图像转换为可编辑矢量的描摹引擎，目前主流版本为 Adobe Illustrator CS5，可与 Flash、Photoshop 配合使用，创造出让人叹为观止的图像效果。

3. Freehand

Freehand（FH）曾是 Illustrator 最大的竞争对手，后由于 2005 年母公司 Macromedia 被 Adobe 公司收购，也成为 Adobe 家族的一员。Freehand 作为三大顶尖平面软件之一，在软件界面的操控方面有良好的表现，适用于广告创意设计、书籍海报绘制、机械制图及建筑蓝图的绘制。目前，主流版本为 Freehand 11，能轻易地在程序中转换格式，可输入及输出适用于 Photoshop、Illustrator、CorelDraw、Flash、Director 等软件使用的文件格式。

4.4 数字图像的显示和基本属性

第 4.1 节中初步介绍了数字图像的两大分类：矢量图与位图。在接下来的章节中，我们将针对数字图像的基本属性，如分辨率、像素深度、颜色及颜色空间、数据量以及图像种类等内容展开详细介绍。

4.4.1 分辨率

数字图像处理中常见的分辨率包括像素分辨率、显示分辨率、图像分辨率、扫描分辨率、打印分辨率等。描述分辨率常用单位有 dpi（点每英寸[①]）、lpi（线每英寸）和 ppi（像素每英寸）。其中，lpi 描述光学分辨率的尺度，ppi 常用于电脑显示领域，dpi 只出现在打印或印刷领域。

1. 像素分辨率

像素分辨率指显示器中一个像素点的宽和高之比，也称为像素的长宽比，一般为 1∶1。在像素分辨率不同的机器间传输时，图像会产生变形。

① 1 英寸 =2.54 厘米。

2. 显示分辨率

显示分辨率指显示屏上水平方向和垂直方向能够显示出的最大像素点个数，它反映了屏幕图像的精密度。假设电脑显示器分辨率为 1 600×900 像素，则说明该显示器水平方向最多显示 1 600 像素，垂直方向最多显示 900 像素，整个显示屏最多可显示 1 440 000 个显像点。因为屏幕图像中所有的点、线和面都是由像素组成的，因此同等大小显示器可显示的像素越多，画面就越精细；同时，屏幕越大，能够显示的像素就越多，显示分辨率也越大。显示分辨率不仅与显示尺寸有关，还受显像管点距、视频带宽等因素的影响。

3. 图像分辨率

图像分辨率在不同书中的定义不同，部分书籍将其定义为单位英寸中所包含的像素点数，而另一些书籍则将其定义为一幅图像在水平和垂直方向上最大像素点的个数，甚至有部分书籍将其定义为图像大小、图像尺寸等，为保持统一性和可读性，本书中统一将图像分辨率定义为图像在水平和垂直方向上的最大像素点个数。如果图像像素点的间距固定，那么图像分辨率与图像尺寸成正比关系；如果图像尺寸不变，提高组成图像的像素点密度，则图像的分辨率也随之增大。

综上所述，图像在显示设备中的显示效果与图像分辨率和显示分辨率有关。当图像分辨率大于显示分辨率时，屏幕仅会显示图像的一部分；当图像分辨率小于显示分辨率时，图像只占屏幕的一部分。假设一幅数字图像，分辨率为 640×480，则该图像在 320×240 的屏幕中仅能显示 1/4，在 640×480 分辨率的屏幕中可以完全显示且屏幕不留空，在 1 280×960 的屏幕中仅能占据 1/4 的画面。

除此以外，在实际应用中还有诸如扫描分辨率、打印分辨率等与输入 / 输出外设硬件系统相关的分辨率，这些分辨率都会影响获取图像及输出图像的最终效果。

4. 扫描分辨率

扫描分辨率是指多功能一体机在实现扫描功能时的扫描精度，该分辨率通常以 dpi 为单位，以水平分辨率和垂直分辨率的乘积表示其大小，根据其形成原理可分为光学分辨率、机械分辨率和插值分辨率三种。扫描分辨率和原图像精度共同影响扫描后的图像质量，假设我们选取一台扫描分辨率为 300 dpi 的扫描仪来扫描一幅 8 in×8 in 的彩色图像，最终我们可获得一幅 2 400×3 000 个像素的扫描图像。那么是否扫描分辨率越高越好呢？当然不是。前面已经介绍了，扫描结果的质量同时受原图像精度和扫描分辨率影响，因此，当扫描一幅普通彩色照片时，只需选用 150~200 dpi 的扫描精度即可，当原始图像的精度较低时，采用高分辨率扫描只能浪费时间和磁盘空间。因此，扫描分辨率的选择要根据原始图像精度、扫描结果的用途以及扫描速度要求等进行综合分析，例如，原始图像为胶片或扫描结果需将其放大时，那么应采用较高的分辨率进行扫描；如果最终结果将用于出版印刷，那么对原始图像应以高出希望输出结果精度两倍的线频率（lpi）进行扫描，因为照片在打印过程中将被转化为半色彩。

5. 打印分辨率

打印分辨率又称输出分辨率，是指在打印过程中，横向及纵向每英寸最多能打的点数，它以 dpi 为单位。最高分辨率指打印机所能打印的最大分辨率，也叫极限分辨率。打印分辨率是评价打印质量的重要标准，它决定了打印图像的精细程度。

4.4.2 图像大小及存储格式

1. 图像大小

图像文件的大小，即文件字节数 = 图像分辨率（高 × 宽）× 图像深度 /8，如一幅 1 024 × 768 大小的真彩色图片（24 位）所需存储空间大小为：1 024 × 768 × 24/8=2 359 296（B）= 2 304 KB=2.25 MB。

2. 图像深度

图像深度指存储图像中每个像素所用的位数，也称为像素深度或位深度。对于彩色图像，图像深度指明了每个像素的最多颜色数；而对于灰度图像，图像深度则标明了每个像素的最大灰度级。以单色灰度图像为例，每个像素为 8 位，则最大灰度等级为 2^8=256，图像深度为 8。对于彩色图像，假设其 RGB 三通道分量的像素位数分别为 4、4、2，则像素的最大颜色数为 2^{4+4+2}=1 024，该图像的图像深度为 10 位，每个像素可能是 1 024 种颜色中的一种。如果是 BMP 格式，则最多可以支持红、绿、蓝各 256 种，不同的红、绿、蓝组合可以构成 256^3 种颜色，为了显示这些颜色，每个像素都需要采用 2^{8+8+8} 共计 24 位进行存储，因此，图像深度为 24。另外还有 PNG 格式，它除了支持 24 位的 RGB 颜色外，还支持控制透明度的 8 位 Alpha 通道，因此图像深度为 32 位。总而言之，图像能显示的颜色越多，图像深度越大，图像在存储过程中占用的空间也就越大。

3. 位图常用文件格式

（1）PSD 图像格式

该图像格式扩展名为 PSD，全名为 Photoshop Document，是常用图像处理软件 Photoshop 的专用文件格式，也是唯一可以存取所有 Photoshop 特有的文件信息以及所有彩色模式的格式。如果文件中含有图层或者通道信息时，就必须以 PSD 格式保存文档，它可将不同的文件图像分离存储，以便于修改和制作各种特效。该格式的优点是可以分离存储图像文件的图层信息而且存取速度很快，缺点是读取软件受限，除 Photoshop 以外仅有极少数图像处理软件能够读取。

➢ PSD 优点：

分离存储图像文件的图层信息，而且存取速度很快。

➢ PSD 缺点：

读取软件受限，仅 Photoshop 等少数几种图像处理软件可读取。

（2）BMP 图像格式

BMP（全称 Bitmap）是 Windows 操作系统中的标准图像文件格式，因此，在 Windows 环境中运行的图形图像软件都支持 BMP 图像格式。由于 BMP 除了图像深度可选 1 bit、4 bit、8 bit 及 24 bit 以外，不采用其他任何压缩，所以它具有包含的图像信息丰富、图像完全不失真的优点；但同时该格式的缺点也十分明显，BMP 格式通常比同一幅图像的压缩文件格式要大很多，因此该图像格式通常不适合在因特网或者其他低速或有容量限制的媒介上进行传输。

➢ BMP 优点：

无损压缩，图像完全不失真。

➢ BMP 缺点：

图像文件尺寸较大。

（3）JPEG 图像格式

JPEG（Joint Photographic Experts Group，扩展名为 JPG）是第一个国际图像压缩标准。JPEG 的压缩技术十分先进，它通常压缩的是图像的高频信息（例如图像噪声等），而保留图像的色彩信息，即通过有损压缩的方式去除冗余的图像数据，在获得极高的压缩率的同时尽可能保留原始图像的细节信息，从而做到利用最小的磁盘空间保留较好的图像品质。除此以外，JPEG 十分灵活，其压缩比率通常在（10∶1）~（40∶1）之间浮动，根据使用者的需求在图像质量和文件大小之间找到平衡点，因此该图像格式广泛应用于网页图像及其他需要连续色调的图像中。

➢ JPEG 优点：

压缩技术先进，压缩效果优于 GIF 的 LZW 算法。

支持 CMYK、灰度和 RGB 图像的显示及存取。

支持 24 位真彩色。

压缩比率灵活可调。

➢ JPEG 缺点：

有损压缩，压缩比率过高时解压缩后恢复的图像质量明显降低。

（4）GIF 图像格式

GIF（Graphics Interchange Format，扩展名为 GIF）称为图像互换格式（闪图），是 Compu Serve 公司于 1987 年开发的基于 LZW 算法的连续色调无损压缩格式，其压缩率一般在 50% 左右。一个 GIF 格式文件可以存储多幅彩色图像，将这些图像逐幅读出，则可构成一个最简单的动画，该文件格式具有体积小、成像较为清晰和支持透明背景的优点，因此常用作网页彩色动画文件。

➢ GIF 优点：

文件体积小，下载速度快，采用 LZW 无损压缩算法。

颜色模式采用 256 色索引图调色板。

支持索引色透明，该模式与下面介绍的指定 Alpha 透明通道不同，索引色透明只能指定某像素是全透明还是全不透明。

GIF89a 支持简单动画。

支持渐显方式。在图像传输过程中，用户先看到图像的大致轮廓，然后逐渐看清图像细节。

➢ GIF 缺点：

不能存储超过 256 色的图像。

（5）TIFF 图像格式

TIFF（Tagged Image File Format，扩展名为 TIFF 或 TIF），是 Aldus 公司与微软公司为扫描仪和桌面出版系统研发的一种主要用于存储包括照片和艺术图在内的图像文件格式。该图像格式与 PSD 格式有一个共通点：用 Photoshop 编辑的 TIFF 文件也可以保存路径和图层，但与局限性较大的 PSD 不同，TIFF 受几乎所有的绘画、图像编辑和页面排版应用程序的支持，而且几乎所有的桌面扫描仪都可以生成 TIFF 图像。TIFF 格式的文件头中包含“标签”，该标签不仅标明了图像大小等基本几何尺寸，还定义了图像数据的排列方式以及图像压缩信息。另外，TIFF 文件格式采用无损压缩，文件较大，例如一幅 200 万像素的图像，需要占用 6 MB 左右的存储容量，因此，该文件格式主要用于对图像质量要求较高的图像存储与转换中，极少用于互联网。

➢ TIFF 优点：

跨平台。受几乎所有绘画、图像编辑和页面排版应用程序的支持，大部分桌面扫描仪都可以生成 TIFF 图像。

支持多种图像模式。TIFF 支持任意大小的图像，从二值图像到 24 位真彩色图像（包括 CMYK 图像、索引图像、灰度图像和 RGB 图像）以及在 VGA 上最常见的调色板式图像。

支持 Alpha 通道。TIFF 格式是除 PSD 格式外少数能保存 Alpha 通道（透明通道）信息的格式。

支持多种压缩编码。TIFF 格式可以选择不压缩或 LZW、ZIP、JPEG 图像压缩编码。

➢ TIFF 缺点：

文件体积较大，主要用于对图像质量要求较高的图像存储与转换过程中，极少用于互联网。

（6）PNG 图像格式

PNG（Portable Network Graphics，扩展名为 PNG）是 Macromedia 公司推出的用以替代 GIF 和 TIFF 的文件格式，同时增加一些 GIF 所不具备特性的可移植网络图形文件格式。该文件格式采用 LZ77 派生的无损数据压缩算法，能在极大地保留图像质量的同时尽可能地压缩文件大小，因此广泛用于 JAVA 程序或者网页中。PNG 可用来存储灰度图像或彩色图像，同时还可保存图像的透明通道信息。以灰度图像为例，PNG 格式可存储的灰度图像深度最多可达 16 位；存储彩色图像时，图像深度最多可达 48 位，并且可存储多达 16 位的 Alpha 通道数据（透明通道数据），这种特性是 GIF 和 JPEG 所没有的。

➢ PNG 优点：

无损压缩。PNG 格式采用 LZ77 派生算法进行压缩，可在保留数据的同时获得高压缩比。简单来说，该算法利用特殊的编码方式标记图像中重复出现的数据，因此不会造成图像颜色的损失。

索引彩色。PNG 格式为减小文件大小，保证传输速度，采用与 GIF 同样的 8 位调色板将彩色图像转为索引彩色图像。

支持透明效果。PNG 支持与 GIF 相同的索引色透明，以及真彩色和灰度图像的 Alpha 通道透明度。PNG 为图像定义 256 个透明层次，以保证当前彩色图像的边缘能与任何背景平滑融合，从而消除锯齿边缘，这种功能是 GIF 和 JPEG 所没有的。

优化网络传输显示。PNG 格式图像在浏览器上采用流式浏览，当下载该图片的 1/64 后，观众就可以看到图片外观的总体形状，然后随着图片的连续读出和写入数据，观众就可以看到逐渐清晰起来的图像。

文件较小。由于目前的网络传输模式，数据的传输仍受带宽限制，因此，在保证图像的清晰和逼真的同时，大范围采用 PNG 格式图像而不是 BMP、JPEG 格式图像是较好的选择。

➢ PNG 缺点：

不完全支持所有浏览器，例如 IE6 等，因此早期在网页使用中不如 GIF 和 JPEG 格式广泛。标准 PNG 不支持动画，而 APNG 支持位图动画，但该格式仅用于 Firefox。

4. 矢量图常用文件格式

（1）CDR 格式

CDR 格式是著名矢量图形绘图软件 CorelDraw 的专用图形文件格式。CDR 可以记录文件的属性、位置和分页等，但该格式只能用于 CorelDraw，其他图像编辑软件无法打开。

（2）DWG 格式

DWG 格式是 AutoCAD 创立的一种图纸保存格式。与前面介绍的图片文件不同，DWG 格式存储的不是图像而是图形信息，其文件的数据结构属于 Autodesk 公司的商业机密，对该格式文件的修改需要通过 AutoCAD，而且低版本的软件打不开高版本软件制作的 DWG 文件，因此市面上有多种软件可以读取 DWG 文件，并将其转换为 DXF 文件格式。

（3）DXF 格式

DXF 格式是 Autodesk 公司开发的用于 AutoCAD 与其他软件之间进行 CAD 数据交换的 CAD 数据文件格式。DXF 分为 ASCII 格式和二进制格式，前者可读性好但占用空间较大，后者占用空间小且读取速度快。目前，很多软件例如 CorelDraw、3DS Max 等都可导入 DXF 格式文件并进行编辑。

（4）EPS 格式

EPS（Encapsulated PostScript）格式又称带有预视图像的 PS 格式，是一种常用于桌面印刷系统的通用交换格式，由一个 PostScript 语言的文本文件和一个低分辨率的 PICT/TIFF 格式代表像（可选）组成。该格式主要用于在 PostScript 输出设备上打印，在 Mac 和 PC 环境下的图形和版面设计中都有广泛的应用，几乎所有绘画程序及大多数页面布局程序都允许保存 EPS 文档。需要注意的是，该格式在非 PostScript 设备中表现并不好，只能输出低分辨率代表像，另外，EPS 格式在保存过程中图像体积过大，因此，如果不是用于打印而仅仅是保存图像或者在无 PostScript 的打印机上打印，最好不要选择该格式。

（5）AI 格式

AI 格式是常用矢量软件 Adobe Illustrator 的专用文件格式，其优点是占用硬盘空间小、打开速度快、格式转换方便。AI 格式可方便地转换为 EPS 格式，主要用于和 CorelDraw 及其他矢量软件的交互。AI 格式与 CDR 格式的转换仅应用于 Illustrator 与 CorelDraw 之间的转换。

4.4.3 直接色、伪彩色与真彩色

在前面的章节中已经了解了色度学的一些基本常识，以及目前常用的颜色模型，并对数字图像中的灰度图与彩色图等知识有了初步的认识，本节将继续介绍数字彩色图像中常用的直接色、伪彩色与真彩色的不同，以加深大家对如何编写图像显示程序、理解图像文件存储格式的认识，从而解释读者在图像处理过程中遇到的诸如设定颜色与实际显示颜色不符的困惑。在开始本节的内容之前，我们先来学习一些相关知识。

1. 索引图像与颜色查找表

索引图像就是索引模式的图像，索引模式与灰度模式有点类似，索引图像的颜色深度可达 8 位，即图像中的每一个像素点都可以由 256 种颜色中的一种表示，而且这些颜色是彩色。众所周知，自然界中的颜色远不止 256 种，如图 4-14 所示，当图像转为索引模式时，系统会自动根据图像中的颜色归纳出能代表图中绝大多数颜色的 256 色颜色查找表（CLUT），然后通过近似颜色替代的方式，用这 256 种颜色来代替整个图像中所有的颜色信息。索引图像只支持一个图层，而且只有一个索引彩色通道。索引模式的图像就像我们家中用彩色瓷砖铺成的装饰画，而且瓷砖只有 256 种颜色，因此画面效果精细度比手绘的彩图（相当于真彩色图像）差，但其优势在于图像文件较小。索引图像的另一优点在于其中的每一个颜色都有其

独立的索引标识，图像在网上发布时可通过其索引标识复原图像颜色。

（a）

（b）

图 4-14　16 色与 256 色索引图像

2. 真彩色

组成一幅彩色图像的每个像素值都有 R、G、B 三个基色分量，每个基色分量不需经过变换即可直接决定显示设备的基色强度，这样生成的彩色称为真彩色。例如，我们采用 RGB 8∶8∶8 的方式表示一幅彩色图像，即 R、G、B 都用 8 位表示，每个基色分量各占一个字节，合共 3 字节，每个像素的颜色就是这 24 位 1 677 万色中的一种。这种 RGB 8∶8∶8 方式表示的图像就是我们常说的全彩色图像。然而图像颜色设置为 24 位真彩色，并不代表显示器就能显示真彩色，这还需要有相应的硬件支持，即真彩色显示适配器，其相应的制造技术也日趋完善。例如，2007 年显示屏的主流发色数为 16.2 MB，通过 6 b 显示屏以及抖动处理技术实现。目前，显示屏标称的主流配置 16.7 MB 就是我们说的 24 位真彩色。

在其他时候，考虑到采用 3 个字节表示的真彩色图像需要的存储空间以及人眼实际的辨色力，我们还采用 RGB 5∶5∶5 来表示一幅图像，这样每个彩色分量各占 5 位，再加上 1 位显示属性控制位，生成的真彩色数目为 $2^{5+5+5+1}=2^{16}$，共 2 字节。

3. 伪彩色

伪彩色图像中的每个像素值并不指明其 RGB 三个基色分量的数值，而是指明一个索引值或代码，该代码值就是颜色查找表（CLUT）中某一项的入口地址，根据该地址信息，可以查出实际显示时的 R、G、B 强度值，这种通过查找映射的方式产生的色彩就是伪彩色。伪彩色主要用于气象、遥感、红外图像等领域，颜色查找表中的颜色可与图像原本的真实颜色没有任何关系，仅根据使用者的需要进行指定。

4. 直接色

将每个像素分为 R、G、B 三个分量，每个分量的取值来自单独的索引值，即每个分量都需要通过相应的彩色变换表查出转换后的基色强度，然后用变换后得到的 R、G、B 生成色彩，这种模式生成的颜色称为直接色。直接色的特点是需要分成 R、G、B 三个分量，并且根据颜色查找表对每个分量进行转换，最后再合成颜色。

5. 三色的区别

（1）真彩色与直接色

➢ 相同：

都采用 R、G、B 分量决定基色强度。

➢ 不同：

真彩色的基色强度直接由 R、G、B 分量决定，而直接色的基色强度由 R、G、B 经变换后决定。直接色仅用于 UNIX 系统的机器上，适用范围较小。另外，理论上说直接色应该集伪彩色和真彩色的优点于一身：直接色拥有真彩色的颜色数量，同时其基色分量又和伪彩色一样灵活可变，即 24 位颜色系统表现得仿佛是一个动态颜色视觉。然而，在应用中直接色常会出现“颜色闪烁问题”，即直接色提供私有的颜色图，并将图形窗口作为当前窗口装载正确颜色，其他窗口消失。

（2）真彩色和伪彩色

➢ 相同：

都是目前常用的视觉级。

➢ 不同：

伪彩色采用 8 位 256 色颜色查找表，显示颜色根据颜色查找表信息变动，其显色丰富程度有限，但文件占用空间少，处理过程简单，显示颜色仅与索引值有关，常用于卫星遥感、气象分析、红外图像显示等领域。

真彩色图像可显示 24 位及以上的颜色深度，分 R、G、B 三通道，基色强度直接由三通道分量决定，色彩艳丽丰富而真实，然而文件占用空间大，处理过程较为复杂，显色受显示器硬件条件影响，适用领域范围宽泛。

（3）伪彩色和直接色

➢ 相同：

两者都采用颜色查找表。

➢ 不同：

伪彩色将整个像素当作查找表的索引值进行彩色变换，而直接色分别对 R、G、B 分量进行变换。

4.5　图像创意设计与处理技术

在上面的章节中，我们已经学习了有关数字图像的成像原理、颜色模型、获取方式、基本概念等方面的内容。在实际生产生活中，我们关注的重点是如何对图像进行各种特效处理以实现设计意图。因此，在本节中，我们将从创作者的意图和需求出发，分析与之相关的数字图像处理的原理算法，再由原理至表现，从使用者的角度分析各种图像处理技术在 Photoshop 等图像处理软件中的具体应用，并学习 Photoshop 中的常用工具和特效。

4.5.1　创意设计

创意设计从企业理念出发，首先通过具象化的表达实现初级设计，再在初级设计的基础上深入简化图形的非重要部分并精练主要部分，从而使设计图形更适宜商业化的宣传及制作。此外，在整个设计过程中，还要融入“与众不同的设计理念——创意”的一系列思维再创造过程。创意设计包括工业设计、建筑设计、包装设计、平面设计、服装设计、个人创意特区等内容。本节以图形创意设计为例，介绍创意设计从提出设想到变为现实的过程。

现代的图形设计，从设计创意到表现形式，都体现着现代科学技术的迅速发展和各种现代艺术流派的影响。图形设计的本意，是通过可视化的设计形态来表达创造性的意念，其基本特征主要包括奇特化、单纯化、审美性、象征性和传达性五大方面。

图形创意中最关键的因素就是人类的想象力，而在商业化制作过程中，我们可以将各种视觉元素（包括抽象元素），通过变异、错位、交替、融合的方式转换为新的设计图形。在图形创意设计过程中，最常用的几种变换方式包括：

➢ 添加

以客观物象为参照，通过想象将某种图形添加到另一个图形中，构成符合图形。图形的添加方法基本可分为并置、重叠、透叠几种方式，如图 4-15~ 图 4-17 所示。

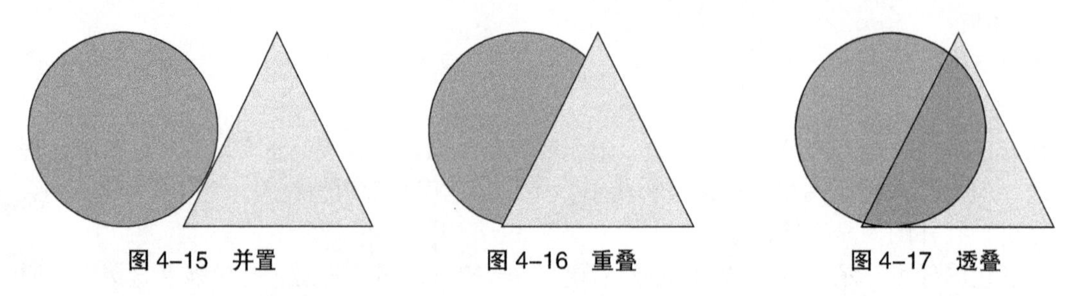

图 4-15　并置　　图 4-16　重叠　　图 4-17　透叠

➢ 置换

置换在日常生活中随处可见，例如，自行车坏了需要更换零件。在图形设计中，我们可利用不同图形形与形之间的相似性和意念上的相异性，将某一图形的一部分置换成另一种图形的一部分，从而使图形产生形态和意念上的变化，引发人们对新构图形的想象，如图 4-18 所示。

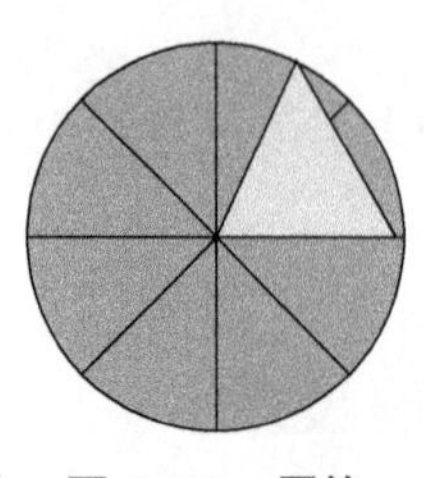

图 4-18　置换

➢ 填充

类似我们将书本、笔等物体放入书包，填充是将某些图形溶入一个单纯的结构之中。填充的容器有一个共同的特点，即无论其内部的物体如何多样而复杂，外观形体都是一体化、单纯化的，如图 4-19 所示。

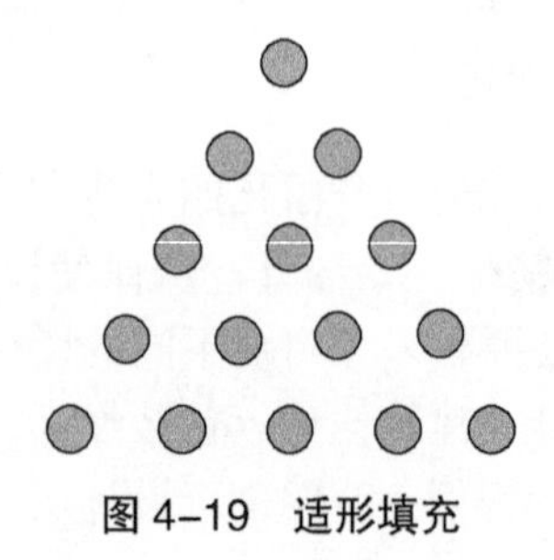

图 4-19　适形填充

➢ 共生

图形和图形之间边缘线相互重合，图形与图形相互连接，这样就构成共生结构。共生的外观特点如同两间相邻房子中间的墙，有着共同的边界线，以一个形体的轮廓线显现另一种形体，两者构成互借关系，如图 4-20 所示。

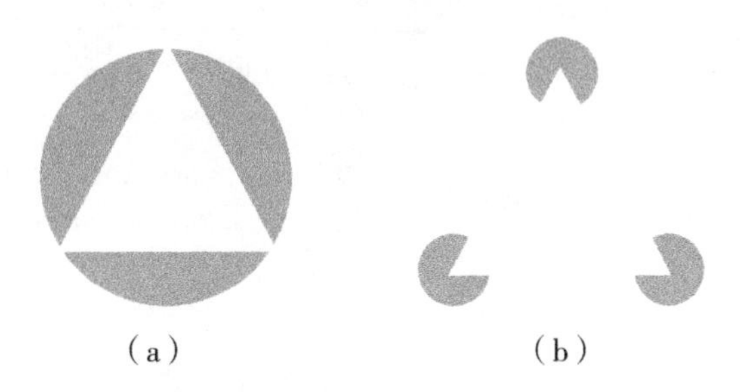

图 4-20　共生正负形

➢ 隐藏

隐藏与上面四种设计不同，设计者将图形的完整识读形象隐藏在多变的造型元素中，观者无法直接理解图像意义，需要随着观察的深入，逐渐理解图形中蕴涵的理念，从而产生回味无穷、意境深远的感受，如图 4-21 所示。

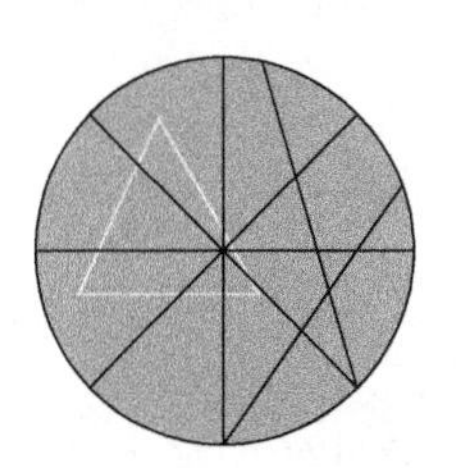

图 4-21　隐形

➢ 矛盾

矛盾利用人的视错原理，改变自然的空间结构，创造出看似合理，实则充满矛盾性的视觉空间，如图 4-22 所示。

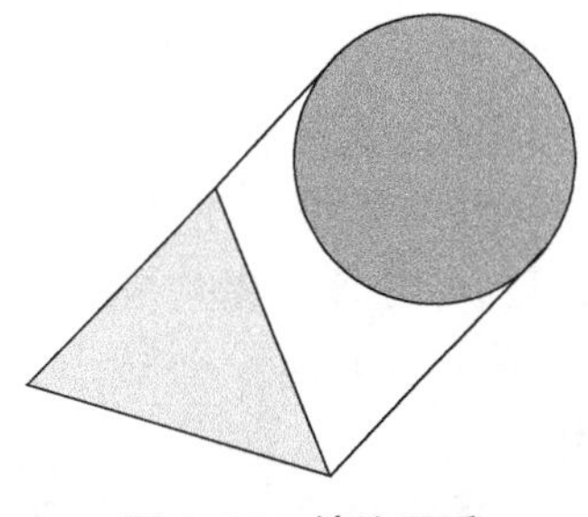

图 4-22　悖论矛盾

➢ 延异

延异强调图形的变化过程，如同春夏秋冬的发展一样，通过不断的逐步变形，将一种形象转换为另一种形象，如图 4-23 所示。

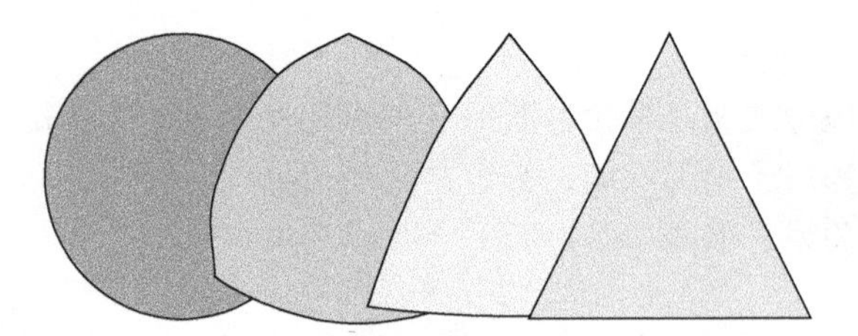

图 4-23　延异叙事

➢ 分离

分离是将一个图形整体进行分割处理，再将这些支离破碎的视觉元素进行重构，创造出非自然的新颖的视觉图形，如图 4-24 所示。

图 4-24　分离重构

4.5.2　图像处理技术基本概念

上一节中介绍了图形创意设计中常见的变换方法，我们可以看出，这些方法的实现离不开图形图像的裁剪、拼接、锐化、模糊等处理过程。本节对这些创意设计中常用的图形图像处理方式展开原理分析，剖析其蕴涵的图像处理技术的基本概念。

传统的通过光学方法或模拟技术来实现模拟图像效果增强已不能满足人们日益增长的需求，随着数字图像技术在现代生活中的大范围普及，数字图像处理技术也应运而生。随着计算机技术的发展，数字图像处理技术得到了长足的发展，目前，其研究方向主要源于两大应用领域：为了便于人们分析而对图像信息进行改进；为了使机器自动理解而对图像数据进行存储、传输、显示及分析。数字图像处理技术不能简单地看作输入是图像，输出也是图像的处理技术，其处理结果也可能是以统计数据、柱状图等形式存在。除此以外，数字图像处理技术在发展过程中也融入了大量信号处理等相关领域的研究成果，例如，Photoshop 中常用的高斯模糊等技术，可以说我们看到的 Photoshop 中千变万化、不断演进的特效工具，就是数字图像处理技术不断发展的结果。

数字图像处理技术可按初级、中级和高级分为三种典型的计算处理技术。低级处理如图像降噪、对比度增强、图像锐化等，以输入、输出都是图像为最典型的特点；中级处理技术如图像分割（将图像分为不同区域或目标物）、图像特征提取等，其特点在于输入为图像，但输出是从这些图像中提取的人们感兴趣的特征（如边缘、轮廓、特征点等）；高级处理技术涉及图像信息的机器学习与理解，以及执行与视觉相关的识别函数等，可以说是以机器模仿人眼和大脑的处理过程，实现图像获取、识别、分析和理解图像含义的复杂过程。

上一节中我们学习了创意设计中常用的图像变换方式，本节将结合日常生产生活中用到的图像处理技术，对常用的数字图像处理技术进行简要介绍。

1. 彩色图像灰度化

我们在使用 PS 或美图秀秀一类软件时，常会将彩色图像变成黑白图像，这一操作涉及图像处理领域中的常用技术——RGB 三通道分量的处理技术。前面已经学习了数字图像中常用的颜色模型 RGB 模型，在进行彩色图像的灰度化操作时，首先提取每一个像素点的 R、G、B 三通道各自的亮度值，再执行以下操作之一：将三通道的亮度值作为三张灰度图的灰度值，然后根据需要挑选其中一张；取三通道分量中的最大值作为输出灰度图的灰度值；对 R、G、B 三分量亮度值求和并取平均值作为输出图像的灰度值；对三分量以不同权值进行加权平均。通过以上方法，即可将一幅彩色图像变成黑白图像。

2. 直方图的提取与处理

在本章的第一节已介绍过数字图像中像素值的取值区间，无论是彩色图像还是灰度图像，都可以通过统计像素点灰度值在 [0,255] 区间中的分布情况，获取数字图像中像素点取值的总体情况。数字图像的直方图并不是与原始图像各点信息一一对应的新图像，而是统计灰度分布概率的柱状图，这种柱状图在数字图像处理中的应用十分广泛。

目前，主流数码相机都有内置的直方图显示功能，当拍完一张照片，就可以通过直方图了解整个图像的色调范围，了解照片是否控制在想要的曝光范围内。当获取的图像噪声过大、细节模糊时，也可以通过直方图均衡化、高低通滤波等途径增强图像中的有效信息。另外，直方图处理还可用作图像二值化（将感兴趣的颜色指定为白色，其他无用信息为黑色，从而区分目标和背景）、图像分类器、图像识别等复杂操作的初始步骤。

3. 图像变换

通常获取的数字图像记录的是指定 x、y 轴坐标点的像素点灰度值，即空域信息。然而，当翻开任一信号处理教材就会发现，信号处理技术主要基于时域信息，这是由于信号就是以时间为自变量来描述物理量的变化情况的。因此，为了采用信号处理技术实现某些图像处理结果，必须将某一时刻拍摄的一张数字图像（从时间上说，它只代表一个时间断点，然而，从描述的信息上说，它描述了一定空间范围内的光照情况）转换成时域信号，将空域信息转换至时域进行处理，这就涉及诸如傅里叶变换、沃尔什变换、离散余弦变换等技术。对数字图像进行空域 - 时域转换最明显的好处在于不仅可以减少计算量，而且可以采用信号处理领域的数字滤波技术，实现从宏观角度对具有相同特质信号的统一处理。

4. 图像增强和复原

电影中经常出现警察把摄像头拍摄的模糊照片变得清晰的情景，这涉及数字图像处理中的图像增强、图像复原技术。

图像增强与图像复原技术不同，图像增强的目的是增强图像中的有用信息，它可以是一个失真的过程。可以通过牺牲图像中的无用信息、保护并增强图像中的有效信息的方式，有目的地强调图像的整体或局部特性，将原本不清晰的图像变得清晰或者强调其中某些我们感兴趣的区域。通过过滤图像中的高频噪声、强化目标边缘等方式，扩大图像中不同物体之间的差异，来强化图像判定和识别的效果以满足后期图像识别等工作的需要。图像增强分为频域处理和空间域处理，其中包括常用的图像平滑、图像锐化等操作。

图像复原相当于古画修复工作，我们先建立退化过程的数学模型，然后通过反向操作，恢复已被退化图像的本来面目。例如，遥感图像降质失真是由于大气、设备干扰等原因造成的，因此可对遥感图像进行大气影响的校正、几何校正和针对由于设备原因造成的扫描线漏失、错位等的改正，将降质的遥感图像重建为接近于完全无退化的原始理想图像，该过程即是图像复原的过程。

5. 图像分割

在处理一幅图像时，经常需要将其中某种颜色替换为另一种颜色（例如，给人换件其他颜色的衣服），这就涉及图像分割技术。图像分割技术并不仅仅是简单地将一幅大图像裁剪边缘变成几幅小图像，其分割的目标可以是具有某种统一特性的集群，这部分内容与前面所讲的直方图处理技术（阈值分割）等相互交叉。

简单来说，图像分割就是将图像分成若干个具有某种独特性质的特定区域的过程。该技术是由图像处理到图像分析的关键步骤，可以说，图像分割就相当于人脑根据眼睛看到的内容，选择按外形还是按颜色还是按某种特质区分各种目标的过程。现有的图像分割方法主要分为基于阈值的分割方法（根据颜色划分）、基于区域的分割方法（根据位置划分）、基于边缘的分割方法（提取目标边缘）以及基于特定理论的分割方法等。图像分割的结果可用于图像识别、目标搜索等领域。

6. 图像描述

当将图像分割为多个区域后，就要描述分割的区域，以向计算机说明这些区域到底代表了什么。描述区域主要分为两类：用外部特征（区域的边界）表示区域；用内部特征（组成区域的像素）表示区域。分类方法的选择仅是图像描述的第一步，接下来需要按选定的方式描述图像，例如，以区域边界表示区域时，就可以通过边界长度以及边界曲折的次数等来说明区域的形状。

7. 图像识别

图像识别是人工智能中的重要研究领域，是计算机对图像进行处理、分析和理解，以识别不同模式的目标和对象的技术。该技术涵盖前面学习的图像分割和图像描述，目的是模仿人眼与人脑的作用效果，通过图像中的某种特性，将感兴趣的目标从图像中分离出来。部分摄像头游戏中辨别手势的过程，就是图像识别技术的应用，可通过摄像头捕捉手部的形状，以手指的边缘形状为分类特征，在手势库中寻找边缘特性对应的手势意义，从而完成手势的识别过程。

8. 图像压缩编码

我们已经了解了一些常用的数字图像处理技术，那么处理完的图像如何压缩以便于传输和保存就成为新的问题。在 Photoshop 中单击处理好的图像上方的工具栏中的“保存”时，通常会跳出对话框询问保存的方式和精度要求，这就涉及图像的编码压缩技术。图像编码压缩技术可减少描述图像的数据量（即比特数），以便节省图像传输和处理过程的时间成本及存储器容量。前面在学习图像格式时已经对图像的失真压缩和不失真压缩有了初步的了解，在此对图像压缩编码的意义进行简要的介绍。

图像压缩编码是指在满足一定保真度的要求下，对图像数据进行变换、编码和压缩，去除多余的数据，减少表示数字图像时需要的数据量，以便于图像的传输和存储。它是一种以较少的数据量有损或无损地表示原有像素矩阵的技术。简单来说，就是在保证不影响用户观察效果的条件下，尽可能缩减数字图像大小的技术。将 BMP 格式图像变成 JPEG 格式图像保存的过程，就是一个图像压缩编码的过程。

4.5.3　图像处理软件简介

在前面的章节中已经学习了一些常用的数字图像处理技术，接下来的章节中将学习如何将这些原理技术融入日常的作图过程中。在学习从创意到成品图的图像处理流程之前，首先来认识一下目前常用的图像处理软件。图像处理软件有很多，目前常用的有 Photoshop、Fireworks、Windows 画图软件、ACDSee 等。

1. Photoshop

Photoshop 是 Adobe 公司推出的一款功能非常强大、适用范围广泛的平面图像处理软件。Adobe 公司于 1990 年推出的 Photoshop 图像处理软件，到目前为止，已经历了从 4.0 版本到 Photoshop CC 版本的变迁。目前，Photoshop 是众多平面设计师进行平面设计和图形、图像处理的首选软件。Photoshop 的专长在于图像处理而不是图形创作，通常用于对已有的位图图像进行编辑、加工以及添加特殊效果。平面设计是 Photoshop 应用最为广泛的领域，我们常用该软件进行图书封面、海报等平面印刷品的处理，除此以外，广告摄影作品、影像创意、网页制作、三维建筑效果图、界面设计等领域都少不了 Photoshop 的身影。

2. Fireworks

Fireworks 是 Adobe 推出的一款网页作图软件，该软件集创建与优化 Web 图像和快速构建网站于一体，可加速 Web 设计与开发。Fireworks 不仅具备编辑矢量图形与位图图像的灵活性，还提供了一个预先构建资源的公共库。该软件可与 Adobe 旗下的 Photoshop、Illustrator、Dreamweaver 和 Flash 集成，实现 Fireworks 快速将设计转变为模型，或利用来自 Illustrator、Photoshop 和 Flash 的其他资源，直接置入 Dreamweaver 中轻松开发与部署的功能。

3. 画图

点开 Windows 操作系统中的附件，可以找到画图工具。画图的功能虽然不如上述绘图软件的强大，但仍可用来绘制简笔画、水彩画、插图或贺年片等。可以直接选择在空白画稿上作画，也可打开已有画稿进行修改，使用方便、快捷且不需再次安装。

4. ACDSee

ACDSee 是目前使用最为广泛的看图工具之一，大部分计算机用户都使用它进行图片的浏览，该软件的特点是支持性强，能打开包括 ICO、PNG、XBM 在内的二十余种图像格式，并且能够高品质、快速地显示它们。除了可以打开普通数字图像，ACDSee 也可以支持 WAV 格式的音频文件播放，甚至支持近年来相当流行的动画图像档案。ACDSee 分为普通版和专业版，普通版可用于一般图像的查看和编辑要求；专业版面向摄影师，除了可进行图像及相片的查看与编辑，还可通过安装多媒体插件进行幻灯片和视频的创作。

除此以外，还有 CorelDraw、Illustrator 等作图软件，该部分内容已在矢量图获取技术章节中进行介绍，在此不再赘述。

4.5.4　图像处理流程与技术

1. 图像处理的一般流程

不同图像的处理流程受素材条件和成品要求差异性影响，存在很大不同。图像处理的过程可能很简单，例如，只是将一幅图像裁剪为合适的尺寸或者在指定位置上叠加文字等；但也可能很复杂，例如，将多个图像素材剪接、合并到同一幅图像中并添加特殊的艺术效果。总体来说，一般的图像处理流程包括以下 7 个步骤（图 4-25）：确定图像主题及构图、确定成品图的尺寸大小及画面基调、获取基本的数字图像素材、对素材进行处理、在图片上叠加文字说明或绘制图形、调整整体效果、输出图像。在实际处理中，有可能仅涉及其中的某一步或某几步，但图像的主题和目标始终指导着图像处理的每一步。另外，图像处理是一个包含技术和艺术的创作过程，需要反复实践才能达到得心应手的程度。

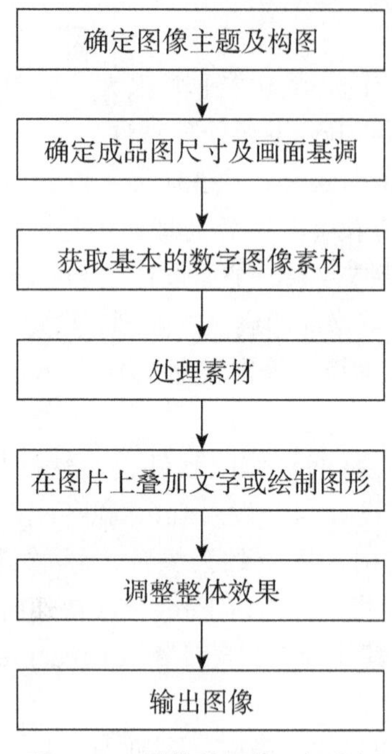

图 4-25　图像处理的一般流程

（1）确定图像主题及构图

针对图像进行的设计和处理都是围绕着构想和主题进行的，因此，必须首先确定主题和目标，即到底想制作什么样的图片，表达什么样的情感。主题可以帮助限定基本素材的选择范围和画面基调，构图决定了各素材的搭配位置，有助于形成初步的视觉效果。

（2）确定基图（图纸）的尺寸和基调

根据设计目标，确定图像的图纸大小，也为以后各要素的尺寸和大小排布确定一个可供比较的基准。在确定基图尺寸后，还应确定预想的主题反映在图像中是什么样的基调（例如，主要色彩倾向、图像的风格等）。如果希望建立一幅新图，那么为了保证成品图效果，需要选择真彩色 / 灰度模式。

（3）获取基本的数字图像素材

观察网页版头时发现，通常一幅成品图是由多个素材合成的，因此在开始着手制作成品图前，应该首先准备好图片素材，然后输入待处理的图像素材。如前所述，数字图像可以来源于磁盘、光盘拷贝，也可以通过视频卡从视频信息中采集，另外，如果原始图像是照片或印刷纸制品，则需要通过扫描仪输入计算机。需要注意的是，如果使用扫描仪或视频卡获取数字图像，为了保证数字图像的原始色彩 / 灰度效果以及清晰度，一般用真彩色 / 灰度模式，而且图像尺寸要与需要的成品图基本一致或稍大一些。

（4）处理素材

通过光盘、网络、扫描仪等方式获取了大量素材，接下来就要将素材中需要的部分融入图像并进行效果调整。首先，在各基本素材图像中定义所需素材的选择区，把各种素材从基本素材图像中“抠出”，并置于基图的不同图层当中；然后，确定各个素材的大小、显示位置和显示顺序，这一步可能需要反复操作才能达成比较理想的构图效果。另外，如果“抠出”的素材尺寸与基图不匹配，可直接对“抠出”的素材进行缩放操作，但这样做容易引起素材边缘变形或出现锯齿，因此，最好对原素材图像进行整体重采样，并修改选择区，这样重新“抠出”的素材效果要好一些。

（5）在图片上叠加文字或绘制图形

经常需要在图像中叠加或绘制各种文字及图形，这些图案的整体效果应该与图像风格保持一致。如果设计中需要绘制一部分图或者叠加文字，这些新添加的内容都可分别生成新的内容，以便于在后期对各图层进行编辑及调整图层间的前后关系，而且各个图层在基图中的位置也可随意调整以达到设计要求。

（6）各对象的处理及整体效果调整

本环节的任务是根据设定的主题及预期的整体效果，对全部素材进行最后调整，以完成最终的成品图像。首先，将暂时不处理的图层消隐，在编辑窗口中仅显示当前需编辑的图层；接着，对图层中的图像、图形进行处理，处理工作包括调整图像的色调、边缘形状与效果及其他特效处理。需要注意的是，在处理图像的过程中，已完成的图层应及时保存，以便于在误操作或需要大修时快速恢复。

（7）图像转换并保存文件

虽然在网络上或其他文件中使用的贴图一般是 JPEG 等数据量较小的格式，但是处理好的成品图像应该首先保存成 PSD 格式文件，从而保存各图层信息，以便将来做进一步处理。然后，将处理完毕的图像合并图层，根据需要对合并后的图像进行转换及压缩处理：如果需要缩减占用的存储空间，则可将真彩色图像变为 256 色图像；如果需要用于针式打印，则可以将彩色图像变为黑白图像；如果需要用于出版印刷，则需要变换为分色图等，转换方式和保存类型根据需要而定。需要注意的是，如果预计图像将在网络或通过硬盘广泛流通，那么图像的存储格式需要保证一定的通用性，可选择 JPEG、TIFF 等格式进行保存。

2. 常用图像处理技术

图像处理分为全局处理和局部处理。

（1）全局处理技术

全局处理技术可用于改变整个图层效果，典型的全局处理技术包括亮度 / 对比度调整、色彩平衡调整、滤镜调整、蒙版遮蔽。

1）亮度 / 对比度调整

日常拍摄的数码相片经常因为光照强度、光圈设置等问题出现全局光线过强或过暗的情况，这时候就需要调整图像的亮度 / 对比度。选取不同系数调整亮度与调整对比度的结果如图 4-26 所示。

(a)　(b)　(c)

(d)　(e)

图 4-26　亮度 / 对比图调整

(a) 原图；(b) 亮度 100；(c) 亮度 -100；(d) 对比度 100；(e) 对比度 -50

如图 4-26 所示，亮度是人对光强的感受，在 Photoshop 中从右向左拉动亮度条拉杆，会发现图像整体亮度经历由明亮至黑暗的变化。对比度与亮度不同，对比度指一幅图像中，明暗区域中最亮的白色和最暗的黑色之间的差异程度。明暗区域的差异范围越大，表示图像对比度越高，表现在图像中则会形成鲜明的色彩差异，容易形成较强的视觉冲击力；明暗区域的差异范围越小，表示图像对比度越低，表现在图像中则是图像整体发灰，色彩整体感觉不清晰。

2）色彩平衡调整

当发现拍摄的照片或素材出现色偏、过饱和或者饱和度不足的情况时，就需要对图像进行色彩平衡处理。另外，在实际创作中，根据主题和设计需求，有时需要调整图像的整体色调，使整幅图像倾向于某种颜色，这时也可进行色彩平衡调整。简单来说，如果要减少某个颜色，就增加这种颜色的补色，调整效果如图 4-27 所示。

(a)

(b)

(c)

图 4-27　色彩平衡调整

(a) 原图；(b) 色彩平衡设置；(c) 调整后图像

3）滤镜调整

观察专业摄影师拍摄的风景画，会发现他们拍摄的主景总是非常突出，例如，绿叶中的黄花色彩非常鲜明，这是由于镜头前的黄色滤光片遮挡了一部分绿叶和蓝天散射的绿光和蓝光，而让黄花散射的黄光大量通过造成的。Photoshop 中的照片滤镜与此类似，它的工作原理就是模拟照相机镜头前的彩色滤镜，镜头自动过滤某些暖色或冷色光，从而达到控制图片色温的效果。

但是需要注意的是，Photoshop 的滤镜功能并不仅限于模拟摄影师使用的偏光镜、柔焦镜及暗房中的曝光和镜头旋转技术，还包括美学艺术创造的各种效果。添加特效结果如图 4-28 所示。

（a）　（b）　（c）　（d）

图 4-28　滤镜

（a）原图；（b）镜头光晕；（c）墨水轮廓；（d）海洋波纹

4）蒙版遮蔽选择

漫画家和广告画家在使用喷枪前通常会将一种快干胶涂抹在画作上，这样可以保证喷枪只在胶体没有遮盖的区域喷绘颜料。Photoshop 中的蒙版与这种快干胶类似，都是用来保护图像的任意区域不受编辑影响的，如图 4-29 所示。注意，此处如果选择图层蒙版，那么蒙版的作用范围为它所在的当前图层。

添加蒙版的优势在于，针对蒙版所做的任意操作都不会引起图像信息的改变。如果不喜欢蒙版的效果，删除即可，这就相当于对快干胶的范围、透过率不满意时，只要撕掉即可一样，图画本身并不会起变化。

（a）　（b）　（c）

图 4-29　蒙版

（a）添加蒙版图层；（b）底层图层；（c）蒙版启用模糊效果

（2）局部处理技术

局部处理技术与上面介绍的全局技术不同，它的作用范围更小，可以仅针对部分区域或部分颜色，使用时更为方便灵活。典型的局部处理技术包括克隆、颜色替换、裁切、涂抹、橡皮擦等。

1）克隆

现实中可以用同一个印章在不同文件上盖成百上千个同样的图案，Photoshop 中的仿制图章（图 4-30）与此类似，相当于选定图像中的某一块区域，然后将其做成图章，以便后期反复使用。这种仿制图章与现实图章的不同之处在于，使用仿制图章可以选择对图案进行一定程度的扭曲和变换。仿制图章可用于修图，例如，在修饰证件照中脸部的痘印时，就往往使用仿制图章。仿制图章在使用中需要注意调整笔触硬度、范围和仿制源等的取值，大家可以在后续练习中逐步熟悉该操作。

（a）

（b）

图 4-30　仿制图章

（a）原图；（b）仿制图章复制后的图像

2）颜色替换

在实际设计中经常需要对图像中的特定颜色进行替换，这时就要用到颜色替换命令。效果如图 4-31 所示。

（a）

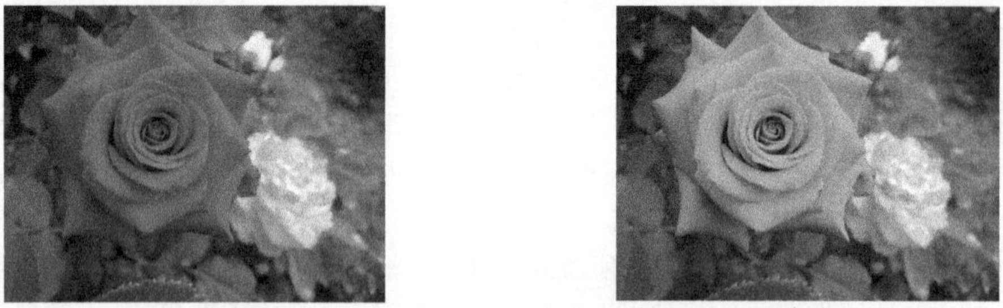

（b）

图 4-31　颜色替换

（a）原图；（b）颜色替换后的图像

3）裁切

裁切工具可以移去部分图像以突出或加强构图效果，效果如图 4-32 所示。

（a）

（b）

图 4-32　裁切

（a）原图；（b）裁切结果

4）涂抹

用手指涂抹湿颜料时，颜料边缘会出现晕染的现象，Photoshop 中有同样功能的工具——涂抹。该工具可拾取描边开始位置的颜色，并沿拖移的方向展开这种颜色。效果如图 4–33 所示。

（a）

（b）

图 4–33　涂抹

（a）原图；（b）涂抹后效果图

5）橡皮擦

用来擦除图像中不需要的部分，与现实的橡皮擦不同之处在于，Photoshop 中的橡皮擦可以只擦除指定的颜色。效果如图 4–34 所示。

（a）

（b）

图 4–34　橡皮擦

（a）原图；（b）橡皮擦擦出后效果图

4.5.5　数字图像处理实例

拍摄照片时，常常因为天气原因无法得到满意的天空效果，另外，在作图过程中，经常需要将几个素材融合在一起。本例以 Adobe Photoshop CS5 为平台，通过蒙版及添加投影、色彩平衡等技巧，为图片添加蓝天白云和小羊效果。

1. 打开图片

在菜单栏中选择“文件”→“打开”命令，在弹出的“打开”对话框中选择要处理的图像，单击“打开”按钮，得到如图 4–35 所示图片。

（a）

（b）

图 4–35　打开的原始图片

（a）草坪；（b）添加图

2. 添加蒙版

仔细观察图 4-35 中草坪图像中草坪与天空的交界处会发现，树木尽头与天相接处的边缘并不是平直的一条线，因此，在制作蒙版时，需要按照草坪的边缘线细致地描绘蒙版边缘。

因此，首先新建图层 1 并放置草坪图像，新建图层 2 并放置添加图，使用“磁性套索工具”勾勒草坪尽头的树木边缘，从而绘制出完整的需要被替换的天空区域。保持前景色为黑色，不需要被添加图替代的部分以白色显示，添加蒙版后效果如图 4-36 所示。

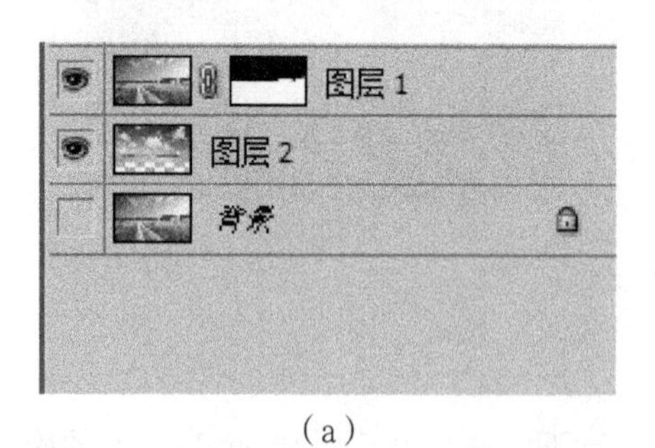

（a）

（b）

图 4-36　草坪蒙版与添加图叠加效果

（a）添加图层与蒙版；（b）显示效果

3. 修改蒙版

仔细观察添加蒙版和天空图的效果图会发现，草坪尽头的边缘处有大量白边，十分影响整体效果。这是由于“磁性套索工具”在勾勒边缘线时出现误差，导致原始天空图边缘未能除尽，因此，需要对蒙版进行进一步细致的调整。

双击图层蒙版，对蒙版进行细致调整。为了保证草坪与天空融合得更为自然，再次进行智能边缘检测，消除边缘中的白边，再调整边缘平滑度、羽化及边缘位置，确保边缘的颜色和形状能更好地融合，所得结果如图 4-37 所示。

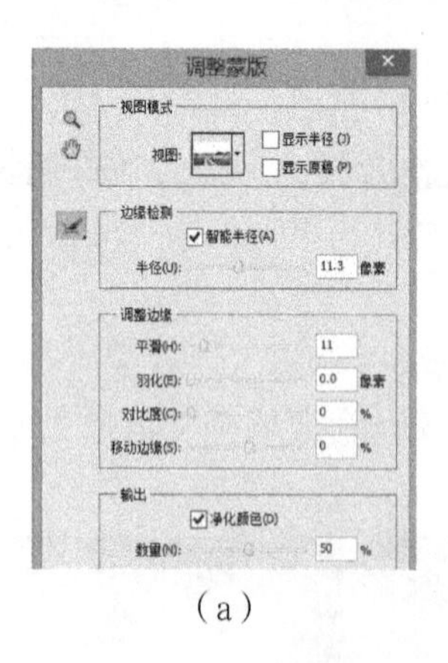

（a）

（b）

图 4-37　调整蒙版

（a）草坪蒙版调整；（b）蒙版修改后效果

4. 添加素材

在实际设计中，经常需要添加一些素材。为了后期修图的方便，首先新建图层，然后通过复制粘贴的方式将素材白羊叠加在草坪图层上方，如图 4-38 所示。

图 4-38　添加白羊素材

5. 添加阴影

直接添加的素材与原有图像融合效果不佳，这是由于两者的光照情况不同，因此，添加素材后首先需要对其添加阴影。双击新建的图层，在图层样式中选择投影模式并调整角度，结果如图 4-39 所示。

（a）

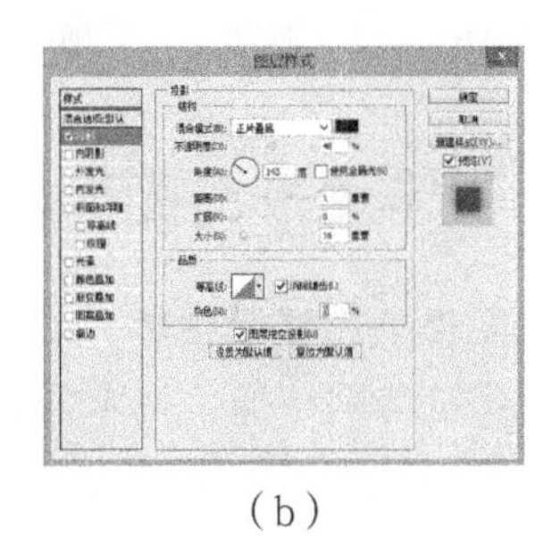

（b）

图 4-39　添加阴影并调整阴影角度

（a）添加阴影；（b）调整阴影角度

6. 阴影分离

针对素材新添加的阴影围绕在新素材周围，与下层草坪分离，看起来效果不真实，因此需要将新素材和阴影分割，并对阴影的形状进行调整。单击要进行阴影分离的图层，选择“图层” → “图层样式” → “创建图层”，结果如图 4-40 所示。

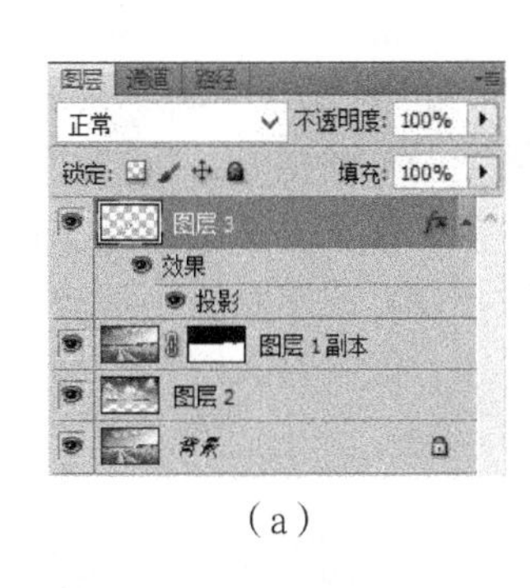

（a）

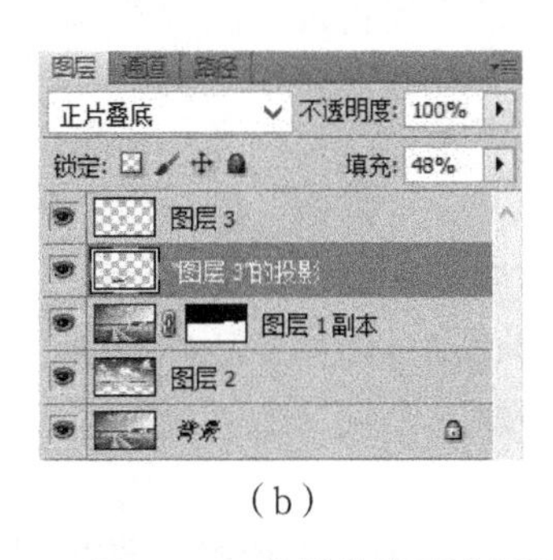

（b）

（c）

图 4-40　投影分离后进行调整

（a）投影未分离；（b）投影分离；（c）投影分离后调整形状结果

7. 色彩平衡

叠加素材时，除了要注意基本的光照反射关系，还要注意色彩的相互晕染关系，这就像日常生活中穿暖色调衣服会显得脸色好一样，大色块的色彩会反射在其他邻近物体表面。

以本图为例，白色的羊站在草坪上，身上的白毛看起来应该偏绿，因此，在修图的最后需要对所有图层的颜色进行协调。单击需要调整的图层，按“Ctrl+B”组合键打开色彩平衡，根据相邻图层颜色进行微调，结果如图 4-41 和图 4-42 所示。

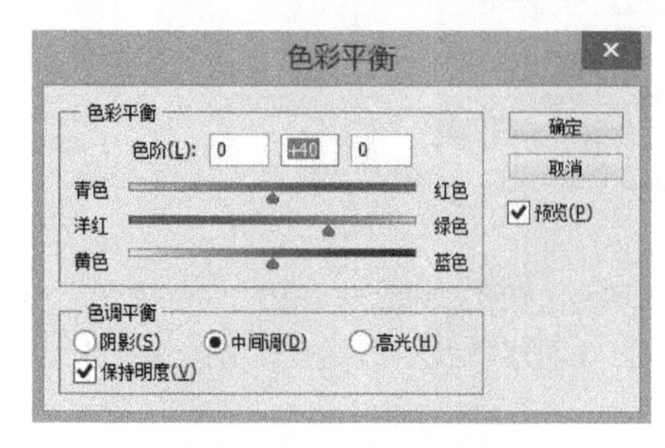

图 4-41　调节色彩平衡

图 4-42　最终图像

4.6　数字图形与图像技术的应用

1. 数字图像处理技术优势分析

随着计算机与网络通信技术的普及，我们已经逐步习惯通过数字图像传递信息，而数字图像强大的后期处理技术也在改变我们的生活。与模拟图像处理技术相比，数字图形图像处理技术具有如下优势：

（1）再现性好

数字摄影技术取代传统摄影技术成为主流的关键性因素，就在于数字图像在存储、传输或复制等一系列过程中可以保持无损状态，而不会出现图像质量的明显退化。传统摄影技术的最大优势，在于拍摄图像精度高，不会因为放大图像而出现质量衰减，但这一优势也在数字图像获取精度不断提升、相机分辨率不断增大的过程中消失殆尽。总而言之，数字图像只要在数字化的过程中尽可能无损地反映模拟图像及景色的原貌，即使经过后续处理、多次传输及反复保存，仍能保持图像的真实再现。

（2）处理精度高

随着数字图像输入设备如扫描仪、摄像机等硬件设备的扫描精度的不断提升，我们几乎可将一幅模拟图像数字化为任意大小的二维数组，数组元素的尺寸大小仅取决于图像数字化设备与显示器件的性能。对计算机而言，无论数组大小及像素位数多少，数字图像处理流程几乎是一样的。换而言之，只要数字化设备硬件及软件系统符合要求，无论输入图像的精度多高，数字图像的处理精度都可以无限满足设计者需要。

（3）适用面广

数字图像处理技术适用于各种数字图像，无论是可见光图像，还是不可见的波谱图像，如 X 射线图像、γ 射线图像、超声波图像及红外图像，抑或是来自特殊输入设备的电子显微镜图像、遥感图像甚至天文望远镜图像，只要变为数字编码，都可用计算机进行处理，但处理技术根据图像特点及处理目标有所调整。

（4）灵活性高

数字图像处理技术包罗万象、功能丰富，但归纳起来可分为改善图像画质、图像分析和图像重建三类。传统模拟图像处理即图像的光学处理，从原理上说只能进行线性运算，而数字图像处理技术吸收了信号处理、矩阵计算等数学处理技术，不仅可完成线性运算，还可实现非线性处理，即凡是可以用数学公式或逻辑关系式表达的运算均可用数字图像处理技术实现。

2. 数字图像处理技术的应用

数字图像处理技术不仅可用于可见光图像处理，而且可用于不可见光图像处理，甚至可用于非可视图像（图像内容的视觉效果与目标形状等外观无关，仅是信号转换的结果）。由于可处理的图像信息源范围广泛，处理技术丰富多样，数字图像处理技术的应用领域涉及人类工作生活的方方面面，而且随着人类需求的扩展及软硬件技术的提升不断发展着，发展方向包括专业精通和跨领域融合。

（1）航空航天技术方面的应用

数字图像技术具有传输速度快、压缩保存保真效果好、处理方式多样化等诸多优点，因此，在航空航天领域有广泛的应用。我们可以通过神舟“玉兔”传回的图片了解月球及太空的情况，通过卫星遥感图像了解地球上大至国土疆界、小至行人位置的各种信息，通过侦查飞机来往于各州界进行空中摄影。通过以上手段获取的数字图片浩如烟海，如果依靠人力进行筛查和分析，那么需要消耗大量人力、物力和时间，而如今可以通过高级计算机搭载的图像处理系统来判读分析，从而实现快速精准地对关键信息进行有效筛查。

以 LANDSAT 系列陆地卫星为例，通过多波段扫描器在 900 km 高空扫描，成像的地面分辨率在几十米到100 m之间。这些图像先在空中进行数字化处理形成数字信号存入磁带中，当卫星经过地面基站上空时，将图像高速传输至地面，然后由处理中心分析判读。由卫星获取的遥感图像在成像、编码、存储、传输、处理和分析等一系列过程中都需要用到大量数字图像处理方法。

航拍图像用途广泛，除了可通过陆地卫星获取地面图像进行资源调查（如森林调查、海洋泥沙和渔业调查、水资源调查等），还可用于灾害检测（如病虫害检测、水火监测、环境污染检测等）、资源勘探（石油勘查、大型工程地理位置勘探分析等）、农业与城市规划等。除以上用于地面信息获取与分析的领域，数字图像还在气象预报和星空研究等领域发挥了巨大的作用。

（2）生物医学工程方面的应用

现代医学技术的提升过程离不开 CT、磁共振、超声技术的发展，医学图像处理技术在 CT 图像合成、X 光肺部图像增晰、超声波图像处理、心电图分析、磁共振图像合成及软组织标定、立体定向放射治疗、微创手术导引等医学诊断领域都有重要的作用。除此以外，数字医学图像处理技术还在医用显微图像的处理分析过程中起到关键作用，如红细胞、白细胞分类，染色体分析，癌细胞识别等。综上所述，医学图像处理技术经历着从宏观到微观、人工辅助到自主智能的过程。

（3）通信工程方面的应用

当前通信技术的主要发展方向是文字、图像、声音与数据结合的多媒体通信。其最具代表性的技术就是将电话、电视和计算机以三网合一的方式在数字通信网上进行传输。其中，图像通信技术由于瞬时数据量十分庞大，需要采用数字编码技术压缩信息的比特量，应运而生的就是数字图像信号的压缩与传输技术研究。目前，该领域应用较为广泛的有熵编码、

DPCM 编码及变换编码等，除此以外，国内外还在大力研究新的编码技术，如分行编码、自适应网络编码等。

（4）工业和工程方面的应用

图像处理技术在工业制造和检测领域也有广泛的应用，如自动装配生产线中的零器件质检及分装、印刷电路板疵病检查、基于图片信息的关键部件的应力分析和阻力 / 升力分析、邮政信件的自动分拣等，都是该技术的体现。除此以外，搭载智能感知系统，初步具备类人视觉、听觉和触觉功能的智能机器人，不仅可在结构化的工厂车间中进行喷漆、焊接和装配等工艺，还可在非结构化高危环境内监控险情、寻找目标。

（5）军事安防方面的应用

随着图像处理技术的发展，基于雷达图像目标识别的导弹精确末制导技术，各种侦察照片的计算机自动判读技术，具有图像传输、存储和显示功能的自动化军事指挥系统，飞机、坦克和军舰模拟训练系统也应运而生。

图像处理技术除了在军事国防领域发挥巨大的作用，在民防安保领域也有广阔的空间。例如，经常在电影中看到的嫌疑人照片自动筛选识别、指纹识别、不完整图像复原，以及城市交通摄像头画面的自动筛查、流量监控、事故分析、车牌自动识别以及高速公路 ETC 自动收费系统等都是图像处理技术的最佳体现。

（6）文化艺术方面的应用

数字图像处理技术在文化艺术方面的应用十分广泛，可以说每一次多媒体技术的变革都离不开数字图像处理技术的发展。从近五年春节联欢晚会丰富多彩的数字大屏背景，到高清电影中令人眼花缭乱的特技特效，再到每个人手机里的各种电子图像游戏，我们的精神生活由于数字图像技术的融入而变得丰富多彩。除此以外，数字图像处理技术的融入使纺织工艺品设计、服装设计、发型设计、景观设计、文物资料的复原等工作的时间、人力和物力成本得到极大地降低，也在一定程度上改变了我们固有的工作模式。

（7）其他领域的应用

除以上所列领域，图像处理技术还在电子商务、科学可视化、网络技术（如身份认证、产品防卫、水印技术、信息可视化）等领域有着广泛的应用。数字图像处理技术的跨学科、跨领域融合，也使许多我们以前无法想象的科幻故事场景变为了现实。数字图像信息处理不只涵盖传统意义上的图像，还影响着非可见光图像处理技术、信号处理技术等相关领域的发展，而该领域技术发展的影响作用，也迅速地从实验室向日常生活蔓延。

总而言之，数字图像处理技术已在国家安全、经济发展、生产生活、科学研究、空天探测等领域中充当着越来越重要的角色，该技术的每一次变革和腾飞，都会带动相关领域产生“科技”革命。由此可见，努力发展数字图像处理技术，对国计民生的作用不可低估。

习题

1. 理解位图与矢量图的概念、特点，并了解各自应用场景。
2. 常见的图片格式以及图像处理软件有哪些？
3. 图像的颜色模型有哪些？它们之间如何变换？
4. 图像大小与图像分辨率什么关系？

5. 常用的图像获取技术及处理技术有哪些？通过本章所讲的图像技术，查阅相关资料，结合自己的生活工作实际，根据需要获得并处理图像。

6. 选择一张风景照片，在 Photoshop 中运用图层蒙版以及渐变填充功能为照片添加彩虹效果。

第 5 章
数字视频技术基础

5.1　电影与电视

5.1.1　电影的发展历史及原理

1. 电影的前身

众所周知，现代电影是 19 世纪末在国外创制的，但是我国劳动人民在很久以前就有了类似电影的发明。在我国古代流传很久的皮影，可以说就是现代电影的先导。

早期的皮影戏主要是讲述历史故事，流行于民间。在 13 世纪的元朝，随着蒙古铁骑军的西征，皮影戏传到了伊朗、土耳其和西南亚一带，之后又传到法国，那时叫“中国灯影”。这种古代的皮影戏与今天的电影剪纸片十分相似：皮影戏的白幕相当于电影银幕，灯相当于电影放映机的光源，活动在幕布上的纸人影相当于电影拷贝放映到银幕上的影像，纸人上的色彩可以与电影彩色胶片媲美，乐器声、歌声即电影的配乐、主题歌和插曲。

另外，我们比较熟悉的走马灯也与电影有些类似：蜡烛类似电影放映机光源；纸人、纸马类似电影胶片上的影片；灯壳类似银幕。

皮影戏和走马灯传入欧洲后，经过欧洲人多年的实践、研究，最后发展成为电影。事实说明，电影虽然不是诞生在中国，但我国劳动人民对电影原理的认识和实践已有很长的历史，对后来电影的发明是有贡献的。这充分显示了当时我国劳动人民的聪明才智。

2. 电影的诞生

电影的诞生是与照相技术的发展密切相关的。1839 年，法国画家达克拉经过多年的研究，解决了显影、定影等技术难题后，发明了照相术。照相术的发明，为初期的电影奠定了基础。到 19 世纪 70 年代，拍摄一张照片的曝光时间已缩短到若干分之一秒，于是拍摄运动的物体成为可能。1878 年，美国照相师布里奇用几架照相机拍下了一套奔马的连贯动作照片，这次有意义的连续拍摄的试验直接促进了摄影机的改进和革新。1888 年，法国人玛莱仿照左轮手枪的原理制成了第一架电影摄影机——“连续摄影机”。这架摄影机装有一个格子盘式的快门，由手柄操纵，摇动手柄，使感光纸带间歇运动，就可以进行连续拍摄。它采用了有规则的间歇曝光和感光纸带，实际上已具备了现代摄影机的主要特点。

随着电影摄影机的发展，电影感光材料也在不断地发展。1877 年，大量生产的赛璐珞，为电影提供了大量的物美价廉的感光材料。

人们在研究电影摄影机的同时，也在探索着电影放映问题。1894 年，美国著名科学家爱迪生制成了放映影片的“电影视镜”。这种放映机每次只允许一个人通过装在上面的放大镜观看，每“场”电影大约放映半分钟。后来，法国的卢米埃尔兄弟在“电影视镜”的基础上，用两个扇形半圆形盘遮片装置，巧妙地解决了胶片间歇通过片门的问题。同时，在电影胶片后面装了放映光源——电灯，让光线透过胶片、透镜射到银幕上，解决了让很多人同时观看电影的难题。1895 年 12 月 28 日晚上，卢米埃尔兄弟第一次正式售票公映电影，放映的影片虽然内容十分简单，却使观众大为惊叹。这一天被世界电影史确定为电影诞生的日子，至此，无声电影的时代开始了。

自 1895 年诞生以来，电影在短短的百年时间里有了异常迅猛的发展，主要表现在以下几个方面：胶片的规格由混乱到统一，电影本身由无声到有声、由黑白到彩色、由单一片种到多种片种。

电影胶片的主要规格是胶片的宽度。为了统一胶片规格，1925 年召开了“国际电影与摄影大会”，会议一致通过把爱迪生选定的 35 mm 的胶片作为国际标准。随着电影在教学中的广泛应用，16 mm、超 8 mm 的胶片后来也相继被定为国际标准。

有声电影是在 1928—1929 年间出现的。有声影片与无声影片的区别在于，有声影片在画格的一侧有一条声带。有声影片的出现，立即引起了人们极大的兴趣，所有主要的电影制片厂均转产有声影片。于是，曾经被全世界观众普遍接受的无声电影完成了它为时 30 年的使命，最终被淘汰了。

继有声电影出现后，电影技术上的另一个重大成就，就是彩色电影的出现。照相材料制造者们经过多年努力，终于研制成功了单条多层彩色胶片，它可以用普通黑白摄影机拍摄。多层彩色胶片的研制和大量生产，使电影银幕变得色彩缤纷。

随着电影技术的发展，又出现了宽银幕电影、立体电影、全息电影和环形电影等。我国开始摄制电影是在 1905 年秋，北京丰泰照相馆把京剧《定军山》拍成电影。1930 年，明星公司摄制的故事片《歌女红牡丹》是我国第一部有声影片。

3. 电影的原理

1825 年，帕里士博士发明了一个游戏：在一块硬纸板的一面画着鸟笼，另一面画一只鸟；纸板的两侧各打两个孔，系上线绳；绕足了圈后，拉紧线绳，使纸板快速转动，这时人们能看到，小鸟进到笼子里去了。这个游戏被后人称作帕里士西洋镜。大家不要小瞧这个小游戏，它便是现代电影的始祖。

受它的启迪，爱迪生在 1891 年制作了第一台动画镜，它以每秒 48 个镜头的速度演放了 1 440 张不同而又连贯且依次变化的照片，在这半分钟内人们看到的是完全活动的影像，现代电影由此产生了。

帕里士西洋镜和爱迪生动画镜的奥秘就在于“视觉后象”的存在。

所谓“视觉后象”，指的是光刺激物停止作用后，在短暂的时间内仍然会在头脑中留下印象。由于光刺激的品质及其背景不同，所产生的后象可分为两种形式：正后象和负后象。正后象是视分析器所保持的映象与效应刺激物具有同一的性质。例如，夜深时注视亮着的灯，当注视一会儿后关掉电源，还可以在黑暗的背景上看到似乎同一明度和色调的灯的光亮，这就是正后象。因为正后象的存在，在看电影时，每一个前后镜头之间都存在前面镜头的视觉痕迹，然而观众所看到的影像是完全连贯而且是活动的，察觉不出放映的各个镜头之间的间隔。负后象是视分析所保持的映象的品质向着有效刺激物的对立面（补色）转化。例如，注视灰色背景上的黄色三角形或四边形一定时间以后，再把目光转到一张白纸上，那么，在这张白纸上似乎可以看到蓝色的三角形或四边形，即黄色感觉向其补色感觉（蓝色）方面转化，这就是负后象。

视觉后象保持的时间因人而异，感知各种不同的客观物体时也不尽相同，一般在1/30~1/50 s。

那么，视觉后象的生理机制是什么呢？原来，光刺激作用停止以后，它引起的神经兴奋并不立即消失，而是会在大脑皮层留下一定的痕迹，因而视觉映象也并不立即消失，而是保留片刻，这就产生了视觉后象。

5.1.2 电视工作原理

电视机是一部很复杂的机器，尤其是目前生产的电视，更是集成度很高的收视设备，有的整台机器包括微处理器就只有一片集成电路。就原理上讲，电视机大致可包括如下几个部分：

1. 电源

电源是电视机最重要的部分，它担负着为电视机各部分提供能量的重任。它的工作流程是，首先，把 220 V 交流电转换为约 300 V 的直流电，供开关电源工作，而开关电源则是把整流后的 300 V 直流电转换为几种电压。其中，+110 V 电压供行输出级使用，+26 V 供场输出级使用，+19 V 供伴音电路使用。另外，+19 V 电压经过稳压电路输出 +12 V 和 +5 V，+12 V 供高频头、信号处理集成电路使用；+5 V 电压供微处理器使用。+110 V 电压还要经过降压、稳压电路输出 +33 V 电压，供高频头选台使用。

2. 高频头

高频头是电视信号进入电视机的大门。从天线上或有线电视终端盒送入的电视信号首先进入高频头，经过高频头的处理选出人们所需要的电视信号，并把它变为电视机容易放大的中频信号输送给中频放大电路。高频头坏了，电视机就不能接收电视信号，当然，也不能产生图像。

3. 中频放大电路

中频放大电路把高频头送出的中频电视信号放大到一定的幅度，并把图像信号和伴音信号分开送出：图像信号送往视频（即图像）放大器进行放大，放大的图像信号加在显像管上，从而显示出人们所要看的图像信号；伴音信号送往音频功率放大器，并推动扬声器（喇叭）放出声音。

目前，中频放大器和视频放大器的电路都是集中在一块集成电路中的，如常用的LA7680、LA7685 等。由高频头输出的中频电视信号送给该集成电路后，该集成电路会把图像信号直接送给显像管，把伴音信号送给伴音功放电路。另外，这块集成电路还要输出场、行振荡信号，并送给相应的放大电路。

4. 行输出电路

行输出电路的工作是把由集成电路送出的行振荡信号进行放大，并经过行输出变压器产生显像管所需要的各种电压。行输出电路的用途有以下几个。

① 输出高压、高频脉冲电压，送往行偏转线圈，由偏转线圈形成锯齿波电压，使电子束做水平运动，在显像管的屏幕上形成水平亮线。

② 输出直流 25 000 V 高压，供给显像管阳极，使其具有吸引由阴极发射出的电子的作用，能够使显像管发出光栅。

③ 输出消隐电压，主要目的是消除场、行扫描电子束由左到右扫描返回时的回扫亮线。

④ 输出 180 V 电压，供视放管工作。

⑤ 输出 6.3 V 灯丝电压，为显像管灯丝加热并烘烤显像管的阴极，使阴极能够发射电子。

⑥ 输出约数千伏电压，作为显像管聚焦电压。没有聚焦电压，图像就会模糊不清。

⑦ 输出约 500 V 电压，作为显像管的加速电压。没有加速电压，显像管就不能发光。

5. 场输出电路

场输出电路的主要作用是为场偏转线圈提供场锯齿波电压，使显像管的电子扫描线由上而下运动。如果这一部分坏了，显像管所显示的只是一条水平亮线。

6. 视频放大电路

视频放大电路大都在显像管的尾座上，由 3~5 只管子组成，也有少数是一片集成电路，其工作原理是一样的。视频放大电路的任务是把由集成电路送出的视频信号进行放大，并送往显像管显示出图像。如果视频放大电路坏了，显像管只能显示出干净的光栅而没有图像，但电视台的声音仍然存在。若其中某一只管子坏了，会造成图像的缺色。

另外，电视机内还有其他一些组成成分，如保险丝、消磁电路等。作为整台电视机的保险，保险丝若断了，整台电视机都不会通电，也就无法开机。消磁电路含一个消磁电阻、一个消磁线圈。消磁线圈安放在显像管上，一般情况下不会坏，易坏的是消磁电阻。如果消磁电路坏了，短时间内不会有什么影响，但时间长了显像管会出现杂乱的彩色斑块，或显示的颜色不正常。

5.1.3　电视制式简介

所谓彩色电视的制式，就是指在彩色电视系统中，为了传输自然景物的色彩信息并使之重现，而在发送端与接收端采取某种特定的方法将三个基色信号或由它们组成的亮度信号及色差信号加以处理的特定的处理方式。

目前，世界上的彩色电视广播有三种制式，它们是正交平衡调幅制 NTSC；逐行倒相正交平衡调幅制 PAL，又称帕尔制；行轮换调频制 SECAM，又称塞康制。这三种制式都是和黑白电视广播兼容的，都是将彩色图像信号编制成亮度信号和色差信号来表示和传递的。

NTSC 制式解决了彩色电视与黑白电视广播相互兼容的问题，但存在着色彩不太稳定的缺点，容易引起由相位失真所致的彩色失真。目前，采用这一电视制式的国家主要有美国、日本、加拿大和菲律宾等。PAL 制式是一种改进制式，它克服了 NTSC 制式的相位敏感性。PAL 制式对相位误差不敏感，重现图像的彩色时受传输误差的影响较小。采用这种制式的有中国、德国及欧亚等洲的其他许多国家。SECAM 制式也是在 NTSC 制式基础上改进的，俗称“塞康”制。法国、俄罗斯及东欧一些国家采用的就是 SECAM 制式。

5.1.4　视频输入接口类型

1. VGA 输入接口

VGA（Video Graphics Array，视频图形阵列）接口采用非对称分布的 15 针连接方式，其工作原理是将显存内以数字格式存储的图像（帧）信号在 RAMDAC 里经过模拟调制成模拟高频信号，然后再输出到等离子成像，这样 VGA 信号在输入端（LED 显示屏内）就不必像其他视频信号那样还要经过矩阵解码电路的换算。从前面的视频成像原理可知，VGA 的视频传输过程是最短的，所以 VGA 接口拥有许多的优点，如无串扰、无电路合成分离损耗等。

2. DVI 输入接口

DVI（Digital Visual Interface，数字显示接口）主要用于与具有数字显示输出功能的计算机显卡相连接，以显示计算机的 RGB 信号，它是 1998 年 9 月在 Intel 开发者论坛上成立的数字显示工作小组（Digital Display Working Group，DDWG）所制定的数字显示接口标准。

DVI 数字端子比标准 VGA 端子信号要好，数字接口保证了全部内容的数字格式传输，以及主机到监视器的传输过程中数据的完整性（无干扰信号引入），因此，可以得到更清晰的图像。

3. 标准视频输入（RCA）接口

标准视频输入接口也称 AV 接口，通常都是成对的白色音频接口和黄色视频接口，它通常采用 RCA（俗称莲花头）进行连接，使用时只需要将带莲花头的标准 AV 线缆与相应接口连接即可。AV 接口实现了音频和视频的分离传输，避免了因为音 / 视频混合的干扰而导致的图像质量下降，但由于 AV 接口传输的是一种亮度 / 色度（Y/C）混合的视频信号，因此仍然需要显示设备对其进行亮 / 色分离和色度解码。这种先混合再分离的过程必然会造成色彩信号的损失，色度信号和亮度信号也会有很大的机会相互干扰，从而影响最终输出的图像质量。AV 具有一定的生命力，但由于 Y/C 混合这一不可克服的缺点，因此无法在一些追求视觉极限的场合中使用。

4. S 视频输入接口

为了达到更好的视频效果，人们开始探求一种更快捷、优秀、清晰度更高的视频传输方式，这就是曾经如日中天的 S 视频输入接口（Separate Video），也称二分量视频接口。该接口的意义就是将 Video 信号分开传送，也就是在 AV 接口的基础上将色度信号 C 和亮度信号 Y 进行分离，再分别通过不同的通道进行传输。当前，带 S-Video 接口的显卡和视频设备（譬如模拟视频采集 / 编辑卡、电视机和准专业级监视器、电视卡 / 电视盒及视频投影设备等）已经比较普遍，同 AV 接口相比，它不再进行 Y/C 混合传输，因此也就无须再进行亮色分离和解码工作，而且使用各自独立的传输通道在很大程度上避免了视频设备内信号串扰而产生的图像失真，极大地提高了图像的清晰度。但 S-Video 仍要将两路色差信号（Cr 和 Cb）混合为一路色度信号 C 进行传输，然后再在显示设备内解码为 Cr 和 Cb 并进行处理，这样多少会带来一定的信号损失而产生失真（这种失真很小，但在严格的广播级视频设备下进行测试时仍能发现），而且 Cr 和 Cb 的混合，导致色度信号的带宽也有一定的限制。所以，S-Video 虽然已经比较优秀，但离完美还相去甚远，考虑到目前的市场状况和综合成本等其他因素，S-Video 虽不是最好的，但仍是应用最普遍的视频接口。

5. 视频色差输入接口

目前，可以在一些专业级视频工作站 / 编辑卡、专业级视频设备或高档影碟机等家电上看到带有 YUV、YCbCr、Y/B-Y/B-Y 等标记的接口标识，虽然其标记方法和接头外形各异，但指的都是同一种接口色差端口（也称分量视频接口）。它通常采用 YPbPr 和 YCbCr 两种标识，前者表示逐行扫描色差输出，后者表示隔行扫描色差输出。作为 S-Video 的进阶产品，色差输出将 S-Video 传输的色度信号 C 分解为色差 Cr 和 Cb，从而避免了两路色差混合解码并再次分离的问题，也保持了色度通道的最大带宽。色差信号只需要经过反矩阵解码电路就可以还原为 RGB 三原色信号，这就最大限度地缩短了视频源到显示器成像之间的视频信号通道，避免了因烦琐的传输过程所带来的图像失真，所以色差输入接口方式是目前各种视频输入接口中最好的一种。

6. HDMI 接口

HDMI 接口（High Definition Multimedia Interface，高清晰度多媒体接口）是基于 DVI 接口制定的，可以看作是 DVI 接口的强化与延伸，可以与 DVI 接口兼容。HDMI 接口在保持高品质的情况下，能够以数码形式传输未经压缩的高分辨率视频和多声道音频数据，最高数据传输速度为 5 Gb/s。它支持所有的 ATSC HDTV 标准，不仅能够满足目前最高画质 1 080 P 的分辨率，而且能支持 DVD Audio 等最先进的数字音频格式。此外，它还支持八声道 96 kHz 或立体声 192 kHz 数码音频传送，可以只用一条 HDMI 线连接，免除了数码音频接线。同时，HDMI 标准所具备的额外空间可以应用在日后升级的音视频格式中。与 DVI 相比，HDMI 接口的体积更小，而且可同时传输音频及视频信号。DVI 接口的线缆长度不能超过 8 m，否则将影响画面质量，而 HDMI 基本没有线缆的长度限制，一条 HDMI 缆线就可以取代最多 13 条模拟传输线，能有效解决家庭娱乐系统背后连线杂乱纠结的问题。HDMI 可搭配宽带数字内容保护（High-bandwidth Digital Content Protection，HDCP），以防止具有著作权的影音内容遭到未经授权的复制。正是由于 HDMI 内嵌 HDCP 内容保护机制，所以对好莱坞具有特别的吸引力。HDMI 规格包含针对消费电子用的 Type A 连接器和 PC 用的 Type B 两种连接器，相信不久 HDMI 将会被 PC 业界采用。

7. BNC 接口

BNC 接口通常用作工作站和同轴电缆的连接器，以及标准专业视频设备输入、输出端口。BNC 电缆有 5 个连接头，分别用于接收红、绿、蓝、水平同步和垂直同步信号。BNC 接头有别于普通 15 针 D-SUB 标准接头的特殊显示器接口，它可以隔绝视频输入信号，使信号间相互干扰减少，且其信号频宽较普通 D-SUB 的大，可达到最佳信号响应效果。

5.2　电视图像数字化

5.2.1　数字化方法

数字电视图像有很多优点，例如，可直接进行随机存储，使电视图像的检索变得很方便；复制和在网络上传输都不会造成质量下降；很容易进行非线性电视编辑等。

在大多数情况下，数字电视系统都希望用彩色分量来表示图像数据，如 YCBCr、YUV、YIQ 或 RGB 彩色分量。因此，电视图像数字化常用“分量数字化”这个术语来表示对彩色空间的每一个分量进行数字化。电视图像数字化常用的方法有两种：

① 先从复合彩色电视图像中分离出彩色分量，然后进行数字化。我们现在接触到的大多数电视信号源都是全彩色电视信号，如来自录像带、激光视盘、摄像机等的电视信号。对这类信号的数字化，通常的做法是首先把模拟的全彩色电视信号分离成 YCBCr、YUV、YIQ 或 RGB 彩色空间中的分量信号，然后用三个 A/D 转换器分别对它们进行数字化。

② 先用一个高速 A/D 转换器对彩色全电视信号进行数字化，然后在数字域中进行分离，

以获得所希望的 YCBCr、YUV、YIQ 或 RGB 分量数据。

5.2.2 数字化标准

早在 20 世纪 80 年代初，国际无线电咨询委员会（International Radio Consultative Committee，CCIR）就制定了彩色电视图像数字化标准，即 CCIR 601 标准，现改为 ITU-R BT.601 标准。该标准规定了彩色电视图像转换成数字图像时使用的采样频率、RGB 和 YCbCr 两个彩色空间之间的转换关系等。

1. 彩色空间之间的转换

在数字域中，RGB 和 YCbCr 两个彩色空间之间的转换关系用下式表示：

$$Y=0.299R+0.587G+0.114B$$

$$Cr=(0.500R-0.4187G-0.0813B)+128$$

$$Cb=(-0.1687R-0.3313G+0.500B)+128$$

2. 采样频率

CCIR 为 NTSC 制式、PAL 制式和 SECAM 制式规定了共同的电视图像采样频率。这个采样频率也用于远程图像通信网络中的电视图像信号采样。

对 PAL 制式与 SECAM 制式，采样频率 f_s 为

$$f_s=625\times25\times N=15\ 625\times N=13.5\ \text{MHz}$$

$$N=864$$

式中，N 为每一扫描行上的采样数目。

对 NTSC 制式，采样频率 f_s 为

$$f_s=525\times29.97\times N=15\ 734\times N=13.5\ \text{MHz}$$

$$N=858$$

式中，N 为每一扫描行上的采样数目。

采样频率和不同制式同步信号之间的关系如图 5-1 所示。

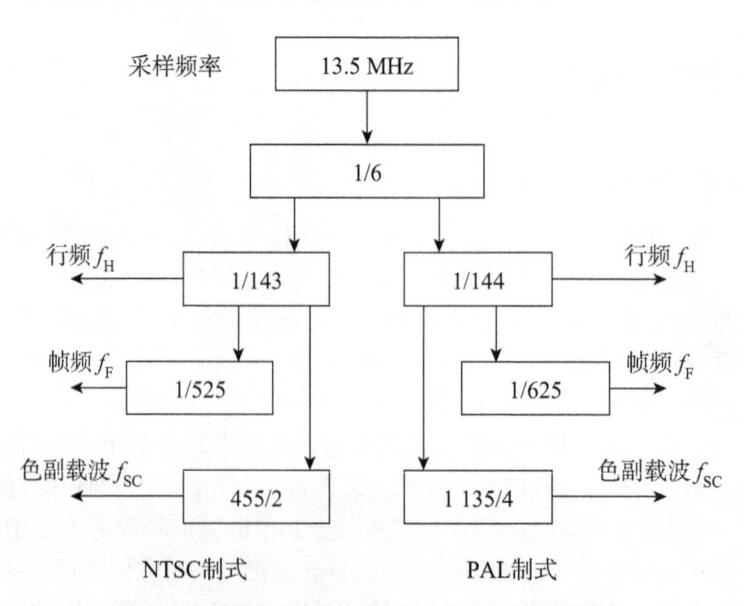

图 5-1　采样频率与不同制式同步信号之间的关系

3. 每一条扫描行上的采样数目

对 PAL 制式和 SECAM 制式的亮度信号，每一条扫描行采样 864 个样本；对 NTSC 制式的亮度信号，每一条扫描行采样 858 个样本。对所有的制式，每一扫描行的有效样本数均为 720 个。

每一扫描行的采样结构如图 5-2 所示。

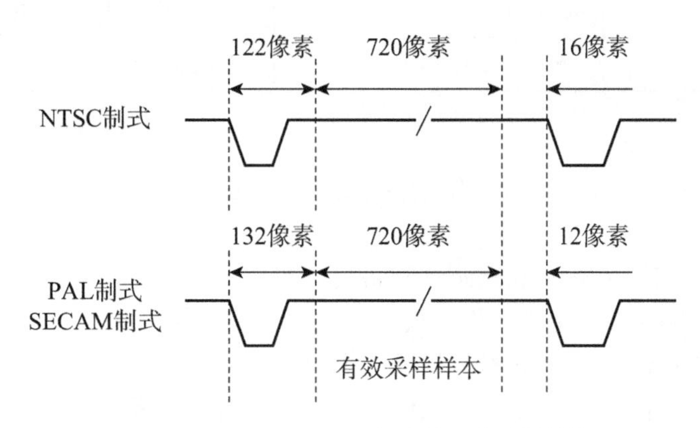

图 5-2　ITU-R BT.601 标准的亮度采样结构

4. ITU-R BT.601 标准摘要

ITU-R BT.601 用于对隔行扫描电视图像进行数字化，对 NTSC 和 PAL 制式彩色电视的采样频率和有效显示分辨率都做了规定。表 5-1 给出了 ITU-R BT.601 推荐的采样格式、编码参数和采样频率。

表 5-1　ITU-R BT.601 推荐的彩色电视数字化参数摘要

采样格式	信号形式	采样频率 1 MHz	样本数 / 扫描行		数字信号取值范围 (A/D)
			NTSC	PAL	
4:2:2	Y	13.5	858 (720)	864 (720)	220 级 (16~235)
	Cr	6.75	429 (360)	432 (360)	225 级 (16~240) (128 ± 112)
	Cb	6.75	429 (360)	432 (360)	
4:4:4	Y	13.5	858 (720)	864 (720)	220 级 (16~235)
	Cr	13.5	858 (720)	864 (720)	225 级 (16~240) (128 ± 112)
	Cb	13.5	858 (720)	864 (720)	

ITU-R BT.601 推荐使用 4:2:2 的彩色电视图像采样格式。使用这种采样格式时，Y 用 13.5 MHz 的采样频率，Cr、Cb 用 6.75 MHz 的采样频率。采样时，采样频率信号要与场同步和行同步信号同步。

5. CIF、QCIF 和 SQCIF

为了既可用 625 行的电视图像，又可用 525 行的电视图像，CCITT 规定了 CIF（Common Intermediate Format，公用中分辨率格式）、QCIF 格式（Quarter-CIF，1/4 公用中分辨率格式）和 SQCIF 格式（Sub-Quarter Common Intermediate Format），具体规格如见表 5-2。

表 5-2　CIF、QCIF 和 SQCIF 图像格式参数

信号量	CIF		QCIF		SQCIF	
	行数 / 帧	像素 / 行	行数 / 帧	像素 / 行	行数 / 帧	像素 / 行
亮度（Y）	288	360（352）	144	180（176）	96	128
色差（Cb）	144	180（176）	72	90（88）	48	64
色差（Cr）	144	180（176）	72	90（88）	48	64

CIF 格式具有如下特性：

① 电视图像的空间分辨率为家用录像系统（Video Home System，VHS）的分辨率，即 352×288。

② 使用非隔行扫描（Non-interlaced Scan）。

③ 使用 NTSC 帧速率，电视图像的最大帧速率为 30 000/1001 ≈ 29.97（fps）。

④ 使用 1/2 的 PAL 水平分辨率，即 288 线。

⑤ 对亮度和两个色差信号（Y、Cb 和 Cr）分量分别进行编码，它们的取值范围与 ITU-R BT.601 的相同，即黑色 =16，白色 =235，色差的最大值等于 240，最小值等于 16。

5.2.3　数字视频属性

视频本质上是运动图像和音频的合成体。运动图像，不管是数字的还是模拟的，实际上都是由一系列连续的静态图像所组成，以一定的速率（即帧速率）播放这些图像就会产生运动感。

运动图像有许多与其他数字资源（如静态图片、文本）不同的特征属性。在视频数字加工过程中，应特别注意并理解一些与加工相关的属性概念。

① 分辨率（Resolution）：每张图像的行数及每行取样的速率。

② 大小（Size）：组成动态图像的静态图片的实际尺寸。

③ 高宽比（Aspect Ratio）：图片的形状。

④ 帧速率和场（Frame Rate and Fields）：一帧是一张全图，帧速率是每秒图片的数量。为降低闪动，视频将一帧分成两个相互出现的一半，叫作场。

⑤ 比特率（Bit Rate）：表示单位时间存储信息的数量。

⑥ 比特深（Bit Depth）：在一幅图片中用多少比特来表示每一像素的颜色。

⑦ 压缩方式（编码，Codec）：数字视频文件转换和存储的压缩方式。视频的压缩会造成图片质量的损失。

5.2.4　常见的数字视频文件格式

1. AVI

早期的 AVI 格式是微软公司开发的，就是把视频和音频编码混合在一起进行储存。它也是最长寿的格式，已存在了十余年，虽然发布过改版（1996 年发布 V2.0），但已显老态。AVI 格式的限制比较多，只能有一个视频轨道和一个音频轨道（现在有可加入最多两个音频轨道的非标准插件），还可以有一些附加轨道，如文字等。AVI 格式不提供任何控制功能，

其文件的扩展名为 .avi。

2. WMV

WMV（Windows Media Video）是微软公司开发的一组数位视频编码、解码格式的通称，其封装格式是 ASF（Advanced Stream Format），具有“数字版权保护”功能。WMV 格式文件的扩展名为 .wmv/.asf、.wmvhd。

3. MPEG

MPEG（Moving Picture Experts Group，运动图像专家组）是一个国际标准组织（ISO）认可的媒体封装形式，受到大多数计算机的支持。其储存方式多样，可以适应不同的应用环境。MPEG 的控制功能丰富，可以有多个视频（即角度）、音轨、字幕（位图字幕）等。MPEG 的一个简化版本 3GP 还广泛用于准 3G 手机上。MPEG 格式文件的扩展名为 .dat（用于 DVD）、.vob、.mpg/.mpeg、.3gp/.3g2（用于手机）。

4. MPEG-1

MPEG-1 是一种 MPEG 多媒体格式，用于压缩和存储音频和视频。它用于计算机和游戏，分辨率为 352×240 像素，帧速率为 25 fps。

5. MPEG-2

MPEG-2 也是一种 MPEG 多媒体格式，用于压缩和存储音频和视频。它供广播质量的应用程序使用，并定义了支持添加封闭式字幕和各种语言通道功能的协议。

6. DV

DV（Digital Video，数字视频）通常用于用数字格式捕获和存储视频的设备，如便携式摄像机，可分为 DV 类型 Ⅰ 和 DV 类型 Ⅱ 两种视频文件。

DV 类型 Ⅰ 文件包含原始的视频和音频信息，通常小于 DV 类型 Ⅱ 文件，并且与大多数 A/V 设备兼容，如 DV 便携式摄像机和录音机。

DV 类型 Ⅱ，除文件包含原始的视频和音频信息外，还包含作为 DV 音频副本的单独音轨。它比 DV 类型 Ⅰ 兼容的软件更多，因为大多数使用视频文件的程序都希望使用单独的音轨。

7. MKV

MKV 是 Matroska 的一种媒体文件。Matroska 是一种新的多媒体封装格式，该格式可把多种不同编码的视频及 16 条（或以上）不同格式的音频和不同语言的字幕封装到一个 Matroska Media 文件内。它也是一种开放源代码的多媒体封装格式。Matroska 同时还可以提供非常好的交互功能，比 MPEG 更方便、强大。MKV 文件的扩展名为 .mkv。

8. RM/RMVB

RM（Real Video 或 Real Media）格式是由 Real Networks 公司开发的一种流媒体视频文件格式。它通常只能容纳 Real Video 和 Real Audio 编码的媒体。该格式带有一定的交互功能，允许编写脚本以控制播放。RM（尤其是可变比特率的 RMVB 格式）文件体积很小，非常受网络下载者的欢迎。该格式文件的扩展名为 .rm/.rmvb。

9. MOV

MOV（QuickTime Movie）格式是由苹果公司开发的一种音视频文件格式。由于苹果机在专业图形领域的统治地位，QuickTime 格式基本成为电影制作行业的通用格式。1998 年 2 月 11 日，ISO 认可 MOV 格式作为 MPEG-4 标准的基础。MOV 可储存的内容相当丰富，除了视频、音频外，还包括图片、文字（文本字幕）等。该格式文件的扩展名为 .mov。

10. OGG

OGG Media 是一个完全开放性的多媒体系统计划，OGG 媒体文件（Ogg Media File，OGM）可以支持多视频、音频、字幕（文本字幕）等多种轨道，其文件的扩展名为 .ogg。

11. MOD

MOD 格式是 JVC 生产的硬盘摄录机所采用的储存格式名称。

5.3 数字视频的获取

5.3.1 数字视频的获取方法

多媒体计算机（MPC）的数字视频主要有 3 种来源：一种是利用计算机生成的动画，如把 FLC 或 GIF 动画格式转换成 AVI 等视频格式；一种是把静态图像或图形文件序列组合成视频文件序列；还有最主要的一种，是通过视频卡把模拟视频转换成数字视频，并按数字视频文件的格式保存下来。

本节主要讨论通过视频卡得到数字视频信号的方法。

从硬件平台的角度分析，数字视频的获取过程（如图 5-3 所示）需要三部分的配合，首先是模拟视频输出的设备，如录像机、电视机、电视卡等；然后是可以对模拟视频信号进行采集、量化和编码的设备，如视频卡；最后是接收和记录编码后的数字视频数据的设备，如 MPC。在这一过程中起主要作用的是视频卡，它不仅提供接口以连接模拟视频输出设备和计算机，而且具有把模拟信号转换成数字数据的功能。

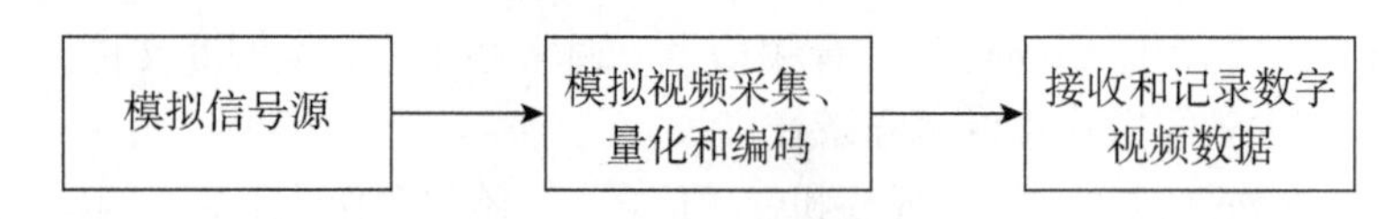

图 5-3 视频的获取过程

在采集数字视频时，计算机的作用是控制视频卡的实时工作，并把从视频卡获取的数据通过扩展槽总线接口实时输送到计算机，并记录到硬盘上。由于模拟视频输入端可以提供不间断的信息源，而视频卡要采集模拟视频序列中的每帧图像，并在采集下一帧图像之前把这些数据传入 MPC 系统，因此，实现实时采集的关键是每一帧所需的处理时间。如果每帧视频图像的处理时间超过相邻两帧之间的相隔时间，则会出现数据的丢失，即丢帧现象。性能越高的采集卡，其处理每一帧所需的时间越短，数据率也越高，这要求 MPC 的 CPU 处理速度也越高。因此，选用较高的 CPU 并有效地利用内存是采集视频的基本要求。视频卡的性能越好，对计算机的要求也越高，否则，视频卡将不能发挥其正常的功能。

由于采集的数字视频最终要存入硬盘中，因此足够的硬盘容量是视频采集的基础。此外，在实时采集和硬盘存入的过程中，硬盘的存取速度是数据采集和传输的“瓶颈”。如果采集和处理数字视频的速率高于硬盘的数据传输率，那么，在实时采集的过程中也会出现丢帧现象。数字视频的分辨率越高、质量越好，硬盘必须处理的数据传输率就越大，因此，用于视频采集的硬盘应该从多方面进行优化，以提高实际采集的效果。

在显示设置方面，如果屏幕的显示深度设置很高，如真彩色或 64 K 色，则 MPC 系统要占用更多的资源来用作显示处理，当然也会影响采集的效果。如果丢帧现象严重，应该把

MPC 的屏幕显示色彩设置得低一些，甚至关闭采集视频的同步监视，这样可以提高采集的效果，减少丢帧。由于伴音的采集是通过声卡进行的，因此，即使关闭了同步视像的监视，通过声卡的输出还是可以同步监视伴音的。

采集视频的过程主要包括如下几个步骤。

① 视频卡硬件安装和软件驱动。

② 设置音频和视频源，把模拟设备视频输出端口与视频卡的视频输入端口连接、音频输出端口与 MPC 声卡的音频输入端口连接。

由于视频卡提供复合视频输入口和分量视频输入口，因此，只要具有复合视频输出或 S-Video 输出端口的设备都可以为视频卡提供视频信号源。这些设备一般包括磁带录像机、摄像机，甚至激光视盘机（LaserDisc Player）。当然，使用 S-Video 端口可以获取更好的图像质量。视频的采集可以按用户的创意及设计进行，但采集质量在很大程度上取决于视频卡的性能以及模拟视频信号源的质量。

视频卡一般只具有视频输入端口而没有伴音输入端口，因此，如果需要同步采集模拟信号中的伴音，必须使用带声卡的 MPC 机，使视频卡通过 MPC 上的声卡来采集同步伴音。

③ 准备好 MPC 系统环境，如优化硬盘、显示设置、关闭其他进程等。

④ 启动采集程序，预览采集信号，设置采集参数。启动信号源，然后进行采集。

⑤ 播放采集的数据，如果丢帧严重，可修改采集参数或进一步优化采集环境，然后重新采集。

⑥ 由于信号源是不间断地送往视频卡的视频输入端口的，而且采集的起始和终止又是分别控制的，因此，根据需要可对采集的原始数据进行简单的编辑。如剪切掉起始和结尾处无用的视频序列等，以减少数据所占的硬盘空间。

视频信息采集程序一般提供采集预览和实时监视视频数据的功能，即在采集之前可以预览采集的效果以调整采集参数，在采集时可以同步监视采集信号源的情况。无论是预览还是同步监视，这个过程都是数字视频的回放。数字视频的回放要占用 MPC 较多的系统资源，因此，如果 MPC 系统的处理速度不够，采集时同步监视必然要影响到采集的效果，导致采集时出现丢帧现象，即采集时监视的效果并不一定是采集后再回放的效果。

5.3.2　数字视频的获取设备及其特性

数字视频的获取设备一般分为两种：视频采集卡和数码摄像机。从直观上来看，视频图像的主观评价通常采用平均判分方法（MOS），见表 5-3。

表 5-3　主观测试 5 级标准

得分	视频损伤分级	视频质量分级
5	不能察觉	优
4	刚能察觉，不讨厌	良
3	令人讨厌	中
2	很讨厌	差
1	不能用	劣

1. 视频采集卡

视频采集卡又称为视频卡。第 4 章已经简要介绍了视频卡，根据不同的应用、适用环境和技术指标，目前有多种规格的视频卡。2000 年年底，创新公司推出了 Video Blaster WebCam Plus。WebCam Plus 提供数码摄录、视频会议和远程监视功能，它备有 USB 接口和高质量的镜头，全硬件支持 640×480 像素相片或影像，摄录效果流畅逼真，适合通过网上进行视频监视、视频聊天、传送视频邮件或将相片定时上载至网页。

2. 数字摄像机

数字摄像机通过光学镜头和 CCD(Charge Coupled Device，电荷耦合器件) 采集实时图像，并转成数字信号录入存储设备。目前数字摄像机的特点大致有以下两个。

（1）画面像素

画面像素数值越大，则图像的清晰度越高。目前 1 600 万像素的数字摄像机已投放市场，更高像素的产品会随着时代的进步而更新。

（2）Digic 技术

Digic 技术，数字影像处理技术包括：对 CCD 的自动控制，如自动曝光、自动聚焦、自动调整白平衡；自动信号处理，如影像的自动压缩和自动解压缩等，均可以帮助提高图像画面的质量。

接下来简要介绍几款常用摄像机的特点及主要的性能。

（1）松下 HC-VX870MGK-K 型摄像机

采用了徕卡（Dicomar）专业镜头，支持 20 倍光学变焦，60 倍数码变焦，采用主动模式的混合光学防抖加光学防抖锁定，并具有水平拍摄功能，可以确保画面的完美和清晰。拥有 1 891 万传感器像素的感应器，静态有效像素达到了 829 万，动态有效像素也可达到 829 万。

（2）JVC GY-HM200 型摄像机

GY-HM200 是一款功能全面的流媒体专业摄像机，性能卓越，表现出众，在拍摄任一场景时都能轻松应对。配备 1/2.3 英寸背照式 CMOS，内置 12× 变焦、24× 动态变焦（HD 模式下）、光学防抖镜头，可记录 4K Ultra HD，4∶2∶2 FullHD（50 Mb/s）和 SD 标清格式。GY-HM200 与 GY-LS300 配备两路 XLR×2 音频输入，并配有控制开关可调整 mic 和 line 档位，且可接入无源麦克（mic+48 V）。两款机器均配备热靴插口、耳机插口、SDI 和 HDMI 视频输出接口，各种操作接口可谓一应俱全。

（3）索尼 NEX-VG900E 型摄像机

该机可换镜头，可实现静态有效像素 2 430 万，动态有效像素 2 030 万。拥有四胶囊空间阵列立体声麦克风。拥有高性能成像以及配备卡尔蔡司全画标准变焦镜头，提供较好的全画幅表现。

（4）佳能 XF305 型摄像机

佳能采用其公司特有的光学技术，具备独特的光学影像稳定系统的优势。佳能 XF305 是佳能专业数码摄像机产品线中的创新机型，高画质、无带化、超便携为其基本设计理念。采用佳能自主研发的核心影像技术，搭载 HDL 高清摄像镜头、3 片 1/3 型全高清 CMOS 影像感应器、DIGIC DV Ⅲ高速影像处理器，以 CF 卡为存储介质，支持 MPEG-2 Long GOP 编码的全高清（MPEG-2 422@HL）记录标准，4∶2∶2 色彩取样，MXF 国际标准文件封装格式，升格、降格、间隔和逐格拍摄功能及各种专业操控体验。

5.4　数字视频编辑技术

5.4.1　视频编辑基本概念

有许多应用程序都具有编辑数字视频文件的功能，这类程序一般被称为数字视频编辑器或简称为视频编辑器。能够编辑数字视频数据的软件也称为非线性编辑软件，当然这是相对于传统的磁带和电影胶片的线性编辑而言的。数字视频编辑器的范围很广，既包括功能非常简单的软件，也包括非常专业化的软件。

常见的数字视频编辑方法如下：

① 三点编辑（Three-Point Editing），通过设置三个编辑点来确定来源素材的内容、持续时间以及序列中位置的编辑方式。Final Cut Pro 在执行三点编辑时，会自动计算第 4 个编辑点。

② 延长编辑（Extend Edit），将编辑点移动到时间线的播放头处的编辑方式。

③ 适配填充编辑（Fit to Fill Edit），将片段插入到序列中，并使插入部分的时间长度正好与预定轨道的空间量相匹配的一种编辑方式。

④ 插入编辑（Insert Edit），将片段项插入到时间线上现有的序列中，并使该位置之后的片段（或片段的其余帧）向右移动的编辑方式。插入编辑并不会替换已存在的素材。

⑤ 覆盖编辑（Overwrite Edit），编辑到序列中的片段替换序列中已有片段的编辑方式。覆盖编辑的序列时长保持不变。

⑥ 替换编辑（Replace Edit），用另一个同样长度的不同镜头代替序列中现有的镜头。

⑦ 举出式编辑（Lift Edit），一种素材从时间线上删除后还能留下相应空隙的编辑方式。

⑧ 波纹式编辑（Ripple Edit），改变序列中片段入点或出点的一种修剪编辑方式。当调整（“波纹”）一个片段的时间长度后，整个序列的长度会随之缩放。

⑨ 卷动式编辑（Roll Edit），对共享一个编辑点的两个片段都产生影响的一种编辑方式。出片段的出点和入片段的入点同时改变，但序列的总时间长度保持不变。

⑩ 滑动式编辑（Slide Edit），将整个片段连同它左右两边的编辑点一起移动的编辑方式。被移动片段的时间长度保持不变，但位于它左右两边片段的长度会改变，以适应该片段的新位置。序列及这三个片段的总时间长度不变。

⑪ 滑移式编辑（Slip Edit），片段的入点和出点的位置同时改变，但标记媒体的位置和时间长度不变的一种编辑方式。

⑫ 拆分编辑（Split Edit），片段的视频部分长于音频部分或音频部分长于视频部分的编辑方式。例如，在片段开头声音比视频长，因此先听到声音，然后才看见视频，也称为 L 剪切。

⑬ 叠加编辑（Superimpose Edit），将片段放到时间线上播放头所在片段项上方轨道中的编辑方式。如果在时间线和画布中没有设定入点或出点，以前编辑的片段的入点和出点将用来规定入片段的时间长度。叠加编辑用来将字幕和文本重叠到视频上，并创建其他合成效果。

⑭ 多机位编辑（Multicam Editing），用户可以同时回放和预览从多个机位角度拍摄的镜

头，并在它们之间进行实时剪辑的特性。

⑮ 离线编辑（Offline Editing），以较低分辨率编辑节目的方式。这种方式可以节省设备成本或节省硬盘空间。在完成编辑后，可以采用较高分辨率重新采集素材，或者生成一个EDL以便在其他系统上重新创建该编辑。

⑯ 编辑至像（Edit to Tape），该命令可让用户对录像带执行帧准确的插入编辑和覆盖编辑。

⑰ 打印至视频（Print to Videos，PTV），Final Cut Pro 中的一个命令，允许用户将片段或序列发送给视频或音频输出设备，以便录制到录像带上。

⑱ 渲染（Render），视频和音频应用任何效果，比如转场或滤镜，必须被渲染才能准确地实时回放。一旦渲染，序列就能实时回放。

5.4.2 数字视频编辑流程

在模拟时代，视频编辑大多在专业的编辑机上完成，并且需要许多专用录像机和磁带的参与才能把场景和各种效果组合起来，而素材始终都是录制在以线性结构存储的磁带上的，所以称为线性编辑。数字技术发展起来之后，出现了专用的非线性编辑机，它可以不按照素材在磁带上的线性位置而进行更方便的处理。实际上，PC 也是一台非线性编辑机，因为所有的素材都捕捉到磁盘上了，可以随时处理任何时间线位置上的内容。

几乎所有的软件都会提供一个类似相册的界面让用户依次序排列场景，复杂一些的还提供了时间线视图，在时间轴上依次展示用户需要的所有场景、声音和附加元素。

基本上所有的视频编辑软件都会提供一个视频轨道和一个音频轨道。编辑过程就是把视频场景、字幕或者照片按照需要的次序放到视频轨道上，然后在场景之间添加过渡效果让不同镜头之间过渡自然，在场景上使用滤镜以调整图像质量和效果，如果有需要，还可以添加慢动作等特殊效果。音频轨道则可以直接使用场景原有的声音、添加背景音乐和各种音效，当然也可以配音。最终的作品效果就是所有音频和视频轨道按照时间线播放。

显然，有更多的音频和视频轨道会更大程度地方便用户的编辑过程，不过对非专业用户来说，有两个视频轨道和三个音频轨道基本就可以满足要求了。专业级的产品可以提供几乎没有限制的轨道数，但实际上，厂商限制轨道数更多是出于产品定位区隔的考虑而非技术实现上的难度。

在 Premiere 中可以把各种不同的素材片段组接、编辑、处理，最后生成一个 AVI 或 MOV 格式文件，其操作是由菜单命令、鼠标或键盘命令以及子窗口中的各种控制按钮和对话框选项的配合完成的。在操作工作中可对中间或最后的视频内容进行部分或全部预览，以检查编辑处理效果。视频的一般编辑包括如下几个步骤：

① 确定视频剧本和准备素材数据文件。

② 启动 Premiere 系统，打开剪辑（Clip）子窗口进行素材的浏览和定义，用项目（Project）窗口记录素材和以后的编辑操作。

③ 打开建造（Construction）子窗口，将素材逐一排列在构造窗口的轨道上。此时，如果需要在两段素材间加切换或过渡特技，要将两个素材分别放置在视像不同的 A 或 B 轨道，另外，对静止图像要设置持续时间。

④ 打开过渡（Transitions）子窗口（也称为切换窗口），在建造窗口的 T 轨道上定义切

换特技效果和参数。

⑤ 利用剪辑（Clip）菜单中提供的滤波器对视像序列进行特技处理。

⑥ 利用标题（Title）窗口和标题菜单生成标题文件，该文件数据包括文字和几何图形。

⑦ 在建造窗口的 S 轨道中可导入标题文件和其他视频序列。S 轨道与 A 或 B 轨道可以产生叠加效果。

⑧ 为视像配音，将声音素材片段置于建造窗口的声音轨道上，调整效果和同步位置。

⑨ 预演、修改和调整。

⑩ 保存项目文件，防止意外丢失已有的操作状态。

⑪ 编译视频（Make Movie）。首先进行编译参量设置，然后进入编译。一般编译生成最后的 AVI 或 MOV 文件需花费较长的时间。编译正常结束后，将自动把生成的视频文件放置在一个剪辑窗口中以便浏览。

5.4.3　数字视频常用编辑软件

目前，数字视频编辑软件有很多，本小节介绍其中常用的几种编辑软件。

1. Adobe Premiere

Premiere 是 Adobe 公司推出的基于非线性编辑设备的视音频编辑软件，它在影视制作领域取得了巨大的成功，被广泛应用于电视台、广告制作、电影剪辑等领域，成为 PC 和苹果机平台上应用最为广泛的视频编辑软件。

Premiere 的最新版本完善地解决了 DV 数字化影像和网上的编辑问题，为 Windows 平台和其他跨平台的 DV 和所有网页影像提供了全新的支持。同时，它可以与其他 Adobe 软件紧密集成，组成完整的视频设计解决方案。Premiere 的 Edit Original（编辑原稿）命令可以再次编辑置入的图形或图像，另外，用户可以在轨道中添加、移动、删除和编辑关键帧，对于控制高级的二维动画游刃有余。

将 Premiere Pro CS 6.0 与 Adobe 公司的 After Effects CS5 配合使用，可使二者发挥最大功能。After Effects 5.0 是 Premiere 的自然延伸，主要用于将静止图像推向视频、声音的综合编辑。它集创建、编辑、模拟、合成动画、视频于一体，综合了影像、声音、视频的文件格式，可以说在掌握了一定技能的情况下，想象的东西都能够实现。

2. EDIUS

EDIUS 非线性编辑软件专为广播和后期制作环境而设计，特别针对新闻记者、无带化视频制播和存储。EDIUS 拥有完善的基于文件的工作流程，提供了实时、多轨道、多格式混编、合成、色键、字幕和时间线输出功能。除了标准的 EDIUS 系列格式，还支持 Infinity™ JPEG 2000、DVCPRO、P2、VariCam、Ikegami GigaFlash、MXF、XDCAM 和 XDCAM EX 视频素材；同时，支持所有 DV、HDV 摄像机和录像机。

3. Media Studio Pro

Premiere 是专业人士普遍运用的软件，但对于一般网页上或教学、娱乐方面的应用，Premiere 的亲和力就差了些，Media Studio Pro 在这方面则是最好的选择。

Media Studio Pro 主要的编辑应用程序有 Video Editor（类似 Premiere 的视频编辑软件）、Audio Editor（音效编辑）、CG Infinity、Video Paint，涵盖了视频编辑、影片特效、2D 动画制作，是一套整合性完备、全面的视频编辑套餐式软件。它在 Video Editor 和 Audio Editor 的功能和概念上与 Premiere 的相差并不大，最主要的不同在于 CG Infinity 与 Video Paint 这两个在动画制作与特效绘图方面的程序。

CG Infinity 是一套矢量基础的 2D 平面动画制作软件，它绘制物件与编辑的能力很全面，用起来感觉类似于 CorelDraw。但是它比一般的绘图软件功能强大许多，典型的功能如移动路径工具、物件样式面板、色彩特性、阴影特色等。Video Paint 的使用流程和一般 2D 软件的类似，它的特效滤镜和百宝箱功能非常强大。

4. Corel Video Studio

虽然 Media Studio Pro 的亲和力高、学习容易，但对一般的上班族、学生等家用娱乐的群体来说，它还是显得太过专业、功能繁多，不太容易上手。另一个编辑软件会声会影（Corel Video Studio）便是完全针对家庭娱乐、个人纪录片制作的简便型编辑视频软件。

Video Studio 在操作界面上与 Media Studio Pro 完全不同，且有一些特殊功能，如动态电子贺卡、发送视频 E-mail 等功能。它采用目前最流行的“在线操作指南”的步骤引导方式来处理各项视频、图像素材，共分为开始→捕获→故事板→效果→覆叠→标题→音频→完成等八大步骤，并将操作方法与相关的配合注意事项以帮助文件显示出来，用户可以快速地学习每一个流程的操作方法。

Video Studio 提供了 12 类 114 个转场效果，可以用拖曳方式进行使用，每个效果都可以做进一步的控制，非常简便。另外，还有在影片中加入字幕、旁白或动态标题的文字功能。Video Studio 可输出传统的多媒体电影文件，如 AVI、FLC 动画、MPEG 电影文件，也可将制作完整的视频嵌入贺卡，生成一个可执行文件 .exe；通过内置的 Internet 发送功能，还可将视频通过电子邮件发送出去或者自动作为网页发布。如果有相关的视频卡，还可将 MPEG 电影文件转录到家用录像带（VHS）上。

5. Corel Digital Studio 2010

Corel 公司的影音宝典 Digital Studio 2010 集成了照片管理、照片编辑、视频编辑、DVD 刻录、DVD 播放等功能，将用户所需的所有多媒体程序全面整合起来。

Digital Studio 2010 主要有以下几种编辑应用程序：

① Paint Shop Photo 2010：最简单易用的图像管理、照片处理软件，单击一次即可修复照片。可将照片输出成日历、电子相册、卡片等。

② Video Studio 2010：能够以最快速度剪辑影片、制作特效，并且完美兼容 AVCHD 等高清格式的编辑与输出，内置菜单模板。

③ DVD Factory 2010：影片转档与光盘刻录的工具，可任意设定菜单样式，自定标题、章节，刻录光盘或直接输出至 iPhone、iPod、PSP 等设备，随时随地观看影片。

④ WinDVD 2010：兼容杜比音频、M2T、M2TS，DVD、AVCHD 等高清影音文件或光盘的播放，为用户带来影院般的享受。

6. DVD PictureShow

DVD PictureShow 是 ULead 公司推出的 DVD/VCD 相册制作软件，它具有以下一些特点：

① 制作电子相册无须高精度图像。DVD PictureShow 可以创建分辨率达 704×576 的 DVD 质量的电子相册。即使从 35 万像素的数码相机、摄像头或扫描仪取得的相片，也可获得很好的效果。该视频软件有简易的、向导式的工作流程，拖放相片自由排序和随取即用的菜单模板使电子相册的制作非常简单。

② 一张光盘中可包含多个电子相册。DVD PictureShow 允许在一张光盘上加入多达 30 个相册（每相册 36 张相片），更方便记录并分类不同的相片。

③ 建立个性化的电子相册，用户可在每个菜单及相册添加自己喜爱的 MPEG、WAV 或 MP3 音频文件，也可将每个菜单更换成自己的背景相片，从而轻松创建个性化的电子相册。

④ 可以自动检测到已安装的刻录机，先进的 Burn-Proof（防刻死）技术可以减少缓冲区中断错误，以避免发生刻坏光盘的情况。使用 DVD 制作出来的电子相册可与大多数家用 VCD/DVD 播放机兼容。

7. Windows Movie Maker

Windows Movie Maker 是 Windows XP 自带的视频编辑软件，它可以进行简单的视频制作与处理，支持 WMV、AVI 等格式，可以添加视频效果、制作视频标题、添加字幕等。编辑完成后，可以自己选择保存的清晰度、大小、码率等。

8. iMovie 与 Final Cut Pro

iMovie 是一款由苹果公司编写的视频剪辑软件，是苹果机上应用程序套装 Life 的一部分。它允许用户编辑自己的家庭电影，支持 DV 标准和所有的 QuickTime 格式。凡是 QuickTime 支持的媒体格式，在 Final Cut Pro 都可以使用，这样就可以充分利用以前制作的各种格式的视频文件。它还包括 Flash 动画文件，并提供较佳的编辑功能，具有像 Adobe After Effects 一样的高端合成程序包中的合成特性。

5.4.4　用 Premiere 进行数字视频编辑实例

1. Premiere 的主要功能及主窗口

启动 Premiere 后进入其主窗口，如图 5-4 所示。主窗口主要由菜单栏和具有不同的功能多种子窗口组成。子窗口主要包括“剪辑（Clip）”窗口、“项目（Project）”窗口、“建造（Construction）”窗口、“预览（Preview）”窗口、“信息（Info）”窗口、“项目播放控制（Controller）”窗口、“过渡（Transition）”窗口、“高级编辑（Trimming）”窗口和“标题（Title）”窗口。子窗口都可以显示在主窗口内或隐藏起来。主菜单栏除了“文件”（File）、“编辑”（Edit）和“帮助”项以外，Premiere 特有的菜单还包括以下几项：

图 5-4　Premiere 的主窗口

①“项目”（Project）菜单，用于项目窗口的控制和管理。

②“编译”（Make）菜单，用于最后编译生成 AVI 或 MOV 视频文件。

③“剪辑”（Clip）菜单，用于剪辑编辑和控制管理。

④“标题”（Title）菜单，用于标题窗口的编辑处理。

⑤“窗口”（Windows）菜单，用于打开除了“项目”、“剪辑”和“标题”窗口以外的其他子窗口及其设置。

Premiere 的主要编辑功能包括以下几项：

① 编辑和组接各种视频片段。

② 对视频片段进行各种特技处理。

③ 在两段视频片段之间增加各种过渡效果。

④ 在视频片段之上叠加各种字幕、图标和其他视频效果。

⑤ 给视像配音，并对音频片段进行编辑，调整音频与视频的同步。

⑥ 改变视频特性参数，如图像深度、视频帧率和音频采样率等。

⑦ 设置音频、视像编码及压缩参数。

⑧ 编译生成 AVI 或 MOV 格式的数字视频文件。编译生成的 AVI 或 MOV 文件可以在任何支持 Microsoft Video 或 QuickTime for Windows 格式的应用程序中播放。

⑨ 转换成 NTSC 或 PAL 的兼容色彩，以便把生成的 AVI 或 MOV 文件转换成模拟视频信号，通过录像机记录在磁带上或显示在电视上。由于 AVI 数据格式所采用的彩色系统与 NTSC 或 PAL 制式的模拟视频所采用的色彩标准不同，因此需要转换才能实现其兼容。

⑩ 其他一些高级视频编辑功能。

2. 素材剪辑及项目管理

在 Premiere 中，各种视频的原始素材片段都称作一个剪辑（Clip）。在视频编辑时，可以选取一个剪辑中的一部分或全部作为有用素材导入到最终要生成的视频序列中。剪辑的选择由切入点（In Point）和切出点（Out Point）定义。切入点指在最终的视频序列中实际插入该段剪辑的首帧；切出点为末帧。也就是说，切入点和切出点之间的所有帧为要编辑的素材。在 Clip 窗口中可以浏览素材并定义该素材中的切入、切出点及其他标记点。

素材剪辑片段可以取自多种类型的数据文件，包括以下几种：

① 通过采集卡采集的数字视频 AVI 文件。

② 由 Premiere 或其他视频编辑软件生成的 AVI 和 MOV 文件。

③ WAV 格式的音频数据文件。

④ 无伴音的动画 FLC 或 FLI 格式文件。

⑤ 各种格式的静态图像，包括 BMP、JPG、PCX、TIF 等。

⑥ FLM 格式的胶片（Filmstrip）文件。这种格式是把一个视频序列文件转换成若干静态图像序列而得，它是一幅包括了全部视像帧的无压缩静止图像，因此需要大量的磁盘空间。这种格式可以由 Adobe Photoshop 图像处理软件读取。FLM 文件可以由 Premiere 生成，然后用 Adobe Photoshop 图像处理软件对其进行逐帧画面的再加工，最后由 Premiere 转换成一个视频序列文件。

字幕（Titles）文件以 .ptl 为后缀。它是由 Premiere 产生的一种包括文字和几何图形的图形文件，这种文件包含一个透明通道，可以叠加在其他剪辑之上。

用主窗口“File”菜单中的“Open”项打开可识别的文件，都会弹出剪辑窗口。如果打开的是图像或图像序列文件，则剪辑窗口中显示的是第一帧的图像；如果打开的是音频文件，则显示音频波形。在剪辑窗口中可对素材进行浏览并定义素材的切入点和切出点。

① 素材浏览，剪辑窗口的左下角有播放按钮，可以控制素材序列的播放。因此，剪辑窗口实际上也可以作为一个视频序列播放器使用。

② 定义切入点和切出点，若不设切入点和切出点，则默认原剪辑的首尾点为入点和出点。剪辑窗口右下角有“切入点”、“切出点”和“标记（mark）”按钮，用这些按钮和播放滑块或播放键可以定义剪辑序列中的切入点和切出点。如果定义了切入点，并且窗口内显示的是切入点的图像内容，则窗口的左上方会显示切入点标记。

③ 时间码显示，剪辑窗口正下方有两排时间码显示，上排表示播放滑块标识的当前帧时间码位置；下排表示切入点和切出点间的剪辑持续时间长度。单击“切入 / 切出播放”按钮可以播放从切入点到切出点之间的内容。单击“mark”按钮可设标记，单击“goto”按钮可找到出、入点及某标记的视像位置。

所谓项目，就是按时间线组织的一组剪辑。Premiere 将一个视频文件的编辑处理定义为一个项目，所有有关项目的数据和编辑控制可存储为一个项目文件，该文件以 .ppj 为后缀。项目文件的内容包括了项目所使用的剪辑文件的指针、输出视频的大小及文件格式定义和所有的处理操作的状态记录等。由于 PPJ 文件中仅记录指向剪辑文件的指针，并不包含剪辑的数据内容，因此它的容量较小。而且，由于 PPJ 文件并没有记录视频数据，在没有编译生成最终视频文件之前不能删去剪辑源素材文件。

启动 Premiere 后，选“File”菜单的“New”项，则会弹出“New Project Presets”对话框。每个项目都必须赋予显示窗口大小、时基（Time Base）和压缩算法等预置参数。预置参数可以设置得低一些，以提高编辑的效率，而且，预置参数可通过菜单选项随时修改。在“New Project Presets”对话框中选择一种设置，单击“OK”按钮，则出现“Project”窗口。把剪辑导入项目窗口的方式有两种：

① 从主窗口“File”菜单的“Import”选项中选择导入的剪辑文件、PPJ 文件和 Premiere 库文件。

② 鼠标移动到剪辑窗口内变成手形，把剪辑内容拖动到项目窗口中。

导入剪辑后，“项目”窗口按剪辑导入的先后顺序依次显示每个剪辑的简图（Thumbnail）和有关属性参数，如文件名、格式、剪辑持续时间、窗口大小、音频参数等。图像序列剪辑的简图为第一帧图像的小图，音频剪辑则为一致的标准简图。当“项目”窗口为当前活动窗口时，在主窗口的“Windows”菜单栏内选择“Project Windows Options”命令，可以改变“项目”窗口内各剪辑简图的大小和其他显示信息格式。同样，较大的简图显示会降低系统的速度。双击“简图”按钮可打开该简图对应的“剪辑”窗口。

当“项目”窗口为活动窗口时，用“文件”菜单可把当前项目保存成 PPJ 后缀的项目文件。在视频编辑过程中只能有一个项目存在，但可保存多个不同的项目文件。项目文件的保存实际上就是保存对各剪辑做的所有编辑操作，这些处理和操作状态不会显示在项目窗中，但一旦打开项目文件，格式和状态数据会立即生效。使用项目文件的好处是不必逐个打开需要使用的剪辑文件，对于操作处理较复杂的项目编辑，打开已有的项目文件可直接获得上一次工作的全部编辑状态。因此，在视频编辑中应养成经常保存项目文件的好习惯。

3. 用“建造”窗口编辑视频序列

在 Premiere 的所有子窗口中，“建造”窗口是完成编辑处理的主要工作区。用“建造”窗口可将各剪辑排列成一段连续播放的视频序列，各个剪辑片段按其播放时间的顺序从左至右排列。从主窗口“Windows”菜单的“Construction Window”选项可打开“建造”窗口，其中心放置剪辑的轨道，窗口底部可看到包含各种工具的面板、时间单位选择器以及剪辑轨道滚动条，窗口顶部显示的是工作区、时间轴和其他一些控制按钮。在“建造”窗口内可进行如下各种编辑操作：

（1）把各个剪辑素材导入到相应的轨道（Track）中

各种剪辑素材或特技处理功能将按播放的时间顺序放置在各自的轨道上。Premiere 的“建造”窗口内轨道最多可容纳 99 个视像剪辑（Video）和 99 个音频剪辑（Audio）轨道。每个视像轨道又分成以下几种。

① A 轨和 B 轨，用于放置静态图像和视像序列的剪辑。对静止图像，多个简图的内容相同，描述体的长度代表持续时间；剪辑用其中若干个帧的简图来描述。同一轨道上两段剪辑不能重叠，需重叠时，必须分别放置在 A、B 轨上。

② T（Transition）轨，T 轨又称为切换轨或过渡轨，用于放置两个重叠剪辑之间的过渡效果，包括切换特技、切换过渡时间、切换方向（A 到 B 或相反）等内容。T 轨不是剪辑数据，它只是在需要将 A 轨视像显示以某种特技方式切换到 B 轨视像显示时，在 T 轨的相应区域定义一个切换方式。切换方式从切换窗口中选择。

③ S（Superimpose）轨，S 轨又称为附加轨，用于在 A 或 B 轨上叠加一段字幕、图像或视像剪辑。附加轨是为叠加、填充等处理提供附加数据剪辑的工作轨道。

音频轨道也分为 A、B 轨和 X 轨，A、B 轨用于放置音频剪辑，音频剪辑以波形显示描述。音频轨道上可直接加声音特技，如增幅、淡入或淡出等。

（2）导入剪辑

可采用两种方式把剪辑素材导入“建造”窗口中。

用鼠标单击“项目”窗口中的某个剪辑简图，这时该剪辑被选中。把选中的简图拖动到“建造”窗口的视像 A 轨或 B 轨的某一位置处。如果“建造”窗口为空，则可拖动简图到窗口的最左端。

如果“项目”窗口还没有导入需要的剪辑片段，可以先在“剪辑”窗口中设好各剪辑的出入点，然后直接把“剪辑”窗口的内容拖动到“建造”窗口的视像 A 轨或 B 轨的某一位置处。这时“项目”窗口中也相应地出现代表该剪辑的简图及相关信息。在“项目”窗口中，如果某个剪辑被导入“建造”窗口，则该剪辑的“name”一栏中都有一个彩色小轮，表示该剪辑在“建造”窗口中正在被使用。

导入“建造”窗口的剪辑内容都是从剪辑的切入点开始到切出点结束的。用同样的方式可以导入音频剪辑到“建造”窗口的音频轨道上。

（3）定义工作区（Work Area）

“建造”窗口顶部有一个黄条，黄条之下覆盖的区域为工作区。可设定工作区为最后生成视频序列时所包含的剪辑内容，即只有位于工作区以内的剪辑片段才能生成最后的视频序列文件。用鼠标拖动黄条两端的红色三角可使黄条的长度改变，双击黄条，可使其布满窗口。

（4）组编各个剪辑

① 时间标尺及时间单位：时间标尺位于“建造”窗口的上方，时间单位位于工具栏内。时间标尺的坐标按时间码 SMPTE 标识，其间隔反映了时间单位的当前设定。改变时间单位，并控制指针在时间标尺上的位置可以大致或仔细浏览轨道上的剪辑组编过程。通过时间标尺还可以查看每段剪辑的起止位置及该剪辑的总时间。时间单位的设定有两种方式：

一是用选择器中的滑块来选择时间单位。滑块位于刻度越密的位置，时间单位越小，最小为一帧，这时轨道上列出的是连续帧的简图；最大的时间单位是 2 分钟，这时轨道上的简图都压缩到一起。当前的时间单位显示在选择器旁。

二是用“时间缩放（Zoom）”工具。用“Zoom”工具也能改变时间单位，选择该工具后，用鼠标单击轨道上某剪辑的任一点处，可使时间单位变小，且被单击处始终位于原位置附近。

② 剪辑的选择：选定一段或若干段剪辑，就可以对其进行各种编辑操作。剪辑的选择可用工具箱中的不同工具来完成，主要有以下几种方式。

a. 单项选择（Selection）。用该选择工具能够选择单项视像或音频剪辑、空白轨道、单个 T 轨过渡等。单击“单项选择”按钮以后，用鼠标单击轨道上某剪辑的任意位置，则该剪辑被选中。

b. 单轨选择（Select Track）。用该工具单击轨道上某剪辑的任意位置，则该剪辑及同一轨道上的后续剪辑均被选中。

c. 多轨选择（Multitrack Select）。用该工具单击轨道上某剪辑的任意位置，则该剪辑及位于其后的所有轨道上的剪辑均被选中（包括切入点在其前而切出点在其后的剪辑）。

d. 区域选择（Block Select）。用该工具单击轨道上某剪辑的任意位置并拖动，将产生一个包含所有轨道的等宽区域。在该区域中任意处单击，按住 Alt 键并拖动，可将该区域中的剪辑作为一个整体移至别处。若不按住 Alt 键，则在拖到的位置生成一个虚拟剪辑（Virtual Clip），其视像部分的所有内容相当于一个整体，位于一个轨道上，可对它加特技处理（Filter），或在它和别的剪辑间加过渡。

剪辑的移动及剪辑的对齐：用鼠标可以横向拖动被选中的剪辑或 T 轨过渡等，以改变其播放或过渡的起始时间位置；也可以在 A、B 轨间拖动剪辑，以改变其轨道位置。横向拖动一个剪辑时，如果打开了“建造”窗口左上角的“边缘捕捉”切换开关，则拖动一个剪辑时可以保证与某特定的编辑点对齐。例如，在 B 轨上拖动下一个视像剪辑到 A 轨前一个剪辑结束点附近时，B 轨剪辑的起始时间会自动与 A 轨上一剪辑的结束时间对齐，即在时间轴上，下一个剪辑的切入点紧接上一个剪辑的切出点。在检查剪辑的对齐时，应把时间单位设为最小（一帧）。在同一轨道上，通过去掉剪辑间的空白区域也可使两段剪辑对齐。剪掉空白区的方法是先选中空白区，然后按“Ctrl+Delete”键或选择“Edit”→“Ripple Delete”命令。

（5）信息窗口的使用

用主窗口的“Windows”→“Info”命令，可以打开“信息（Info）”窗口，该窗口内显示被选中的对象（剪辑、过渡、空白轨道段等）的相关信息。对于剪辑而言，“信息”窗口中的内容与“项目”窗口中该剪辑的属性参数类似。

（6）改变剪辑的切入 / 切出点

通过预览可以看出各个剪辑之间的连接点过渡是否理想，必要的话，可以通过改变剪辑的播放时间使整个序列的播放连续、自然。在“剪辑”窗口中，通过入点和出点的定义可决定该剪辑在最终视频序列中的播放时间。在“建造”窗口中也可以再编辑剪辑的播放时间：

① 使用“切入”、“切出”工具。“建造”窗口工具栏中的这两个工具可用来改变一段剪辑、一种过渡或工作区的切入（起始）/切出（结束）点。选择该工具后，把指针移动到要修改的剪辑或工作区上，单击鼠标就定义了新的切入/切出点，在新的切入/切出点以外的部分便不会导入“建造”窗口中。对于剪辑来说，定义新的入/出点的同时，“Project”、“Info”以及“Clip”窗口均被更新，以反映新的切入/切出信息。

② 使用“拉伸”工具。选择一个剪辑或T轨过渡，将鼠标置于该剪辑或T轨的边缘，鼠标白箭头变为拉伸工具（黑色双箭头），拖动“拉伸”工具可将剪辑或过渡拖长或缩短，即改变切入/切出点的位置。单击“建造”窗口左上方的边缘查看（Edge Viewing）切换开关，可打开“边缘查看”选项，这时拉伸边缘时边缘变化的情况会反映在“预览”窗口中。

（7）预览组编后的视像序列

通过“建造”窗口中各种工具的综合使用，可以调整各个剪辑的内容、播放位置、播放时间，并浏览组编后的整体播放效果。

使用主窗口的“Windows”→“Preview”命令，就可以弹出“预览”窗口。编译最终的视频序列，特别是在做特技处理时很费时间，而采用“预览窗口”可以快速地播放一个项目的一部分或全部剪辑。

① 使用时间标尺预览：将鼠标置于“建造”窗口的时间标尺上，指针将变成一个向下的箭头。按下鼠标并在时间标尺内左右拖动，指针所到之处的剪辑内容将出现在“预览”窗口内，如果指针位于空白轨道处，“预览”窗口显示黑屏。由于这种方式可以沿时间标尺左右拖动，因此也称为“擦抹”（Scrubbing）。

② 工作区预览：主窗口的“Project”→“Preview”命令可以预览工作区范围内的所有剪辑，但使用预览命令时必须先保存项目文件。从主窗口的“Make”菜单中选择“Preview Option”命令，可以弹出“预览”选项对话框，查看和修改“预览”窗口的各种参数，包括“预览”窗口大小、视像和音频播放参数等。需要注意的是，预览参数只能决定预览的演示效果，对最终编译生成的视频序列的参数没有任何影响。

③ 动态预览：用“建造”窗口的右上方的“播放”按钮可以启动动态预览模式，这时可同时弹出“预览”窗口和“项目控制器”。“建造”窗口预览所有的剪辑内容；“项目控制器”的使用与“剪辑窗口”的使用类似，因此，在这种模式下也可以有选择地预览某一部分。

4. 视频编译

对“建造”窗口中编排好的各种剪辑和过渡效果等进行最后生成结果的处理称为编译（Make）。经过编译才能生成一个最终视频文件。

（1）编译参数设置

编译之前，要设置最终视频文件的各种参数。从“Make”菜单中选择“Present”命令，可弹出“视频参数设置”对话框。对话框内的参数主要包括时基（Time Base）（即帧率）、压缩参数（Compression）、预览参数（Preview Options）和输出参量（Output Options）。对话框内有相应的四种按钮可用来进一步设置这四种参数，在编译菜单中也有同样的压缩参数、输出参数和预览参数选项。

① 预览参数：预览参数用来控制“建造”窗口内的数据预览效果，它实际上是修改创建一

个新项目时的预置参数。在 Premiere 中，时基也就是视频序列播放的帧率。需要注意的是，预置参数只是控制 Premiere 环境中预览剪辑或视频的效果，与最终生成的视频文件的参数无关。

② 压缩参数：只对 AVI 和 MOV 格式起作用，应根据播放环境要求进行设定。在“压缩参数”对话框中，有一个压缩效果“样本（Sample）”小窗口，该窗口下显示的是压缩比。在“样本”窗口中可放入项目中图像较清晰的一帧，以观察压缩的效果。具体做法是在“建造”窗口中双击某视像剪辑，打开其“剪辑”窗口，此时该“剪辑”窗口显示的是切入点。按“Ctrl+C”键或选择“Edit”→“Copy”命令可以把该切入点图像复制下来，再进入“压缩参数”设置窗口就可以看到“Sample”小窗口已复制的图像。如果想选择某一幅人脸较大的图像以便较好地观察压缩效果，则必须把该图像帧暂时设置成切入点，因为只有切入点图像可以复制下来。改变压缩参数，可以看到样本的变化和压缩比的变化。

③ 输出参数：除了输出视像尺寸和音频参数以外，输出参数还包括输出范围确定和输出格式选择。输出范围（Output）确定：可选择建造窗口的工作区（Work Area）范围或整个项目（Entire Project），选择后者时不考虑工作区的定义。输出格式选择：输出格式包括 AVI、MOV 视频格式；FLC/FLI 动画格式；Adobe 的 FLM 胶片格式；BMP、TIFF 等图像格式。

（2）编译草稿电影

用“Make”菜单中的“制作快照（Make Snapshot）”命令可编译草稿电影（Scratch Movie）。草稿电影仅编译工作区范围内的数据，而且存成一个临时文件，不保存到硬盘上。因此，用草稿电影可以进行部分编译，以观察效果。此外，如果 T 轨上加入了过渡，则只能用工作区预览和草稿电影来预览其过渡效果。

在设置编译参数时，可将“预览”窗口尺寸和帧率设置得比输出参数小，从而节约制作草稿电影的时间。但草稿电影的效果会与最后编译好的影片效果有差距，而且最后编译时间会更长。如果预览参数设置与输出参数设置相同，则最后编译时能利用预览时生成的预览文件。草稿电影编译的视频可用“项目控制器”进行播放。

（3）最后编译

从“Make”菜单中选择“Make Movie”命令，项目内容将按设置的输出参数要求生成一个文件并保存到硬盘上。Premiere 将提示输入文件名和输出、压缩参数的修改。最后编译生成的视频文件可以自动地放置在一个“剪辑”窗口中进行控制播放。

5.5　数字视频后期特效处理技术

5.5.1　数字视频编辑后期特效处理简介

数字视频制作是制作流程中的一个环节，后期制作阶段就是将数字视频作品的各种元素有机地结合起来，具体包括画面剪辑、录制台词、配制音乐音效、合成特效等。数字视频作品制作的前期阶段都是针对单一的个体片段，各个独立的片段经过后期的加工处理之后，才能以一部完成的数字视频作品的形式存在。

数字视频后期制作给视频提供了强大的技术支撑，在好莱坞大片所创造出来的科幻世界里就运用了大量后期制作的技术，尤其是数字特效。正因为技术和艺术的完美结合，才能让一部部好看的影视作品深入人心。可以说，后期制作正逐渐影响着人们的生活。

特效是特殊效果的简称。依靠特效的制作，数字视频后期制作可以重现过去的事物，也能创造出未来的景象。如在《侏罗纪公园》中，影片所展现的一个重要角色——恐龙，就是利用数字特效制作出来的。影片中的恐龙惟妙惟肖，达到了视觉上的震撼效果。

目前，影视后期特效制作已成为影视视觉效果中最重要的环节，它是指借助计算机软硬件设备，利用数字处理技术实现特殊视觉效果的过程。从硬件设备上来说，随着科技的进步以及数字特效在影视制作中的全面应用，计算机逐渐取代原先的影视设备。影视后期制作者也从原先的专业人士向非专业人士过渡。例如，在网上可以看到许多网友对一些经典的影视作品进行后期的“再创造”。从软件设备上来说，目前影视后期制作的软件往往集多功能于一身，如被广泛应用的非线性编辑软件就具备视音频素材采集处理、剪辑、特技制作、特效处理、音频编辑处理、字幕制作、视频输出等功能。目前常用的制作软件有专业的数字视频编辑软件 Premiere，图像处理软件 Photoshop，其他辅助软件 CorelDraw、Illustrator 等。

数字视频后期特效在影视艺术领域究竟有哪些具体的应用和表现呢？下面从两个方面举例来简单介绍。

1. 画面感

在电影《侏罗纪公园》中，影片中所展现的众多古生物不可能是真实存在的，但运用数字化的古生物模型却达到了特技效果的新高度。同样，电影《大白鲨》中所创造出来的大白鲨，也达到了一种惟妙惟肖的效果。影视后期特效的制作，创作出一种视觉元素，从而让影视作品在画面效果上形成一种视觉冲击力，让观众身临其境。

此外，在电影《神话》中，成龙和金喜善在如梦般的秦王陵中飞翔，周围全是悬崖峭壁，这种效果就是通过合成画面的特效，创造出一种虚拟场景，然后将演员们的表演“嫁接”过去而形成的。另外，我们看到天气预报主持人的背景有时是一片波澜壮阔的大海，有时则是神秘的宇宙太空，这些效果也是通过合成画面的处理达到的。

2. 色彩感

在影视后期特效制作中，可以通过调色将画面色彩表现得更加充分。例如，在经典影片《新白娘子传奇》中，当白蛇幻化为美丽人形的时候，画面上表现出一种朦胧感，显得更为美丽动人，这就是通过后期的调色所达到的效果。

彩色影片出现之前，影视作品都是黑白色的，而且画面质量也相对落后。如果现在要拍一部解放战争时期的影片，该如何来表现色彩感呢？同样道理，这也需要通过调色的后期制作，将影片的色彩变得相对简单一点，营造出那个时代的影片具有的沧桑感和怀旧感。

数字视频后期特效制作不仅运用在科幻、动作、战争、恐怖、灵异等影片当中，在电视广告、形象宣传片、电视栏目，甚或是新闻节目的片头中也被大量应用。

不过，比起好莱坞电影中所创造出来的科幻世界，我国的影视后期制作水平相对落后，需要有更多的专家和学者深入研究数字视频后期制作这一重要课题，以提高我国的影视后期制作水平。

5.5.2 数字视频编辑后期特效处理技术

20 世纪的迪士尼公司曾代表了全球手绘动画的最高水准，制作了诸如《白雪公主和七个小矮人》、《灰姑娘》和《幻想曲》等流传久远的经典作品。2005 年年初，迪士尼公司关闭了其位于佛罗里达州奥兰多的传统动画工作室，这一举动直接导致工作室的绝大部分员工下岗，只有极少数制作人员有可能转到位于加州的迪士尼公司总部。电脑特效，给迪士尼带来了一个全新的世界，同样，对于整个电影工业来讲，也是一个全新的世界。

在最近 30 年里，电脑数字特效的普遍应用起到了开天辟地的作用。由于应用方向的不同，特效按产生方式与真实影像的关系可以分为三类：补充合成型、创造合成型、特殊处理型。我们现在看到的大片基本上是“三合一”的结果。

在被影迷津津乐道的《阿甘正传》中，阿甘与肯尼迪总统握手的画面，就属于补充合成型。创作者利用抠像技术将一个真实影像与另一个影像合成一个画面，达到以假乱真的效果。这是数字特效是应用最早也是最多的方式，从早期的《星球大传》、《侏罗纪公园》到后来的《加勒比海盗》，都有此类应用。

不过，对于新版的《金刚》那样 8 米高的大猩猩，抠像技术显然不灵，这就需要用到创造合成特效，即创作者先用 3D 软件建模，利用动作跟踪软件赋予生成物体的动作和运动轨迹，然后与实景拍摄的镜头合成。这方面，斯皮尔伯格与彼得 · 杰克逊显然最有发言权，前者的《侏罗纪公园》复活了恐龙王国，而后者则开创了魔幻史诗《指环王》的特效新时代。《指环王》中的咕噜被认为是 CG 史上最棒的角色。无论是剧组的设计人员还是 CG 工作组，都应当感到激动，他们如此完美地将这个变异的哈比人融入到了电影当中。咕噜出现仅仅两分钟后，观众就完全接受咕噜是剧中一个重要的人物角色，随着三部曲的发展，咕噜的形象也在不断深化。到了《指环王 3》，特效镜头高达 1 400 多个，堪称影坛之最。仅过了一年，影迷又看到了《危机四伏》、《阴森恐怖骷髅岛》的一幕，8 米多高的大黑猩猩与自己块头相当的三只史前巨龙精彩的打斗。精益求精的模型制作充分展现了彼得 · 杰克逊对新老特效技术完美结合的深厚功力。

最后一种是特殊处理型，最典型的要算《黑客帝国》中“尼奥躲避子弹”的神奇场面。镜头不断地转动，从 360° 让观众观察了这段优美的慢动作。我们欣赏这段镜头时，认为理所当然就该是这样的，但只有沃卓斯基兄弟知道这是怎样生成的。一开始，他们想出了一个大胆的主意，即将小型的发射器绑在摄像机上，这样摄像机就可以有非常快的移动速度。但实验证明这个方法是行不通的，有摄像机在半途中突然爆炸。后来特效总监约翰 · 加塔提出了一个方案，就是在拍摄目标周围摆满一圈的摄像机，这能让摄像机连续地快速捕捉每个镜头，然后再对这些镜头进行处理。之前的特效几乎全部仿照电视广告、音乐录影带或其他电影中的方法，而这个特效不同，它不仅显示了独特魅力，也成就了《黑客帝国》中最佳的特技时刻。风格独特的动画电影《暗黑扫描》利用插值软件，加快了将真实影像渲染成油画质感的处理速度，尽管劳动量较之前的类似影片《半梦半醒的人生》大为减轻，但每位动画师每周仍要完成大约 100 帧的工作任务，这 100 帧只相当于影片中的 4 s，完成整部电影耗费了 50 名动画师近一年半的时间。

微软公司的创办人比尔 · 盖茨曾预言，新一代的电影将是资讯科技和人性文化的结合。由科技创造出来的角色将完全取代由人类塑造的角色，到那时，电脑特效将完全改变拍电影的方式。

5.5.3　数字视频后期特效处理应用软件

1. Digital Fusion/Maya Fusion

Digital Fusion 是由加拿大 Eyeon 公司开发的基于 PC 平台的专业合成软件。Alias/Wavefront

公司在PC平台上推出著名的三维动画软件Maya时，没有同时把自己开发的Composer合成软件移植到PC上，而是选择了与Eyeon合作，使用Digital Fusion作为与Maya配套的合成软件，称为Maya Fusion。Digital Fusion软件是目前PC平台上最好的合成软件之一，而与Maya联手，更使它如虎添翼。它采用面向流程式的操作方式，提供了具有专业水准的校色、抠像、跟踪、通道处理等工具，以及16位颜色深度、色彩查找表、场处理、胶片颗粒匹配、网络生成等一般只有大型专业软件才提供的功能。另外，其手工挡板制作的功能也独具特色，非常强大。通过独特的附加通道功能，它可以和Maya等三维软件密切协作，在二维环境中修改三维物体的材质、纹理、灯光等性质。Maya Fusion对素材的分辨率没有规定，用户可以在任意分辨率的画面上工作，并把它们合成在一起。这就意味着Maya Fusion可以为从低分辨率的多媒体、视频节目到电影特技的多种合成任务服务。目前，在一向推崇SGI平台和Inferno等大型软件的好莱坞，Maya Fusion也占有一席之地，并在《乌龙博士》、《精灵鼠小弟》、《世纪风暴》、《极度深寒》等含大量特技的影片中承担了合成任务。在电视节目方面，Maya Fusion更是如鱼得水。北美许多中小制作机构已经开始将Maya Fusion作为其主力合成软件，而不少大型制作机构也将Maya Fusion作为大型软件的补充。在NAB 2000大会上发布的Digital Fusion 3.0是这个软件的最新版本，这个版本提供了基于矢量的绘图工具，使原先缺乏的绘图功能得到补充，从而大大增强了这个软件的效能。新版本的出现，进一步巩固了Maya Fusion的地位。

2. Inferno/Flame/Flint

加拿大的Discreet Logic公司一直是数字合成软件行业的佼佼者，其主打产品就是运行在SGI平台上的Inferno/Flame/Flint软件系列。这三种软件分别是这个系列中的高、中、低档产品。Inferno运行在多CPU的超级图形工作站Onyx上，既可以制作35 mm电影特技，也可以满足从高清晰度电视（HDTV）到普通视频的多种节目的制作需求。Flame可以运行在Octane、O2、Impact等多个工作站上，主要用于电视节目的制作。这种软件广泛分布在北京大大小小的广告制作公司内，是目前国内电视广告制作的主力。尽管这三种软件的规模、支持硬件和处理能力有很大区别，但提供的功能相当类似。它们都具有非常强大的合成功能、完善的绘图功能和一定的非线性编辑功能。在合成方面，它们以Action功能为核心，提供了一种面向层的合成方式，用户可以在真正的三维空间中操纵各层画面。从Action模块，可以调用校色、抠像、跟踪、稳定、变形等大量合成特效，十分方便、快捷。用户还可以调入三维造型文件，或制作三维字幕，在Action模块中为其映射纹理，并使其运动。Action还允许用户设置各种灯光。在高档系统中，用户利用SGI工作站的硬件支持，可以对合成画面进行实时的回放。新版本的Inferno 3.0、Flame 6.0和Flint 6.0提供了一种新型的模块化抠像工具，处理复杂的抠像情况时可以获得极好的抠像效果，还实现了半自动化的手工挡板功能。利用它们的绘图模块，用户可以自由定义画笔，方便地在画面上进行修饰、复制、润色等工作，还可以对画笔制作动画效果。它们的非线性编辑功能虽然相对较弱，但对于制作广告、片头、MTV等较短的节目以及独立的电影特技镜头而言，是绰绰有余了。除了这个系列，Discreet Logic还提供了基于SGI工作站的Fire/Storm系列非线性编辑软件，这两种软件的编辑功能相当强，足以胜任较长的节目制作任务，而它提供的合成功能与Inferno/Flame/Flint软件系列类似，但是只限于4层画面合成，因此特别适合于篇幅较长、特技不太复杂的场合。Discreet Logic的这些专业软件以其强大的功能、出色的效果和极高的工作效率成为大型专业后期制作机构的主力软件，但是也因为高昂的价格让业余爱好者和许多小型的制作机构望而却步。

3. Edit/Effect/Paint

Discreet Logic 公司在高档合成软件方面占有霸主的地位，自然也不肯将低端市场拱手让出，Edit/Effect/Paint 就是它在 PC 平台上推出的系列软件。其中，Edit 是专业的非线性编辑软件，配上 Digi Suite 或 Targa 系列的高档视频采集卡，足以成为仅次于 Avid Media Composer 的优秀非线性编辑软件。Effect 则是基于层的合成软件，它有点类似于 Inferno/Flame/Flint 中的 Action 模块，允许用户为各层画面设置运动，进行校色、抠像、跟踪等操作，也可以进行灯光设置。Effect 的一大优点是可以直接利用为 Adobe After Effect 设计的种类滤镜，从而大大地补充了 Effect 的功能。由于 Autodesk 成为 Discreet Logic 的母公司，Effect 特别强调与 3DS Max 的协作，这点对许多以 3DS Max 为主要三维软件的小型制作机构和爱好者而言特别有吸引力。不过，作为合成软件，Effect 还稍显稚嫩，包括抠像、手工挡板等许多重要功能都不够专业，比起 Inferno/Flame/Flint 和 Maya Fusion 都有差距。Paint 是一个绘图软件，相当于 Inferno/Flame/Flint 软件中的绘图模块。利用这个软件，用户可以方便地对活动画面进行修饰，有人把它称为"活动画面上的 Photoshop"。基于矢量的特性使其可以很方便地对画笔设置动画，满足活动画面的绘制需求。这个软件小巧精干、功能强大，是 PC 平台上优秀的绘图软件，也是其他合成软件必备的补充工具。Discreet Logic 公司实现了让这三个软件相互配合，比如，从 Edit 中可以很方便地调用 Effect 和 Paint 对镜头进行绘制和合成，从而大大提高了工作效率，这也使得该软件系列成为 PC 平台上最具竞争力的后期制作解决方案之一。

4. After Effect

After Effect 软件简单易用，易于与 Adobe 的图形图像软件协作并且配备大量的插件，这为它赢得了众多的拥护者。许多主要制作三维动画的人员和用 Mac 机进行非线性编辑的剪辑师都用它进行简单的合成工作。但比起前面提到的各种软件，这个软件只能算是入门级的产品。用它来合成一些简单的片头，或是把单独生成的三维素材合成在一起没有问题，但对于一些要求较高的合成任务，比如精细的抠像、复杂的画面细节等，就有点勉为其难了。不过从软件的发展趋势来看，业余软件和专业软件的差距总是在不断减小的。

上面简单介绍了几种合成软件，当然还有很多其他优秀的合成软件，比如 Composer、Media Illusion、SoftImage DS 等，限于篇幅，就不一一介绍了。如果掌握了一两种合成软件的具体用法，并且理解了本节所讲的数字合成技术原理，就会发现所有这些软件都是实现这些原理的具体手段，从本质上讲并没有多大的区别，只不过界面形式、操作方式等有很大不同而已。如果能意识到这一点，再学习其他合成软件，就易如反掌了。

5.6　数字视频编辑软件的应用

1. 专业与普通应用

和其他需要创意的应用一样，视频编辑软件也分为两类：如 Adobe Premiere、Pinnacle Edition 和 Ulead Media Studio Pro 这样的专业产品，以及更多面向普通用户的消费类产品。所有这些软件都提供了相似的捕捉、编辑和输出功能，但是专业级产品更加注重实现专业人员的创意，尽量提供自由而强大的功能；而消费类产品更加注重让使用者简单而快捷地完成一件不错的作品，因而易用性对这类用户来说就显得尤为重要。

举例来说，大多数消费类视频编辑软件都提供结构化的固定界面，而且音频和视频轨道的个数有限。比如，Pinnacle Studio 8 使用顶部的 3 个标签为核心的固定界面来引导用户逐步完成工作，它只提供了 2 个视频轨道和 3 个音频轨道；而 Adobe 公司的专业级产品 Premiere 则提供了完全可以由用户定制的窗口界面，音频和视频轨道个数也增加到了几乎不受限制的 99 个。

全面考虑一下，对大多数非专业用户来说，消费类的视频编辑软件是比较好的选择。这一类软件只需要很少的学习时间，对大多数普通工作来说也更简洁和高效。

2. 新的趋势

视频编辑软件的一个新的趋势是开始集成 DVD 光盘制作功能，用户在一个程序中就可以完成 DVD/VCD 光盘菜单制作、内容安排和光盘刻录工作。不过，市场上还有很多功能更强大的视频光盘制作软件，而且很可能在购买刻录机的时候就会得到免费的版本，所以视频光盘制作功能并不是用户选择视频编辑软件的重要依据。

3. 国内市场

在非专业领域，中国的视频编辑软件市场刚刚开始启动，所以并没有很多厂商在这里厮杀。现有的厂商主要包括 Adobe、Pinnacle 和 Ulead 三个，在本次专题中我们测试了他们的产品。国外还有很多著名的视频编辑软件，但是往往只能在某些硬件打包的光盘中见到它们的踪影，基本不能从市场上直接购买。

谈到图形图像处理软件，就不能忽略 Adobe 公司。作为世界上最大的 PC 软件公司之一，在图形图像领域驰骋多年的经验让它早已确立了自己的领先地位，该公司的大多数产品也已经成为业界事实上的标准。在视频编辑领域，Adobe Premiere 是一个与 Photoshop 在图像处理领域同样重要的产品。类似地，Premiere 的定位偏向专业制作的视频处理者，目前，Adobe 还没有像图像处理领域的 Photo Elements 那样推出面向普通入门级使用者的视频编辑软件。另外，Adobe After Effects 也是视频编辑领域中很重要的一个产品，它主要用于完成特殊效果制作的工作。

美国品尼高（Pinnacle）公司的产品范围覆盖了从面向普通用户的简单软件到好莱坞大片使用的专业工具，而且软件、硬件俱全。通过对多家公司的并购，Pinnacle 在过去几年中成功地成为拥有丰富而完整视频编辑产品线的公司，特别是在专业领域，它的影响力更是举足轻重。进入中国市场时间并不久，Pinnacle 就已经推出了丰富的产品。

成立于 1989 年的友利资讯（Ulead）是多媒体软件业的重要厂商，它的产品同样覆盖了从入门级到专业应用的全线领域。早在 20 世纪 90 年代初，它的平面图形软件就以低价位和易使用的特点引起国内市场上很多用户的兴趣。在三维制作软件方面，该公司的 Cool 3D 也是不少专业制作者必不可少的工具；在视频制作领域，友利提供了面向专业用户的 Media Studio Pro 和面向普通应用的 Video Studio。

习题

1. 视频输入接口都有哪几种常见类型？

2. RGB 和 YCbCr 两个彩色空间如何进行转换?

3. 数字视频常见文件格式都有哪些?

4. 数字视频主要获取方法有哪几种?

5. 常见的数字视频编辑软件有哪些?

6. 如何用 Premiere 在视频中插入字幕?

第6章
计算机动画技术及应用

6.1 动画概述

动画，从字面意思来看是活动的图画，而从更深的角度来看，它是一种活动的、被赋予生命的图画。动画的应用范围广泛，除了作为电影的一种类型之外，还可用在电影特技制作、科学教育、产品形象介绍、游戏、远程教育、网页等。

动画是艺术，同时也是技术。它是一种方法，包含了漫画家、插图画家、画家、剧作家、音乐家、摄影师、电影导演等艺术家的综合技能，这种综合技能构成一种新型的艺术家——动画家。要成为一名动画艺术家，首先要成为一位优秀的画家，同时要具备丰富的文化艺术知识，并且懂得剧作结构和视听语言元素。

动画是基于人的视觉暂留原理创建的一系列静止图像。在一定时间内，连续快速地观看这一系列相关联的静止画面，就出现了动画的效果。组成动画的每个单幅静止画面被称为帧，帧由于视觉暂留而形成连续动作的画面。

6.1.1 计算机动画的概念和分类

计算机动画是现代计算机图形技术高度发展所产生的一种动画形式。在制作过程中，计算机动画将计算机作为制作工具，利用计算机技术生成一系列可供实时播放的连续动态图像。计算机既可以制作二维平面动画，也可以生成三维立体动画效果。由于计算机动画的视觉虚拟特性，利用计算机可以轻松实现那些采用传统制作方式难以制作的画面和镜头。

计算机动画根据不同分类依据有不同的分类方法。

从美术设计视角来看，计算机动画有写实类动画，如美国动画片《人猿泰山》、日本动画片《灌篮高手》；写意类动画，如日本动画片《机器猫》；抽象类动画（或称为超现实类动画），如动画片《钢丝恶作剧》。

根据视听语言划分，计算机动画可以分为镜头语言表现风格和声音效果表现风格两类。

根据创作题材划分，计算机动画可以分为艺术动画、娱乐动画、科教动画和商业动画。

根据传播途径划分，计算机动画可以分为最初的影院动画片、后来的电视动画、大众化的网络动画，目前最为时尚的当属手机动画。

根据技术应用分类，计算机动画主要可以分为二维动画和三维动画。

本章主要从技术应用角度来介绍二维动画和三维动画。

6.1.2　计算机动画的制作过程

计算机动画的生产过程需要许多人员参与，主要包括导演、编剧、动画师、动画制作人员、摄制人员等，它是一个协作性很强的集体劳动，创作人员和制作人员的密切配合是成功的关键。动画片的生产过程分为以下几个环节。

1. 文学剧本

文学剧本就是文字叙述的故事，它如同故事片一样，主要包括人物对白、动作和场景的描述。文学剧本中，人物对白要准确地表现角色个性，动作的趋势和力度要生动、形象，人物出场顺序、位置环境、服装、道具、建筑等都要写清楚，只有这样，脚本画家才能够进行更生动的动画创作。通常，动画片叙述的故事要具有卡通特色，比如幽默、夸张等，如果再有一些感人情节，就会更受大家的欢迎。

2. 造型设计

造型设计就是由设计者根据文学剧本，对人物和其他角色进行造型设计，并绘制出每个人物或角色不同角度的形态，以供其他工序的制作人员参考。此外，设计者还要画出它们之间的高矮比例、各种角度的样子、脸部的表情、使用的道具等。在设计造型时，主角、配角等演员在服装、颜色、五官等方面要有很明显的差异，服装和人物个性要配合，造型与美术风格要配合。考虑到其他工序的制作人员可能会有困难，造型不可太复杂、琐碎。

3. 故事脚本

在文学剧本完成后，要绘制故事脚本。故事脚本就是反映动画片大致概貌的分镜头剧本，也称为故事板（Storyboard）。它并不是真正的动画图稿，而是类似连环画的画面，将剧本描述的内容以一组画面表达出来，详细地画出每一个镜头出现的人物、地点、摄影角度、对白内容、画面的时间、所做的动作等。由于故事脚本将拆开来交由很多位画家分工绘制，所以一定要画得非常详细，要让每位画家明白整个故事进行的情形。

4. 背景

背景是根据故事的情节需要和风格来绘制的，在绘制背景过程中，要标出人物组合的位置、白天或夜晚，家具、饰物、地板、墙壁、天花板等背景的结构都要清楚，使用多大的画面（安全框）、镜头推拉等也要标示出来，以便人物可以自由地在背景中运动。

5. 声音录制

在动画制作时，动作必须与声音相匹配，所以声音录制需要在动画制作之前进行。当录音完成后，编辑人员还要将记录的声音准确地分解到每一幅画面的位置上，即第几秒（或者第几幅画面）开始对白、对白持续多久等，最后要把音轨分配到每一幅画面位置与声音对应的条表，供动画制作人员参考。

6. 原画

原画是动画系列中的关键画面，也叫关键帧。这些画面通常是某个角色的关键帧形象和运动的极限位置，由经验丰富的动画设计者完成。创作原画时要将卡通人物的七情六欲和性格表现出来，但不需要把每一张图都画出来，只需画出关键帧就可以。原画绘制完成后交由动画师，动画师据此制作一连串精彩的动作。

7. 中间画

中间画是位于两个关键帧之间的画面。相对于原画而言，中间画也叫作动画，它由辅助的动画设计者及其助手完成。这些画面根据角色的视线、动作方向、夸张、速度、人物透视、人体力学、运动的距离、推拉镜头的速度与距离，将间断的动作连缀起来，使其显得自然流畅。这是给平面人物赋予生命与个性的关键环节。

8. 测试

为了初步测定造型和动作，可将原画和中间画输入动画测试台进行测试，检查画面是否变形，动作是否流畅，原画的原意是否正确地传达，然后再请导演做最后审核。

9. 上色

动画片通常都是彩色的，因此要用计算机技术给图画着色。

10. 检查

检查是动画合成的重要步骤。在每个镜头的每幅画面全部着色之后，在开始编辑之前，动画设计师需要对每一场景的每个动作进行详细的检查。

11. 画面编辑

编辑过程主要完成动画各片段的连接、排序和剪辑。

12. 后期制作

编辑完成之后，编辑人员和导演开始选择音响效果以配合动画的动作。在所有音响效果已选定并能很好地与动作同步之后，编辑人员和导演一起对音乐进行复制，再把声音、对话、音乐、音响都混合到一个声道上。另外，字幕等后期制作工序也都是必不可少的。

6.1.3　计算机动画及其优势

计算机动画是指采用图形与图像的处理技术，借助于编程或动画制作软件生成一系列的景物画面，其中当前帧是前一帧的部分修改。它采用连续播放静止图像的方法来产生物体运动的效果。使用动画可以清楚地表现出一个事件的过程，或是展现一个活灵活现的画面。其关键技术体现在计算机动画制作软件及硬件上。

相对于手工传统动画，计算机动画有很多优势：

① 更灵活简单。二维动画是对手工传统动画的一个改进，它不需要通过胶片拍摄和冲印就能预演结果，发现问题即可在计算机上修改，既方便又节省时间。比起传统动画的多个环节由不同部门、不同人员分别进行操作，计算机动画可谓简单易行。

② 更容易控制。虽然计算机二维动画和传统动画一样，都是分层制作然后进行合成的，但是计算机动画在保证画面质量的同时，能编辑的层数远远大于传统动画，这样表现出来的效果和内容自然要丰富绚丽得多。

③ 更逼真。在先进的电脑技术处理下，即使是二维计算机动画，也有着简单却复杂多变的电脑着色效果，更容易表现出唯美的动画效果；而三维动画自然是更有立体感，更让人有身临其境的感觉。

总体来说，在媒体技术发达的今天，计算机动画有着传统手工制作的动画无法比拟的优势。实时地预览即时的动画效果、补间动画的智能生成以及一些特殊的运动等，都是传统动画所不能实现的。

6.2 计算机动画运动的控制和生成

运动表现是动画制作的核心。动画设计者制作出成百上千张静止的画面，如果没有运动为其建立联系，那么它们仍然是一堆“图画”而不是“动画”。在动画中，作为角色的人物、动物或者其他事物是运动的。此外，计算机动画中的光照、阴影、纹理、摄像机视角、景深以及整个画面的背景都可以是运动的。

为了表现出理想的运动状态，人们采用了许多方法来控制角色运动，例如，关键帧方法、基于物理模型的动态模拟方法等。本节介绍几种典型的动画运动控制和生成方法。

6.2.1 关键帧技术

在传统动画制作中，动画师常常采用关键帧（Key Frame）技术来设计角色的运动过程，出现在动画片中的一段连续的动作实际上是通过一系列的静态画面来表现的。如果把这一系列画面逐帧绘制出来，会耗费大量的时间和人工。于是，动画师从这一段连续动作的画面中选出少数几帧画面，这几帧画面一般都选在对动作变化影响较大的动作转折点处，它们对这些连续动作起着关键的控制作用，这就是所谓的“关键帧”。

使用关键帧技术创建的动画称为关键帧动画。在关键帧中创建图形，播放动画时，随着时间推移依次逐帧播放图像，视觉残留现象使人们认为看到了连续的画面，这就是逐帧动画的原理。

在 Flash 软件中制作逐帧动画时，首先创建多个关键帧，然后再依次将图形放置在图层的每个关键帧中，播放动画时就可以看见“花儿”从幼苗到开放的过程。虽然这个过程非常短暂（比现实要快数百倍），但是，人们还是能够通过每帧中的图形感受到是“花儿”是如何开放的，如图 6-1 所示。

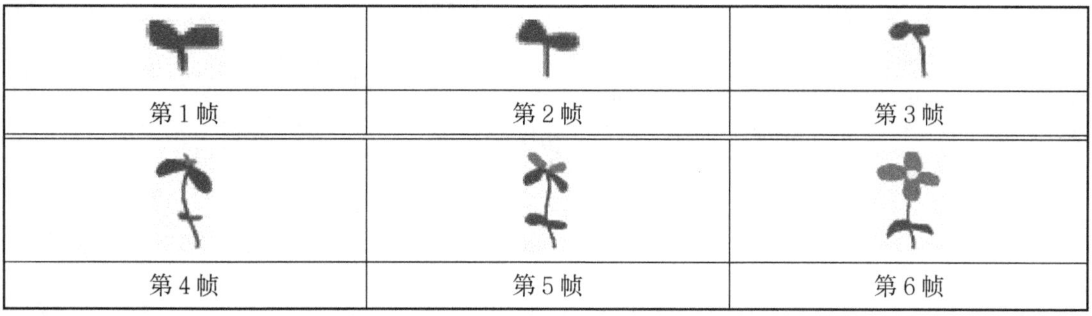

第 1 帧	第 2 帧	第 3 帧
第 4 帧	第 5 帧	第 6 帧

图 6-1 逐帧动画中的帧

6.2.2 过程动画

过程动画是指用过程来描述动画物体的运动或变形。在动画中，物体形变由动画师控制。制作过程中，物体基于一定的数学模型或物理规律变形。简单的过程动画是用一个数学模型去控制物体的几何形状和运动，比如水波随风运动；较复杂的过程动画包括物体变形、弹性理论、动力学、碰撞检测等；另外一类过程动画包括粒子动画和群体动画。

以下将从粒子系统、群体运动、布料动画、水波模拟四方面阐述过程动画。

1. 粒子系统

动画剧本不仅可以控制粒子的位置和速度，而且可以控制粒子的外形参数，如颜色、大小、透明度等属性。粒子系统是一个有“生命”的系统，它充分体现了不规则物体的动态性和随机性，由此产生了一系列运动画面，这使得模拟动态自然景色，如火、云、水等成为可能。

粒子系统的一个主要优点是数据库放大功能。例如，用三个基本描述就可以生成百万个粒子构成的森林。粒子系统可以模拟由风引起的泡沫或溅水动画，还能够模拟自然界中的闪电。

例如，图 6-2 所示就是由粒子系统模拟的自然景观。

图 6-2　粒子系统模拟的自然景观

2. 群体动画

生物界中的许多动物，如鸟、鱼等以某种群体方式运动。这种运动既有随机性，又有一定的规律性。Reynolds 提出的群体动画成功地解决了这一问题。Reynolds 指出，群体的行为包含两个对立因素：既要相互靠近，又要避免碰撞。他用 3 条按优先级递减的原则来控制群体的行为：碰撞避免原则，即避免与相邻的群体成员相碰；速度匹配原则，即尽量匹配相邻群体成员的速度；群体合群原则，即群体成员尽量靠近。

3. 布料动画

布料动画不仅包括人体的衣服动画，还包括旗帜、窗帘、桌布等动画效果，如图 6-3 所示。布料动画的一个特殊应用领域是时装设计，它将改变传统的服装设计过程，让人们在衣服做好之前就可看到服装式样和试穿后的形态。

图 6-3　布料动画

4. 水波模拟

水波是动画设计时经常需要模拟的效果，如图 6-4 所示。要模拟这种效果，一个简单而有效的方法是使用正弦波，动画效果可通过对诸如振幅、相位等参数的设置来实现。Schachter 用余弦函数调制平面颜色，并且用于飞行模拟。水波可以用平行波——一种三维空间的正弦波状曲面来造型。

图 6-4　水波动画

6.2.3　变形技术

计算机动画运动控制变形技术是非常重要的动画理论。在自由格式变形的研究方面，Vince、Parry、Sederberg 和 Coquillart 等人做出了重要的贡献。1986 年，Sederberg 与 Parry 合作，在 SIGGRAPH86 上发表了他们的著名论文，他们在文章中提出了一种与物体表示无关的、非常实用的变形方法，即 Free-Form-Deformation（FFD）。这种方法适用面广，可以说是在同类变形方法中最好、最实用的方法。

FFD 方法提出之后，立即得到软件开发者的关注，并且在很短时间内应用到商业软件中，成为一种非常重要的动画工具。对于计算机动画师来说，FFD 方法已经成为他们最常使用的基本工具。应用 FFD 方法变形时，被变形的物体首先以某种方式嵌入一个参数空间，实际操作要兼顾计算量和可控性两方面。

随着图形工作站硬件的飞速发展，现在计算机已经可以实时地显示物体变形，这样进一步激励计算机动画师们去创造更加精彩和激动人心的动画作品。

6.2.4　基于物理模型的动画技术

基于物理模型的动画是 20 世纪 80 年代后期发展起来的一种计算机动画技术，经过多年的发展，它已经成为一种在图形学中具有潜在优势的三维造型和运动模拟技术。尽管该技术的计算复杂度比传统动画技术要高得多，但是它能逼真地模拟各种自然物理现象，这是基于几何传统动画生成技术无法比拟的。

1. 关键帧动画与基于物理的动画

传统动画技术要求预先描述物体在某一时刻的瞬时几何位置、方向和形状，物体的运动往往通过前面介绍的关键帧技术来完成。要模拟一个逼真的自然运动，需要动画设计者细致、耐心地调整，要求设计者依赖对真实世界的直观感觉来设计物体在场景中的运动。

由于客观世界中真实物体的运动往往非常复杂，因此，采用传统动画设计技术一般难以生成令人满意的运动。今天，许多动画师不得不采用一些特殊软件来模拟物体运动。基于物理模型的动画技术考虑了物体在真实世界中的属性，例如质量、转动惯矩、弹性、摩擦力等，并且采用了动力学原理来自动产生物体的运动效果。

场景中的物体受到外力作用时，牛顿力学标准动力学方程可以用来自动生成物体在各个时间点上的位置、方向及其形状。此时，计算机动画设计者不必关心物体运动过程中的细节，只需要确定物体运动所需的物理属性及约束关系，如质量、外力等。

2. 刚体运动模拟

最近几年，已有许多研究者对动力学方程在计算机动画中的应用进行深入而广泛的研究，提出了许多有效的运动生成方法。总体来说，这些方法大致分为三类，即刚体运动模拟、塑性物体变形运动以及流体运动模拟。

在刚体运动模拟方面，研究重点集中在采用牛顿动力学方程模拟刚体系统运动。由于真实的刚体运动中任意两个刚体不会相互贯穿，因而在运动过程模拟时，必须进行碰撞检测，并对碰撞后的物体运动响应进行处理。

3. 碰撞检测和响应

碰撞检测在机器人领域曾得到过广泛的研究。Hahn 采用层次包围盒技术来加速多面体场景的碰撞检测，而 Moore 和 Wilhelms 则提出两个有效的碰撞检测算法，一个用来处理三角剖分过的物体表面，另一个用来处理多面体环境的碰撞检测。由于任一物体表面均可表示成一系列三角面片，因而该碰撞检测算法具有普遍性。

Moore 和 Wilhelms 算法的基本思想是利用一个运动刚体上的各顶点的运动轨迹与另一运动或静止刚体上的每一个三角面片进行求交测试。若存在有效交点，则说明两刚体在该时间段将碰撞，否则将不相碰。

为提高算法的计算效率，Moore 和 Wilhelms 根据运动刚体各顶点位置建立空间八叉树。对要测试的另一刚体的每一个三角片，由其运动前后的位置建立包围盒，并用运动速度最快点所走过的距离扩展该包围盒。用该包围盒对八叉树进行递归测试，若某一点落在包围盒内，则进行细致的判别，否则予以拒绝。

4. 塑性物体变形运动

在真实物理世界中，许多物体并非完全是刚体，它们在运动过程中会产生一定的形变，即所谓的柔性物体。传统的表面变形均是基于几何的，其形变状态完全由人为给定，因而变形过程缺乏真实性。

1986 年，Weil 首次讨论了基于物理模型柔性物体变形问题，当时仅仅是用来模拟布料悬挂在钉子上的形态。之后，Feynman 提出了一个更完善的布料悬挂模型。

Miller 用质点 - 弹簧系统模拟了蛇和虫子等无腿动物的蠕动动画。他用弹簧的收缩来模拟肌肉的收缩，并考虑了动力学模型中的方向摩擦。由于高度逼真性，他制作的蛇和虫子的动画引起了很大反响。

5. 自然景物的模拟

对于自然景物动画模拟，随机方法非常有效。Shinya 基于随机过程和物理学原理提出了一个自然景物在风影响下的随机运动模型。该模型包括三个部分：风模型、动力学模型和变形模型。

其中，风模型产生时空风速度场，动力学模型描述系统的动力学响应，变形模型根据动力学系统的结果和物体的几何模型产生物体的变形。该模型的优点在于它应用于树、草、叶子等自然景物随风飘动的动画的一般性和一致性。

Stam 采用水平对流扩散方程，模拟了火、烟等气体现象。Dobashi 等人基于细胞自动机来简化云彩的动态演化，提出了一个模拟云彩动画的简单计算模型。用该方法生成的云彩不仅真实感强，而且能实现地面投射阴影。

Fearing 提出了下雪现象的模拟方法，其中积聚模型决定一个表面能接收到多少雪，而稳定性模型则根据表面性质把表面的雪进行重新分布。

6. 破裂爆炸模拟

玻璃和陶瓷类物体的破裂模拟是动画中的复杂问题，Norton 等人提出了基于物理的破裂动画模拟方法。他们采用三维质点网表示物体动力学结构，质点间用弹簧连接，并考虑碎片间的碰撞检测和响应。通过计算有限元模型的压力张量，模拟物体在三维体内的破裂和传播，该模型能判断在何处破裂及破裂的传播方式。

7. 流体运动模拟

一般从流体力学中选取适当的流体运动微分方程，然后将其适当简化，再通过数值求解获得各个时刻流体的形状和位置。现在已有许多模拟水流、波浪、瀑布、喷泉、溅水、船迹、气体等流体效果的模型，其中，很多模型采用基于元球造型和基于散射绘制的方法。

6.2.5　位移动画

位移动画提供了一种简单而实用的动画制作方法，它通过在物体表面的定点上设置向量的办法来实现动画。该向量定义了与之相关的定点运动路径，如图 6–5 所示。

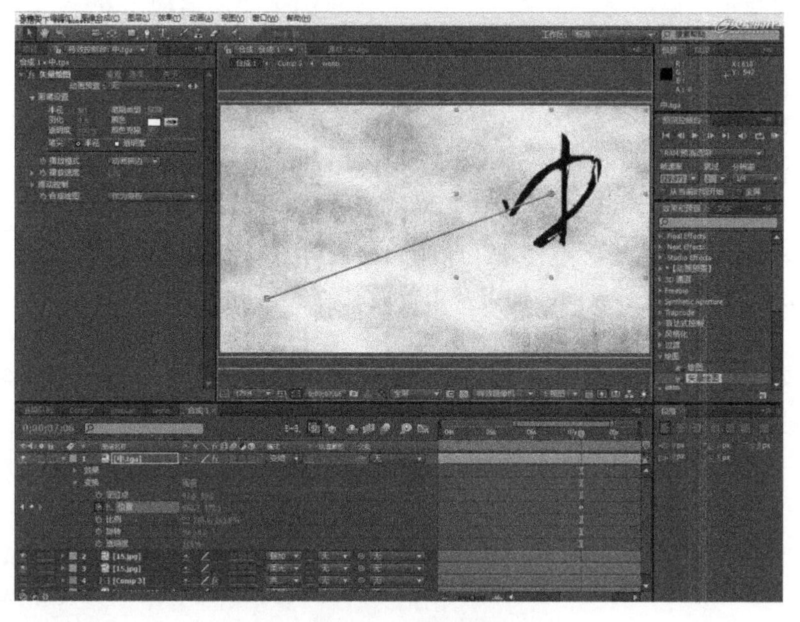

图 6–5　位移动画

这个路径参数可以由用户给出，也可以由曲面上的两个中间位置生成。这个路径向量是两个或者多个位移的“和向量”。

6.2.6 运动学和反运动学模拟

动画设计时，当出现一组关联影响对象协同运动时，将涉及正向运动和反向运动。正向运动与反向运动的概念虽存在较大差异，但都是为了有效地给物体设置和谐而有序的动作。物体之间，特别是物体局部与主体之间做相互关联动作时，对象之间的连接方式及组成结构对运动结果影响很大。

正向运动是子物体跟随父物体的运动规律，即在正向运动时，子物体的运动跟随父物体的运动，而子物体按自己的方式运动时，父物体不受影响。比如说，如果模拟制作一只动物活动的动画，将动物的“身躯”设为父物体，“头”设为子物体。当动物躺下时，身躯（父物体）向下，头（子物体）也跟着向下运动；而当头（子物体）左右转动时，身躯（父物体）不受影响。

同样道理，对动物来说，身躯是父物体，两条上肢是身躯的子物体，上肢同时互为兄弟，因为它们共有一个父物体（身躯）。上肢是前肢的父物体，前肢是爪的父物体。如果移动身躯，上肢、前肢、爪都会随之运动；如果转动爪，那么前肢、上肢和身躯则不受影响。一个单一的父物体可以有许多子物体，而一个子物体只能有一个父物体。

正向运动中父物体运动影响子物体的运动，而逆向运动中子物体运动影响父物体运动。下面以创建的一个机械手为例，演示父、子物体层次连接后的正向运动，如图 6-6 所示。

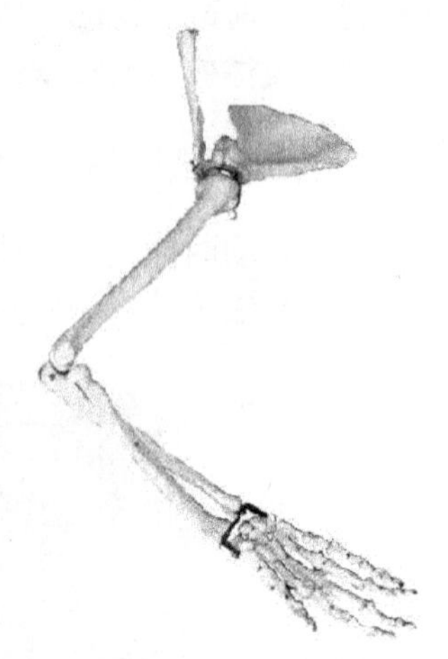

图 6-6 手指是子物体，手臂是父物体

机械手的逻辑关系是：当底座移动时，其他物体都跟随运动；垂直长轴运动时，除底座保持不动外，其他连到垂直长轴上的物体都跟着运动。

反向运动与正向运动刚好相反，它是父物体跟随子物体运动的系统。3D Studio Max 拥有一套完善的三维空间反向运动系统（Three-Dimensions Inverse Kinematics，IK），使用 IK 系统，只需移动层次连接中的单一物体，便可使整个物体出现复杂的层级运动。IK 在设计制作复杂的人物、动物或机械运动时，体现出不可替代的优势。

和正向运动相比较，IK 系统要花一定时间用于参数设置工作，同时需要用到物理学、数学方面的知识及丰富而敏锐的想象力和观察力。

如果经验丰富且善于联想，动画设计者能够很快制作一个生动而逼真的三维人物行走动画。具体步骤是先拨动人物活动关节，再摆出所需初始姿态，然后移动到另一个关键帧，最后确定某一时刻的动作姿态，依此类推，然后由相关软件自动生成关键帧之间连贯的行走动作动画序列。

对于正向运动与反向运动来说，层级命令面板很重要。经过层级命令连接，父物体与子物体均以层次连接的树形结构呈现。树形结构层次连接使得正向运动或者反向运动的动画效果有所不同。

6.3　二维动画制作

二维计算机动画（2D Computer Animation）是用计算机辅助制作动画，它主要表现二维平面上的内容，例如医学基础理论、人体各系统的工作机理、疾病形成的原因、药物的作用机制等。二维动画还大量用于模拟各类实验过程和实验仪器的操作等。

计算机处理二维动画的过程主要有输入和编辑关键帧、计算和生成中间帧、定义和显示运动路径、交互式给画面上色、产生一些特技效果、实现画面与声音的同步、控制运动系列的记录等。二维动画处理软件可以采用自动或半自动的中间画面生成处理，从而大大提高了人工绘制的工作效率和质量。

6.3.1　二维动画制作软件

制作二维动画的软件有很多，目前最主流的是 Flash。Flash 具有跨平台的特性，所以无论处于何种平台，只要安装了各自平台所支持的 Flash Player，就可以保证它们的最终显示效果一致，而不必像在以前的网页设计中那样为不同的浏览器各设计一个版本。Flash 支持动画、声音及交互功能，其强大的多媒体编辑能力还可以直接生成网页代码。Flash 由于使用矢量图形和流式播放技术，克服了目前网络传输速度慢的缺点，因而被广泛采用。它提供的透明技术和物体变形技术使复杂动画的创建变得更加容易，也为 Web 动画设计者提供了丰富的想象空间。

二维动画制作软件还有 Ulead GIF Animator、TBS 等，它们各自的功能特点不同，因而制作的动画风格也不同。最常用的二维动画文件格式是 FLI、FLC、SWF。图 6-7 所示为 Ulead GIF Animator 的工作界面。

Flash 是一款功能强大的二维动画制作软件，有很强的矢量图形制作能力，它提供了遮罩、交互的功能，支持 Alpha 遮罩的使用，并能对音频进行编辑。Flash 采用了时间线和帧的制作方式，不仅在动画方面有强大的功能，在网页制作、媒体教学、游戏等领域也有广泛的应用，Flash 是交互式矢量图和 Web 动画的标准。使用 Flash 能创建漂亮的、可改变尺寸的以及极其紧密的导航界面。无论是对专业的动画设计者还是对业余动画爱好者，Flash 都是一个很好的动画设计软件。图 6-8 所示为 Flash 工作界面。

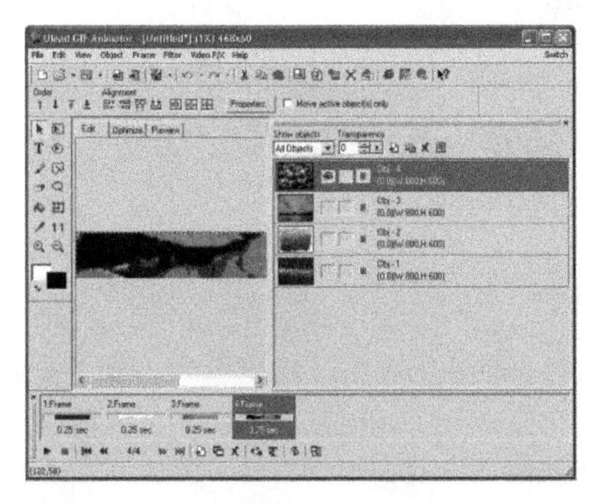

图 6-7　Ulead GIF Animator 的工作界面

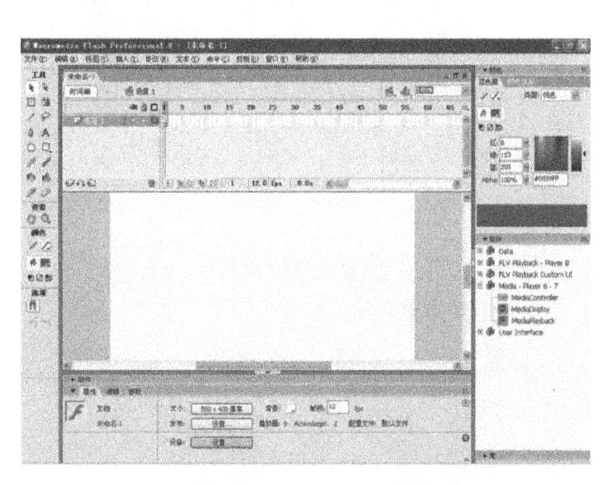

图 6-8　Flash 的工作界面

6.3.2 二维动画制作实例

下面以用 Flash 制作飞行中的飞机为例。

1. 素材准备

① 如图 6-9 所示，在互联网上找一张飞机图片。

图 6-9 素材

② 用图像处理软件将图中的飞机抓取，并保存为 png 透明图片，如图 6-10 所示。

图 6-10 透明图片

③ 再找一张天空的图片，也可以直接使用原图中的背景。用图像处理软件将其制作成原来三倍长的图，再复制三份原图并依次排列，将中间的那一幅水平翻转，然后保存为 png 或者 jpg 格式的图片，如图 6-11 所示。

图 6-11 背景图片

这样素材就准备完毕了。

2. 制作过程

① 启动 Flash 后，按 Ctrl+N 组合键或直接选择可创建的项目，新建一个动画，默认的窗口大小和背景就可以。

② 选择图层一的第 1 帧，将“飞机”拖曳到场景，并放在场景中间，然后选择图层一的第 120 帧，利用右键插入关键帧。

③ 新建一个图层二，选择图层二的第 1 帧，将“天空”拖曳到场景，调整天空位置，使其左对齐；选择图层二的第 120 帧，利用右键插入关键帧；选择该帧，将“天空”在舞台中显示的部分调整到和第 1 帧一样。当然此时的“天空”很接近右对齐，即第 1 帧的舞台显示的是图片的第一幅画的“天空”，第 120 帧显示的是第三幅画的“天空”。

到这里已经有了大体的效果，下面要做的是背面的移动。直接右键单击图层二的第 1 帧到第 120 帧之间的帧，创建补间动画即可。

④ 按 Ctrl+Enter 组合键测试动画。

至此整个动画就完成了。这个动画主要使用了 Flash 的补间动画功能，巧妙地使用背景移动来达到主体“飞机”飞行的效果，如图 6-12 所示。

图 6-12　动画

6.4　三维动画制作

三维计算机动画（3D Computer Animation）是采用计算机模拟真实的三维空间，构造三维的几何模型并赋予其表面颜色和纹理；设计模型的运动和变形；设计灯光的颜色、强度、位置及运动；设计虚拟摄像机的拍摄，最终生成可播出的连续图像。三维动画可以产生真实世界不存在的特殊效果。

6.4.1　三维动画技术概述

三维动画技术是一种综合利用计算机图形图像学、数学、物理学、生理学、艺术和其他相关学科知识，用计算机生成连续的具有虚拟真实感画面的技术。三维动画之所以可以达到这种效果，主要就在于两方面：

① 逼真的场景模型建立。目前的三维建模软件都能创建任何想象得出的模型，因此，通过恰当的材质和贴图的应用，就能搭建一个很逼真的场景。而且，目前的光照技术也有了很大的提高，不同光源的结合，能几乎全面地模拟现实甚至超现实的场景效果。

② 动画之所以逼真，还在于它是“运动”的，不是一幅画。目前的骨骼动画已经很简洁，小的简单的动作不借助先进仪器就能制作。当然，复杂的动物动作等都是通过先进的仪器来模拟实物而获取数据的，这样也使三维动画更接近现实。

随着计算机硬件技术以及计算机软件技术，尤其是图形图像技术的发展，三维动画技术能够模拟真实物体的能力使其成为一个有用的工具。凭借精确性、真实性和无限的可操作性，它被广泛应用于医学、教育、军事、娱乐等诸多领域。在影视广告制作方面，这项新技术能够给人耳目一新的感觉，因此受到了众多客户的欢迎。此外，三维动画技术可以用于广告和电影电视剧的特效制作、特技、广告产品展示、片头飞字等。

6.4.2　三维动画制作常用软件

随着媒体技术的广泛使用，使用计算机来制作动画变得越来越普遍。图形和图像制作、编辑软件的介入极大地方便了动画的绘制，降低了成本消耗，减少了制作环节，提高了制作效率。对于三维动画的制作，可以使用 3D Studio Max、Maya、Softimage 等软件。下面介绍几种常用的动画制作软件。

Maya 软件的功能非常强大，为众多设计师、广告主、影视制片人、游戏开发者、视觉艺术设计专家、网站开发人员所推崇。Maya 也将这些用户的标准提升到了更高的层次。Maya 集成了 Alias/Wavefront 最先进的动画及数字效果技术，包括一般三维和视觉效果制作的功能，而且还与最先进的建模、数字化布料模拟、毛发渲染、运动匹配技术相结合。在目前市场上用来进行数字和三维制作的工具中，Maya 是首选解决方案。很多电影大片，例如《冰河世纪》、《指环王》、《黑客帝国》都是使用 Maya 完成的。它的应用领域主要包括四个方面：平面图形可视化，它极大地增进平面设计产品的视觉效果，其强大功能开阔了平面设计师的应用视野；网站资源开发；电影特效，如《蜘蛛侠》、《黑客帝国》、《指环王》等电影；游戏设计及开发。

3D Studio Max 是 Discreet 公司（后被 Autodesk 公司合并）开发的基于 PC 平台的三维动画渲染和制作软件，主要应用于广告、影视、工业设计、建筑设计、多媒体制作、游戏、辅助教学以及工程可视化等领域。拥有强大功能的 3DS Max 被广泛地应用于电视及娱乐业中，比如片头动画和视频游戏的制作，深深扎根于游戏玩家心中的角色形象劳拉就是 3DS Max 的杰作。此外，它在影视特效方面也有一定的应用。在国内发展的相对比较成熟的建筑效果图和建筑动画的制作中，3DS Max 的使用率更是占据了绝对的优势。

其他常用的三维动画制作软件还有 BlenderWings 3D、AutoCAD、LightScape、Cool 3D 等。图 6-13 所示为 AutoCAD 工作界面。

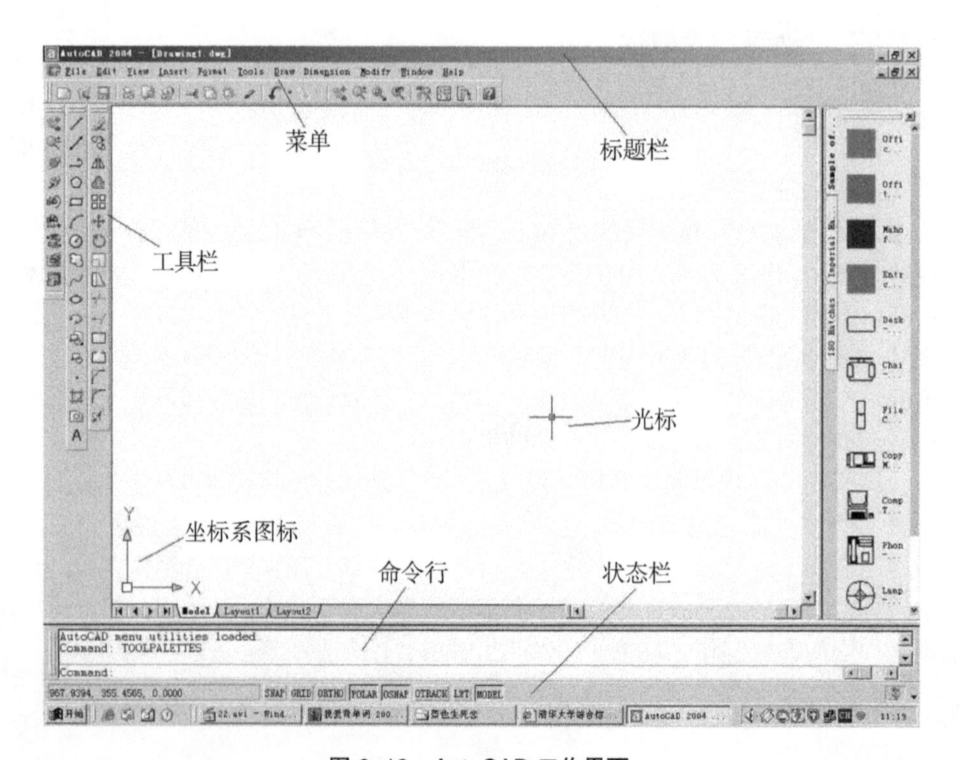

图 6-13　AutoCAD 工作界面

Cool 3D 是由 Ulead 公司出品的一款专门用作三维文字动态效果的文字动画软件，主要用于制作影视字幕和界面标题。

这款软件采用模板式操作，且操作简单，使用者可以直接从软件的模板库里调用动画模板来制作三维文字动画。使用时，只需先用键盘输入文字，再通过模板库挑选合适的文字类型，选好之后双击即可应用相应效果。同样，文字的动画路径和动画样式也可从模板库中进行选择。图 6–14 所示为其工作界面。

图 6–14　Cool 3D 界面

6.4.3　三维动画制作实例

下面以用 3DS Max 制作玻璃酒杯为例，介绍从花瓶的建模到渲染的过程。

① 这个例子主要利用子物体建模，所以，大量操作是对顶点、边、多边形等的编辑。

打开 3DS Max 制作杯底。在顶视图创建一个圆柱体，高度分段设为 9，边数为 18，并将圆柱放在中心（0，0，0），高度和半径视情况进行调整，如图 6–15 所示。然后右键将其转换成可编辑多边形。

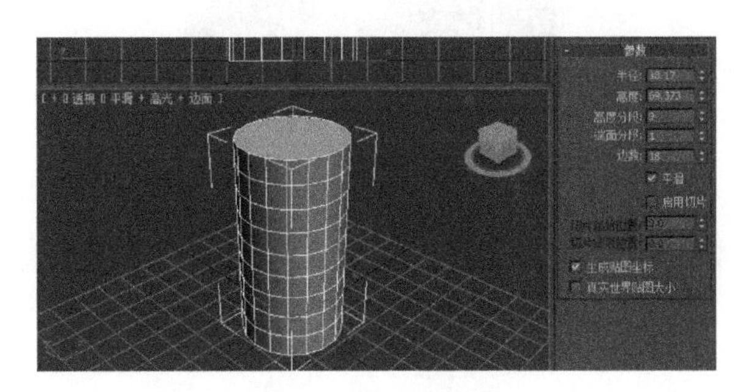

图 6–15　圆柱体

② 选择最下面的 18 个点，均匀缩放，制作成花瓶的底；选择从下向上数的第二层 18 个点，均匀缩放，使模型比第一层的更小，如图 6–16 所示。

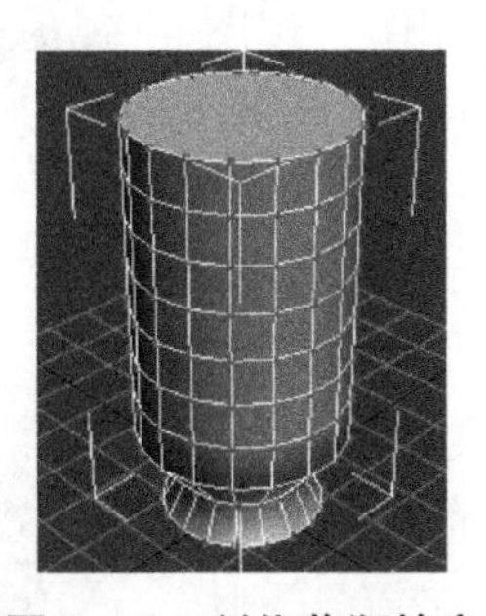

图 6–16　制作花瓶的底

③ 接下来准备构建花瓶壁截面。依次选中每一层的 18 个点，逐个调整，均匀缩放，制作成花瓶的“肚子”，并将最上面的一层 18 个点焊接成一个点，如图 6–17 所示。

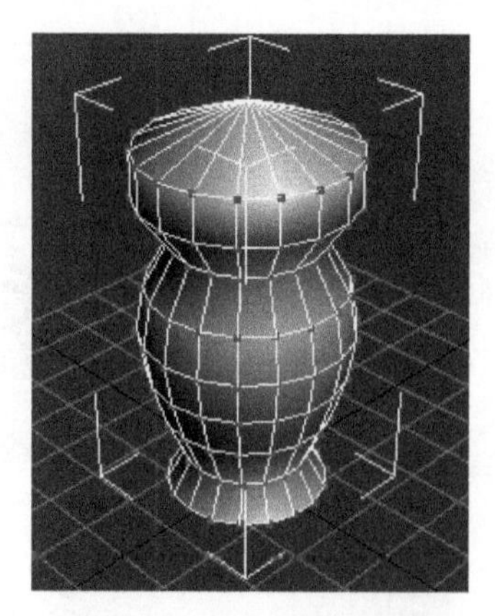

图 6-17　构建花瓶壁截面

④ 开始构建花瓶的瓶口。选择最上面的 18 个点，缩放至一定程度。调整位置，然后将最上面的那一个点移动到瓶内，这样一个花瓶的模型就算建好了，如图 6-18 所示。

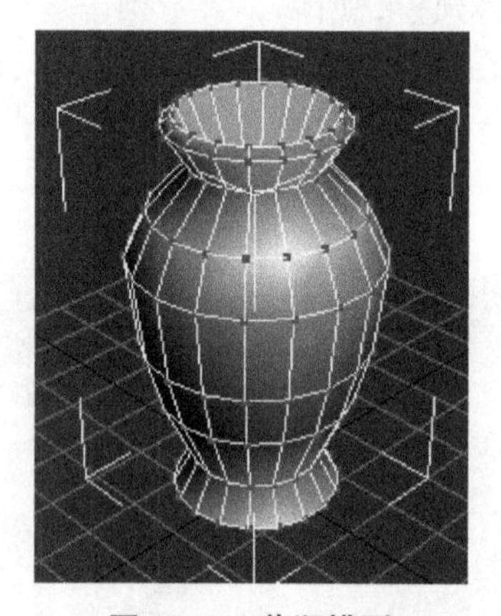

图 6-18　花瓶模型

⑤ 制作材质。到这里，花瓶的模型虽然已经建好，但是徒有其表，没有什么真实感，所以还要为它添加材质，甚至于贴图。

先在互联网上找一幅适合的图片作为贴图，然后选择花瓶中间的所有面，将贴图拖曳到上面。不要取消面的选择，添加 UVW 贴图，使用圆柱方式贴图，调整贴图，确定后转换成可编辑多边形。按 M 键调出材质编辑器，如图 6-19 所示。选择一个材质球，将环境光设置成白色，调整高光级别，然后选择花瓶贴图上面部分的所有面，将材质赋给这些面；再按照刚才的方式制作另一个材质，将环境光设置成黑色，同样调整高光级别，然后赋给花瓶贴图下面的所有面。最终效果如图 6-20 所示。

（a）

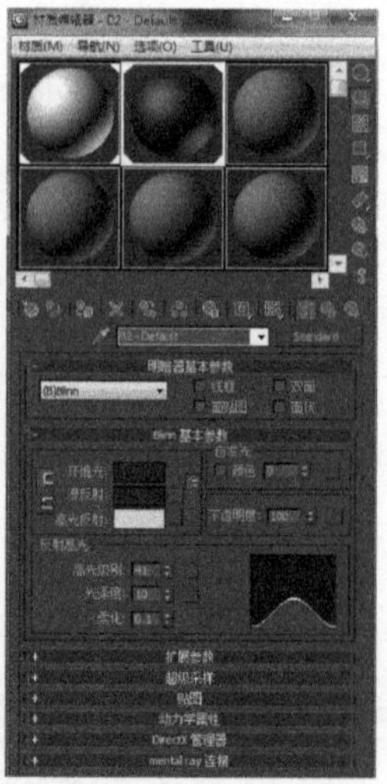

（b）

图 6-19　材质编辑器窗口

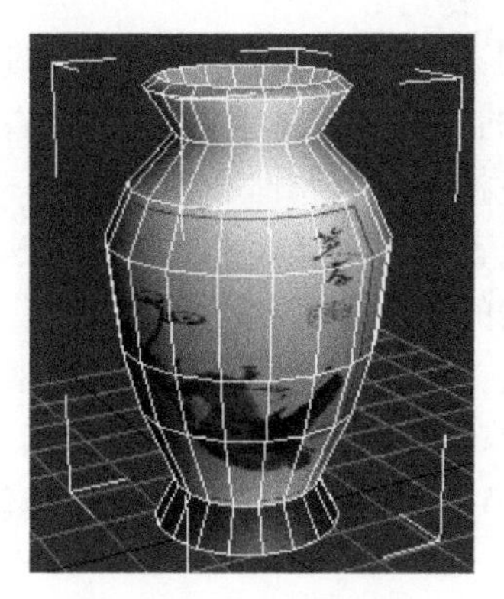

图 6-20　花瓶效果图

6.5　动画脚本语言

动画脚本实际上是一段代码程序，用来完成某些特殊功能，例如实现交互式动画等。本节介绍典型的二维动画脚本 ActionScript 和三维动画脚本 MAXScript。

6.5.1　典型二维动画脚本语言

1. Flash 交互式动画

如果要在 Flash 中创建交互式动画，必须使用动作脚本。动作脚本是基于行为的，所谓行为就是动作和事件的组合。事件是浏览器或 Flash 播放器事先为对象定义的某种状态，如下载电影时发生的“on Load”事件；动作是预先编写好的动作脚本程序，如电影下载到动画的某一帧时，动作脚本开始执行播放该帧的动作。因此，交互式动画是动画对象以事件为触发器，通过脚本对动画进行控制的动画方式。

动作脚本（ActionScript）是 Flash 的脚本编辑语言，用户可以使用动作脚本向 Flash 对象添加复杂的交互性，并且控制动画以及数据的显示。

创建交互式动画时，添加动作脚本是关键。对于动画中的每个交互性元素，Flash 预先定义了特定事件。例如，用户为按钮对象添加动作时，Flash 可以定义多种不同事件，包括 Press（当鼠标按下时发生）、Release（当释放鼠标时发生）。在很多情况下，编写交互式动画就是为对象指定触发事件和响应行为。

2. 面向对象的脚本语言

动作脚本是基于面向对象技术的，最新的 ActionScript 3.0 采用完全的面向对象技术，而之前的 ActionScript 2.0 提供核心语言元素，以简化面向对象的程序开发。

面向对象技术是计算机编程领域中的常用技术，基本方法是将要解决的问题分解为几个相关对象，对象中封装了描述对象的数据和方法，是系统中最基本的运行实体。程序执行时，从主程序规定的各对象初始状态出发，而对象之间通过消息传递进行通信，从而使对象由一个状态改变为另一种状态，直到得出结果。

面向对象的程序设计可以通俗理解为将程序看作一组相互独立的对象。对象可以是用户采用某种方法进行操作的任何东西，它包含自身属性。使用面向对象的方法创建程序时，可以让程序检查、修改对象的属性。

面向对象编程是将信息按照“类”（Class）进行组织的，用户在程序中创建类的多个实例（称为对象）。类描述了对象的属性（数据）和行为（方法），这与描述建筑物特性的建筑蓝图非常相似。类按照特定顺序相互接收属性和方法，这一特征称为类的继承性。

用户使用类的继承性扩展或者重新定义类的属性或方法。从其他类继承而来的类称为子类，而向其他类传递属性和方法的类被称为超类。

要使用类定义的属性和方法，必须创建这个类的一个实例。实例与类之间的关系就像房子与建筑蓝图之间的关系。在Flash动画面板左侧列内包括三种类：内置类（也叫作核心类）、Flash专用类和用户自定义类。用户可以通过单击对应的类创建动画脚本程序代码。

3. 脚本流动

Flash动作脚本从第一条语句开始执行动作，然后按顺序依次执行，直到到达最后一条语句或者到达指示动作脚本转至别处脚本的语句。另外，可以使用if、do　while和return等语句指引动作脚本转至不是下一条语句的其他语句。

4. 脚本控制

用户编写动作脚本时，可使用动作面板将脚本附加到时间轴的关键帧上，或者舞台上的按钮、影片剪辑实例。

对于附加到对象上的脚本，在时间轴内，当播放头进入动作帧时就会运行。对于附加到影片剪辑或按钮对象上的脚本，则是在事件发生后程序再执行的。事件是在影片中发生的事情，如鼠标移动、按下键盘键或加载影片剪辑等。动作脚本确定事件何时发生并根据事件执行特定脚本。附加到按钮或影片剪辑的动作包含在称作处理函数的特殊动作当中。

onClipEvent和on动作之所以被称为处理函数，是因为它们“处理”或者管理事件。当处理函数指定的事件发生时，程序会执行影片剪辑或者按钮的动作。如果要在发生不同的事件时执行不同的动作，则将多个处理函数附加到同一个对象即可。例如，对于同一个影片剪辑实例，在加载时执行某段脚本，而在单击鼠标左键时执行另外一段脚本。

影片剪辑事件和按钮事件由MovieClip或Button对象方法进行处理。这样做时，必须先定义一个函数，然后将它指定给事件处理函数，事件发生时程序就会执行函数。

事件方法用于在一个脚本中处理影片所有的事件，而无须将脚本附加到正在处理事件的对象上。例如，在某一关键帧设置影片剪辑和按钮的相关事件处理函数和方法，以便相应的事件发生时进行处理，而无须将脚本附加到具体的对象（关键帧、影片剪辑、按钮）上。

5. 使用动作面板创建脚本

在Flash中除了手工编写代码方式以外，还可以用动作面板辅助进行ActionScript的编写，如图6-21所示。

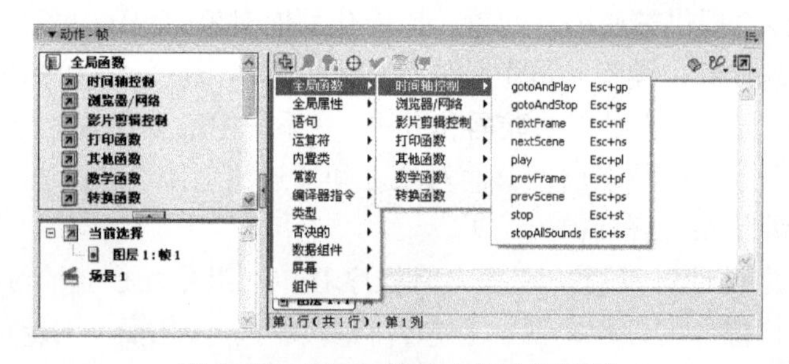

图6-21　Flash软件中的动作面板

6.5.2　典型三维动画脚本语言

1. MAXScript 概述

MAXScript 是 3DS Max 软件内置的脚本语言，是专门为补充 3DS Max 而精心设计的。它面向对象，并且拥有几种特殊功能和构造。MAXScript 反映了 3DS Max 用户界面中的一些高级概念，其中包括坐标系统上下文（具有自动关键帧动画模式），并且使用匹配 3DS Max 对象的层次路径名访问场景。MAXScript 的主界面是 MAXScript 菜单，其中包含用于创建和处理所有 MAXScript 脚本的命令。

Visual MAXScript 是 MAXScript 的补充，它使 MAXScript 的功能易于了解和使用。Visual MAXScript 可以迅速创建脚本 UI 元素和布局。

要在 3DS Max 软件内访问 MAXScript，可以执行以下操作：在菜单栏单击“MAXScript”菜单，选择对应的动作命令，或者选择工具面板中的 MAXScript 选项。也可以直接在命令行中输入 MAXScript 命令，从 DOS 命令行启动 3DS Max 后运行指定脚本。这种做法对自动批处理渲染任务来说非常有用。

2. 脚本基本操作

单击“MAXScript”菜单中的“新建脚本”命令，打开“MAXScript 编辑器”窗口，可以在其中编写动作脚本，如图 6-22 所示。

图 6-22　MAXScript 编辑器窗口

单击“MAXScript”菜单中的“打开脚本”命令，在“打开”对话框中，选择要打开的动作脚本。单击“打开”按钮，启动“MAXScript 编辑器”窗口，其中显示了要打开的动作脚本。

单击“MAXScript”菜单中的“运行脚本”命令，在“打开”对话框内选择要运行的脚本，然后 MAXScript 将读取和执行所选脚本。所有输出都将打印到“侦听器”窗口。

3. 使用“MAXScript 侦听器”

单击“MAXScript”菜单中的“MAXScript 侦听器”命令，或者在工具栏“迷你侦听器”上单击右键，在弹出菜单中选择“打开侦听器窗口”命令，即可打开“MAXScript 侦听器”窗口。

在 MAXScript 侦听器窗口中输入 MAXScript 命令，按 Enter 键立即执行。侦听器窗口适用于执行交互操作及开发小代码段。“侦听器”执行命令实际上表达为执行完成后的打印结果。用户可以在侦听器中输入任何 MAXScript 表达式或者子表达式进行评估。

侦听器分为两个窗格。顶部（粉红色）窗格是“宏录制器”窗格，底部（白色）窗格是输出窗格。启用“宏录制器”窗格时，“宏录制器”窗格中显示记录所有内容；输出窗格显示脚本输出结果。

“宏录制器”窗格执行代码时，输出始终直接显示在输出窗格，这样不会使记录混乱。这两个窗格内可以使用剪切、粘贴、拖放、编辑、选择及执行代码等简单的编辑操作。同时，用户还可以通过在窗格之间的分割栏上拖动鼠标，重新设置窗格的大小尺寸。

6.6 数字动画创意与设计

6.6.1 创意与创意产业

创意是动画片的灵魂，而绘画是动画片的基础，这是不能忽视的。动画就是“赋予事物生命与灵魂”，动画艺术家们的工作就是赋予他们的创作以生命和灵魂。好的创意不一定要思考，反复思考的创意也不一定就是优质的创意。创意可能是突如其来的想法，但这想法一定是来自长期的经验的养成。洞悉市场的需求能让你的创意点迎合观众，因此一个好的创意要抓住用户的心理，把握好用户的喜好，找到让用户觉得美的画面。

创意与好的设计是分不开的。光有好的创意而没有创作人良好的设计功底，想要把动画制作得与众不同、富有魅力是不可能的。设计师对工具的使用方法掌握得越好，创造的作品的表现形式就会越丰富。这就要求创作人员必须对市场有深入的了解，并且能够将自己熟练掌握的二维创意以及创造力与各类高科技数码软件结合起来，进而做出更加有吸引力和视觉效果的新作品。

任何一种文化创意活动，都要在一定的文化背景下进行，但创意不是对传统文化的简单复制，而是依靠人的灵感和想象力，借助科技对传统文化资源的再提升。

创意产业是指源自创意、技巧及才华，通过知识产权开发和运用，具有创造财富和就业潜力的产业。创意产业利用人脑的创造力来创造财富和就业机会。目前，全球创意产业每天可创造 220 亿美元的产值，每年以 5% 的速度递增。纵观全球，创意产业已形成一股创意经济的浪潮。

文化创意产业属于知识密集型新兴产业，它主要具备以下特征。

① 文化创意产业具有高知识性特征。文化创意产品一般是以文化、创意理念为核心，它是人的知识、智慧和灵感在特定行业的物化表现。文化创意产业与信息技术、传播技术和自动化技术等的广泛应用密切相关，呈现出高知识性、智能化的特征，如电影、电视等产品的创作就是通过与光电技术、计算机仿真技术、媒体传播技术等相结合而完成的。

② 文化创意产业具有高附加值特征。文化创意产业处于技术创新和技术研发等产业价值链的高端环节，是一种高附加值的产业。文化创意产品价值中，科技和文化的附加值比例明显高于普通的产品和服务。

③ 文化创意产业具有强融合性特征。文化创意产业作为一种新兴的产业，是经济、文化、技术等相互融合的产物，它具有高度的融合性、较强的渗透性和辐射力，为发展新兴产

业及其关联产业提供了良好条件。文化创意产业在带动相关产业的发展、推动区域经济发展的同时，还可以辐射到社会的各个方面，全面提升人民群众的文化素质。

6.6.2 动画创意设计流程

“定位决定创意”，动漫受众的多种多样和动漫受众自我实现心理的各不相同，决定了动漫不能只做一种类型的作品，只面向一个受众群体，而是应该朝着多元化的方向发展。

由于长期以来体制观念上的束缚，我国的动漫创作人员普遍存在一种思维定势，认为动漫仅仅是做给孩子看的，偏向于制作适于低幼龄儿童观看的作品，因而创作时在各个方面力求接近儿童的思维方式和欣赏水平。此外，许多电视台和传媒把“动漫”内容列为少儿频道和少儿版面，这在很大程度上影响了我国动漫的受众市场，束缚了动漫行业的发展。然而，国外动漫却与此不同，制作技术的精湛和故事情节的趣味性，使其适合于不同年龄层次的受众群。日本动漫名家久保雅一说，动漫应该是老少皆宜的。日本动漫之所以能如此兴盛，就是因为日本动漫不仅老少皆宜，而且动漫内容遍及生活的各个角落。这和他们对市场的细致划分和对受众的准确定位是分不开的。例如，根据不同年龄的受众定位的作品，有儿童动漫、少年动漫、成人动漫；根据不同喜好的受众定位的作品，有球类如《灌篮高手》、《足球小子》、《棒球英豪》，棋类如《棋魂》，还有科幻故事或历史写实类等；根据不同性别受众定位的作品，有少男漫画、少女漫画；根据不同知识阅历的受众而定位的作品，有具有思想深度的动漫作品和浅显易懂的动漫作品等。

“数字动画创意”有两种解释：一种是基于动画造型及运动的视觉效果创意；另一种是动画故事情节创意。前者的成果形式是可见的视觉效果，是需要动画软件技术的支撑来实现可视化的；后者则是结合文学故事、影视思维等艺术手段进行文学创作的过程，成果形式反映在文字上的构思，但需要前者来进一步帮衬，进一步实现可视化。动画故事情节的创意来源可以是多种多样的，如从中外经典名著、中外民间文学中汲取营养进行改变和借鉴。例如，好莱坞动画电影《花木兰》就出自我国的民间故事。除此之外，动画故事情节的创意还可以来自对生活的感悟和观察，然后进行提炼和升华。

对故事情节创意完成之后，还需要通过视觉效果创意将故事情节创意进行进一步定制，形成创意剧本。而创意剧本的形成则需要根据故事的主题和方向，找到必要的不同元素，来创立风格与形式。创意过程是指从各方面出发，沿着多种思路，广泛形成创意想法，最后综合汇总出最佳方案的过程。

习题

1. 试描述计算机动画的制作过程。
2. 计算机动画有什么特点?
3. 二维动画和三维动画有什么差异?
4. 使用 Flash 和 Maya 分别完成一个二维、三维动画。
5. 试述文化创意产业的特点。

第 7 章
游戏设计技术

7.1　游戏概述

7.1.1　游戏的概念

我们每个人都玩过很多游戏，也在游戏中体会过成功、满足、愉快、自豪、尽兴、轻松。我们在游戏中尽情地欢笑，即使失败也毫不沮丧。这是因为游戏是一种具有心理安全感的、轻松愉快的活动，在游戏中即使失败了也无关紧要。游戏能带给儿童安全感，在游戏中探索世界没有精神压力和紧张情绪，而儿童敢于尝试、表现和宣泄，因此，好的游戏能带给人积极的情感体验，吸引人不断尝试。

本书所说的游戏，实际上是现代社会流行的数字游戏。数字游戏指的是以数字技术为手段，设计、开发并运行在数字化设备平台的游戏。数字游戏的称谓具有兼容性，相对于“电子游戏”、“计算机游戏”、“视频游戏”、“交互游戏”等称谓而言，更具有延展性和本质性。

“视频游戏”是指“通过终端屏幕呈现出文字或图像画面的游戏方式”，它将游戏限定于凭借视频画面进行展示的类别。随着技术的发展，数字化的游戏将逐渐超越视频的范畴，朝向更为广阔的现实物理空间和赛伯空间（Cyberspace）发展。同样，“计算机游戏”一词也将概念限定到了一个较小的范畴，它单指计算机平台上的游戏，而其他基于手机、PS2、Xbox、PSP、街机等平台的游戏均具有类似的设计特性和技术手段，却被划出圈外。“电子游戏”作为通俗的称谓，在国内普遍流传。由于历史的机缘，数字游戏引入我国之初正值20 世纪 80 年代中期，当时电子技术方兴未艾，数字概念尚未萌动，因此，“电子游戏”便一直沿用至今。时至今日，“电子游戏”更倾向于指代基于传统电子技术下的老式游戏（尤见于西方），而较少用来指代网络游戏、虚拟现实游戏等较新型的游戏。

“数字游戏”一词可以涵盖电脑游戏、网络游戏、电视游戏、街机游戏、手机游戏等各种基于数字平台的游戏，从本质层面概括出了该类游戏的共性。这些游戏虽然彼此面目迥异，但是却有着类似的原理——在基本层面均采用以信息运算为基础的数字化技术。这些基于数字技术的游戏可以从一个平台移植到另一个平台，并维持原作的基本风格和面貌。而且，同一款游戏往往同时推出不同平台上的版本。例如，2004 年由 Treyarch Studios 开发的《蜘蛛侠 2》就同时发售了基于 PC、PS2、XBOX、NGC、GBA 等五个平台的版本，其剧情、画面、音效、关卡都基本一致。这也从另一个侧面说明了不同类别游戏的本质同一性，即数字化性。本书为简化起见，后续章节都将“数字游戏”简化为游戏。

7.1.2 游戏的分类

游戏按照参与方式的不同，可以分为单机游戏和网络游戏。

1. 单机游戏（Singe-Player Game）

单机游戏又称单人游戏，一般指仅依靠一台游戏主机就能完成的电子游戏。传统意义上的单机游戏不能进行联网对战，然而随着网络技术的普及，为适应防盗版、后续内容下载和多人联机的需求，越来越多的单机游戏也开始需要互联网的支持。比较典型的例子有需要联网激活的国产 RPG 角色扮演游戏《仙剑奇侠传》，以及可进行局域网对战的 ARPG 动作角色扮演游戏《暗黑破坏神 2》等。

2. 网络游戏（Online Game）

网络游戏又称在线游戏，是指以互联网为传输媒介，以游戏运营商服务器和用户计算机为处理终端，以游戏客户端软件为信息交互窗口的个体性多人在线游戏。网络游戏中所指的网络，不仅仅局限于我们常说的计算机国际互联网，还包括电信网、移动互联网、有线电视网、光纤通信等各种以 IP 协议为基础的，能够实现互动的智能化网络。网络游戏与单机游戏不同，其游戏性不仅体现在玩家与计算机的互动过程中，还体现在玩家与玩家的互动过程中。其中，代表作有点卡收费模式的大型多人在线角色扮演游戏《魔兽世界》，还有开创道具收费模式的国产网游《征途》。网络游戏凭借较强的互动性和玩家竞争模式，逐渐成为大众的主要选择。

根据游戏载体的不同，网络游戏可分为端游、页游、手游和其他主机游戏。

（1）端游

端游指传统的依靠下载客户端在电脑上进行的网络游戏。它出现时间最早，玩家群体黏性相对较高，多见于场景复杂、游戏内容丰富、玩家自主性较强的大型网络游戏。虽然目前手游不断发展，但端游仍然以其宏伟华丽的游戏场景、360° 无死角的自由体验的优势，占据着一定的市场份额。

（2）页游

页游虽然也在计算机上运行，但与端游不同。页游玩家不需下载动辄数吉字节的客户端，只需打开游戏网页，加载少量数据包，即可开始游戏体验。在发展初期，由于操作简单、下载方便、对电脑硬件要求低等，页游经历过黄金十年的井喷期，然而随着智能手机技术的发展，页游画面粗糙、游戏同质化严重、游戏模式简单重复等问题始终未能得到很好的解决，逐渐被后来崛起的手游抢占了大量市场。

（3）手游

手游指运行在手机上的游戏软件。随着智能手机的发展，手游不再只限于贪吃蛇、吃豆人，而是随着数字图形图像处理、游戏引擎等相关领域技术的不断进步，逐步朝游戏方式网络化、角色控制智能化、游戏场景 3D 化、故事背景复杂化等方向发展。

（4）其他主机游戏

电脑游戏和手机游戏由于游戏主机覆盖面广，因而占据了电子游戏的主要舞台。然而，其他游戏主机如 XBOX、Wii、PSP 等，仍凭借着强大的图形处理能力、华丽精细的游戏画面、简单易用的手柄控制模式、独特的体感游戏模式，成为游戏发烧友们的另一选择。

根据游戏题材的不同，电子游戏主要可分为角色扮演类、模拟经营类、模拟策略类、动作类、体育类、竞速类和桌面类游戏七种。

1）角色扮演游戏（Role-playing Game，RPG）

玩家通过扮演一个或多个角色，在一个写实或虚构的世界中活动，其成长过程遵从游戏世界的规则，即玩家在扮演角色的过程中需要完成某些特定的任务，经历某些特定的剧情。判断玩家在游戏过程中的成功与失败，取决于一个规则的形式系统，例如等级、装备、完成事件数等。角色扮演游戏的代表作有《传奇》、《暗黑破坏神 2》等。

除了我们常见的勇者斗恶龙模式，角色扮演游戏中还有一个特殊的分支——角色扮演模拟游戏。玩家在拟真环境中扮演各种职业，完成精密操作、医学手术等方面的研究工作。例如，Wii 平台运行的外科手术游戏《Trauma Center New Blood》中，玩家扮演医生，通过 Wii 遥控器模拟控制手术刀等医疗器械为病人实施手术。

2）模拟经营游戏（SIM）

模拟经营游戏得名于经典单机游戏《模拟人生》，玩家在该类游戏中扮演管理者的角色，对游戏中的虚拟世界进行经营和管理。如果说策略战旗类游戏是以玩家扮演君主，运用谋略打败其他玩家为游戏内容，模拟经营类游戏则更看重玩家自身的运营能力。这类游戏的代表作有《模拟人生》、《铁路大亨》等。

3）模拟策略游戏（Simulation game，SLG）

模拟游戏与虚拟现实系统中的模拟仿真训练类似，都是复制现实生活中的某种场景，通过不断向玩家发布任务的方式，达成“训练”玩家的目的。其中，仿真度较高的可作为专业知识的训练，仿真度较低的可以作为娱乐手段。

策略游戏是模拟游戏的分支，玩家的游戏目标不再局限于完成某一特定动作或训练，而是扮演一国统治者，综合运用心理、经济、战术知识来管理国家、击败敌人。该类游戏强调战术对抗性，玩家运用策略与电脑或其他联机的玩家较量，获取各种形式的胜利。当策略游戏不再以你来我往的回合制模式运行时，就出现了即时战略游戏，代表作有《星际争霸》、《魔兽争霸》等。

4）动作游戏（Action Game，ACT）

以动作为游戏主要表现形式的游戏都可算作动作游戏，其中包含射击游戏和格斗游戏。游戏玩法一般是玩家控制游戏人物来使用武器杀灭敌人或不断跑动躲避障碍，直到最终过关。该类游戏强调玩家的手眼配合，几乎没有什么故事情节。目前，手游领域非常受欢迎的跑酷游戏也属于动作游戏的一个分支。动作游戏的代表作有《地下城与勇士》、《Counterstrike（CS 反恐精英）》、《神庙逃亡》等。

5）体育游戏（Sport Game，SPT）

大多数受欢迎的体育运动都会收录成游戏，例如足球、篮球、网球、高尔夫球、美式橄榄球、拳击等。玩家以运动员的身份参与其中，享受激烈竞技的快感。这类游戏的代表作有《FIFA2001》、《联众台球》等。

6）竞速游戏（Racing Game，RCG/RAC）

竞速游戏指在模拟比赛场景中进行各类赛车、赛艇、赛马运动的游戏，该类游戏非常强调游戏视觉效果，往往采用尖端的图形图像显示技术，其特点是游戏体验惊险刺激、真实感强，因而深受车迷喜爱。这类游戏的代表作有《极品飞车》、《摩托英豪》等。

7）桌面类游戏（Table Game，TAB）

顾名思义，桌面类游戏起源于最早在桌面上玩的棋牌游戏。虽然新一代桌面类游戏改在电脑桌面上进行，但其游戏理念依然以锻炼玩家大脑为主，该类游戏规则简单易懂，但对策略的运用要求很高，按其玩法可分为传统类桌面游戏、卡片收集类游戏、扑克牌游戏、儿童及party 游戏、策略类游戏等几大类。这类游戏的代表作有《大富翁》、《三国杀》、《炉石传说》等。

7.1.3 游戏的特点

电子游戏起源于传统游戏，但其游戏媒介不再是简单的桌面纸牌或战棋，而是电子设备。电子游戏受计算机技术、多媒体技术、图形图像处理技术、传感器技术、控制技术的影响，玩家参与游戏时不仅能体验游戏本身的乐趣，还能体验声、光、电特效带来的视觉、听觉享受。作为大众最爱的游戏模式之一，电子游戏具有如下特点。

1. 游戏设计新颖，游戏过程刺激

苹果 App Store 自 2008 年上线以来，已有 20 多万款游戏应用提交审核。为了抢占市场，新游戏在技术、理念、玩法等方面不断推陈出新，陆续涌现出了诸如《植物大战僵尸》、《愤怒的小鸟》、《2048》、《神庙逃亡》等经典游戏。这些游戏不再局限于大富翁、战略战棋、角色扮演或横版过关等经典玩法，而是开创了塔防、跑酷、数字等新颖的游戏模式；另一部分新游戏搭上计算机、智能手机等游戏主机硬件 / 软件系统飞速升级的快车，通过引入第一人称视角、手势控制、振动效果等新技术，不断追求游戏体验的极致享受。

2. 游戏效果非常逼真

大量新游戏的陆续问世使玩家应接不暇，而玩家在挑选游戏时往往依靠第一眼印象。于是，为了招揽玩家，游戏公司动辄耗资千万打造电影级游戏 CG。这些游戏采用了即时光影、粒子系统等图形图像技术及最新物理特效，场景效果逼真，堪比电影大片。例如，德国游戏开发商 Crytek 制作的第一人称射击游戏《孤岛危机》，将射击游戏的物理特效发挥到了前所未有的极致程度，无论是爆炸的冲击波效应，还是不同武器的破坏威力都尽可能贴近真实，再加上 Cry Engine 引擎塑造的“真实场景”，使得游戏感受只能用身临其境来形容。这种“真实”的游戏体验，是很难通过传统游戏模式（如骑着竹马拿着小木枪打仗）获得的。

3. 游戏成本较低

我们可以通过在现实中骑马、赛车、攀岩获得竞速游戏的畅快体验；通过在精品服装店中反复变装，体会养成游戏中打扮主角的快感；通过参加真人 CS 竞技感受第一人称射击游戏的紧张刺激，但不可否认，购买一台电脑 / 手机，连接一根网线的成本相对较低。这也是近年来数字游戏得以快速普及的重要原因。

4. 跨越空间限制的人际交流模式

中国人普遍热爱麻将，过去这种脑力游戏需要 3~4 人围坐一桌，因此地点或人数有限时无法进行。随着 QQ 游戏等网络棋牌游戏的出现，隔着大门喊“三缺一，快来救场”的声音已较少出现。我们通过电脑网络与远在千里之外的网友连线，在“杀当闪，闪当杀”的喊声中悠闲地打发假日时光。电子游戏特别是网络游戏的出现，改变了人们固有的游戏方式，我们放弃与周围人的交流，低头与网络另一端的网友们共同享受游戏的时光。网络游戏的普及，帮助人们跨越空间限制的同时，也使我们逐步放弃通过语言、动作与周围的朋友交流。这一改变到底是技术进步的体现，还是人文关怀的缺失，仍需时间证明。

5. 游戏模式智能化、自动化

我们在现实游戏中的每一个设想都需要自己来实现，例如，在沙滩上堆城堡，每一捧沙都需要自己搬运，每一个屋顶都需要经过反复试验才能雕琢成功；然而在游戏中堆城堡，也许只需要鼠标一点就能完成。手机网络游戏为了将玩家从重复的打怪闯关过程中解救出来，开发了托管系统，玩家只需鼠标一点，即可命令游戏人物自动刷副本。这一过程体现了如今游戏中NPC的智能化水平，它将玩家从重复性劳动中解救出来，然而，由于省略了玩家动手自力更生的过程，游戏的游戏性到底是提高还是降低，仍有待商榷。

7.1.4 游戏市场需求分析

任何游戏公司在开始研发游戏之前，都需要进行详细而完备的市场调查工作，明确开发什么主机平台的游戏、开发什么类型的游戏、游戏的营销模式、游戏的营利模式等内容。以游戏公司通过市场分析，最终选定开发手机平台角色扮演类网络游戏为例，来说明这一过程。

1. 游戏主机平台的选择

（1）了解自身实力

虽然目前已有跨计算机、智能手机平台的游戏出现，但不可否认，大部分游戏在设计之初，是瞄准了某个游戏主机平台的。在开发一款游戏之前，首先需要结合自身实力和市场需求，明确地选择一个或多个游戏主机平台。

明确自身实力包括明确开发团队的规模实力、资金雄厚程度、已有工作经验、大众基础等。强大的游戏开发厂商具有得天独厚的优势，他们在选择游戏主机平台时，可以将重心更多地放在大众游戏偏好分析上。

例如，过去暴雪公司数款游戏的研发团队规模如下，《星际争霸》——30人、《魔兽争霸Ⅲ》——40人、《魔兽世界》——目前超过150人、《暗黑破坏神Ⅲ》——75人。假如我们拥有一支100人左右的游戏开发团队，且资本雄厚，那么足以应付上至大型多人在线角色扮演游戏，下至小型手游的研发需要。但假设我们拥有的只是一支5人以内，由普通在校学生组成的游戏开发团队，那么开发团队的规模和资本已经决定我们不适合开发大型端游，而较为适合开发页游或手游。

此外，游戏开发者还需要考虑自身或游戏出资方的群众基础，以及主机市场占有率情况，这就是我们常说的口碑。

以白金工作室开发的《猎天使魔女》系列为例。白金工作室开发《猎天使魔女》时的合作伙伴是日本游戏业巨头——任天堂公司和世嘉公司，因此第一代游戏由任天堂公司负责发行WiiU版本，世嘉公司负责发行Xbox360和Playstation 3版本。任天堂公司多年致力于电子游戏机如FC、3DS、WiiU等的研发和销售工作，其主要竞争对象有索尼公司的Playstation 3等。《猎天使魔女2》由任天堂公司独家发行，因此其游戏平台由任天堂公司WiiU独占。

假设现在拥有一支由5名大学本科生组成的研发团队，研发经历基本为0，研发经费是学生的生活费，研发目标是一款能创造经济收益的游戏。那么，在选择新游戏的主机平台时，可以根据自身实力，将视线转移到页游或手游上。

（2）分析市场需求，选定主机平台

网页游戏（Web Game）又称无端网游，由于计算机用户基数大、无须下载客户端、对玩家机器配置要求较低、关闭及切换极其方便等优点，其在手游兴起前一直受到广大上班族的喜爱。从20世纪90年代诞生至今，网页游戏经历了基于Web浏览器、基于Web浏览器并且使用Flash/JAVA技术制作、需要下载客户端并连接专用服务器运行等三个发展阶段。

但需要注意的是，网页游戏在发展过程中也逐渐暴露出程序过于单一、大量重复操作、游戏模式同质化严重等问题。尤其手机游戏进入市场后，手机游戏迅速利用手机用户覆盖面广、携带方便、画面精美、操作灵活度高、游戏模式丰富等优点，分了属于网页游戏的“一杯羹”。

目前，小型游戏开发团队在开发网页游戏时，往往希望加入 3D 视角等流行元素，然而受浏览器技术限制，画面效果不尽人意；如果安装 Unity Web Player 等插件，则又存在安装不便、玩家流失率高、插件自动安装存在安全隐患等问题。综合上述考虑，将视线转向了手机游戏。

市场调研机构 Strategy Analytics 发布的全球智能手机市场最新研究报告显示，2013 年全球智能手机出货量高达 9.9 亿台，比上年增长 41%，其中安卓手机占据 79% 的市场份额（Q3 达到 81.9%），中国市场贡献 41%。在中国智能手机市场，安卓的占有率也首次过半。中国智能手机里，除了 2 000~3 000 元的高端机型，低于 2 000 元以下的智能手机也开始成为焦点。与曲高和寡的 iPhone 相比，联想、华为等国产智能手机的各机型越来越受到用户的关注，而这些智能手机的买家，也就成了手机游戏的潜在用户。

2. 游戏类型的选择

（1）用户下载偏好分析

中国手游用户主要为安卓系统用户和 IOS 系统用户两大类。一方面，手游用户的偏好游戏类型受手机机型限制，如安卓手机中的低端机型容易出现玩游戏卡顿等现象，并不适合运行大型 3D 手游；另一方面，游戏类型还受玩家游戏习惯影响，例如手游玩家通常在上下班途中、睡前、午休等时间玩游戏，因而休闲小游戏较受欢迎。

如图 7–1 所示，2013 年 360 手机助手统计数据显示，目前国内安卓手机游戏用户聚类为：休闲类玩家 27.4%，冒险类玩家 18.6%，棋牌类玩家 15.9%，竞速类玩家 14.6%，射击类玩家 9.6%，经营类玩家 8.5%，网游类玩家 5.3%。随着 WIFI 和 3/4G 业务的普及，网游类手机游戏玩家人数呈迅速上升的趋势。

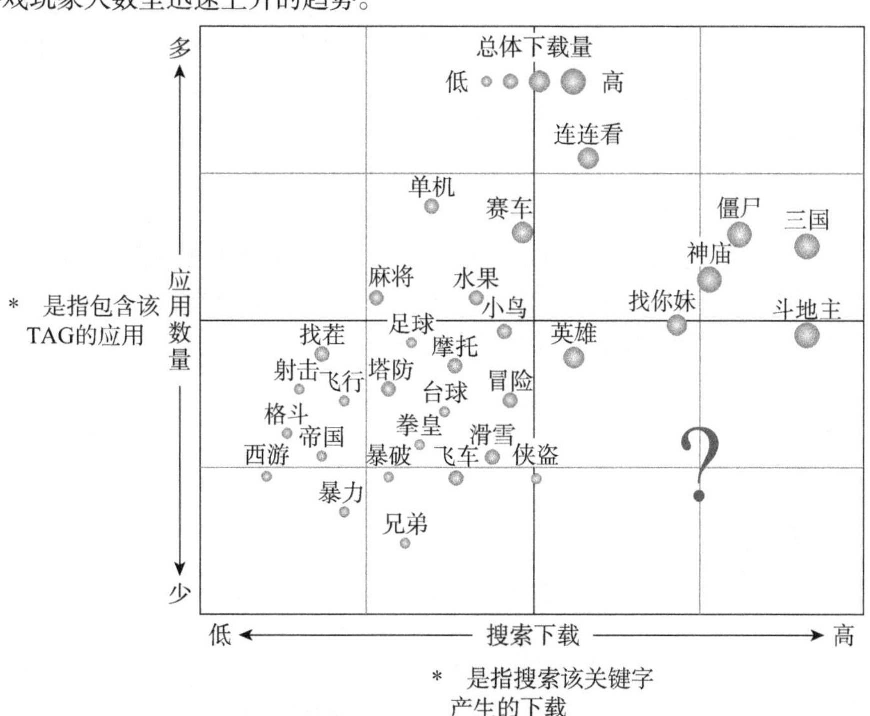

图 7–1　玩家搜索及下载游戏关键字分析

（2）游戏下载量与玩家留存率分析

只分析游戏下载量远远不足以说明手游玩家的喜好类型，玩家依靠眼缘选择一款游戏，但是否能坚持玩下去，才是游戏厂商关注的重点，因此，开发者需要对游戏下载量与玩家留存率进行进一步对比分析。以 360 手机助手统计数据为例分析手游玩家下载游戏偏好及游戏留存率，如图 7-2 所示。

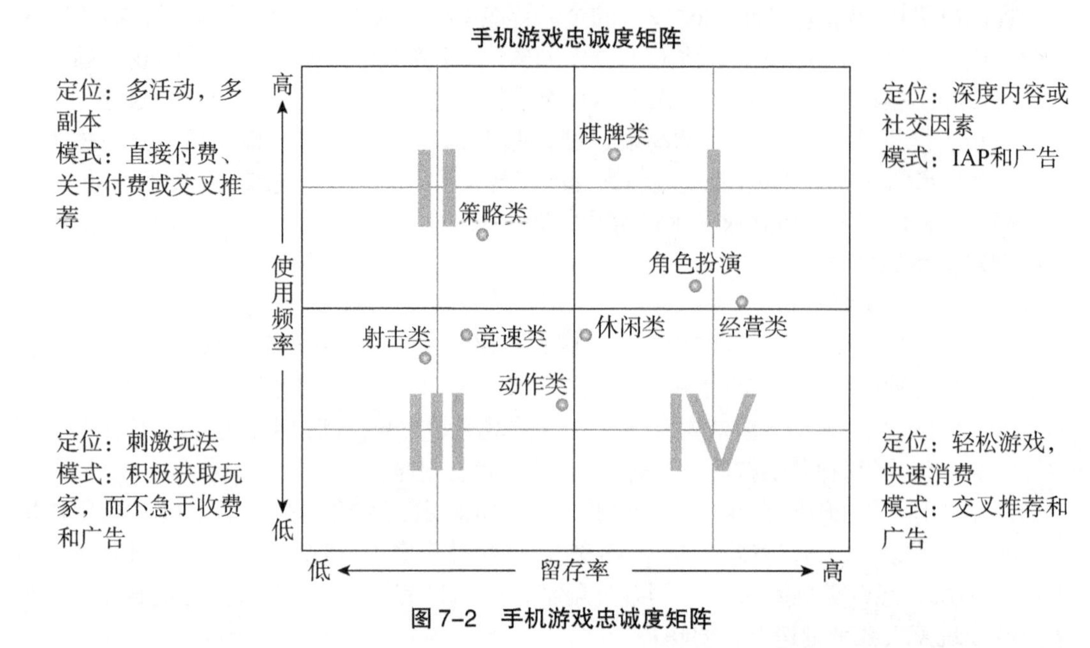

图 7-2　手机游戏忠诚度矩阵

由图 7-1 和图 7-2 数据对比可发现，虽然跑酷、找茬等休闲小游戏关注度和下载量较高，但玩家的忠诚度不够，慢热型的角色扮演游戏、棋牌类游戏的玩家留存率反而较高，而游戏玩家留存时间长度与游戏厂商的收益贡献成正比关系。

（3）游戏留存率与收益贡献分析（安卓手游市场分析为例）

如图 7-3 所示，通过分析 IOS 及安卓市场游戏收入前 100 名，可以得出如下结论：虽然网游类玩家占全体用户比例最小，但是网游是移动互联网中最明晰的盈利模式；以网游用户题材划分，有休闲、冒险、竞速、射击、棋牌、角色和经营七种类型，网游玩家更偏好角色扮演，但口味越来越挑剔，因此在角色选题上务必有所创新。

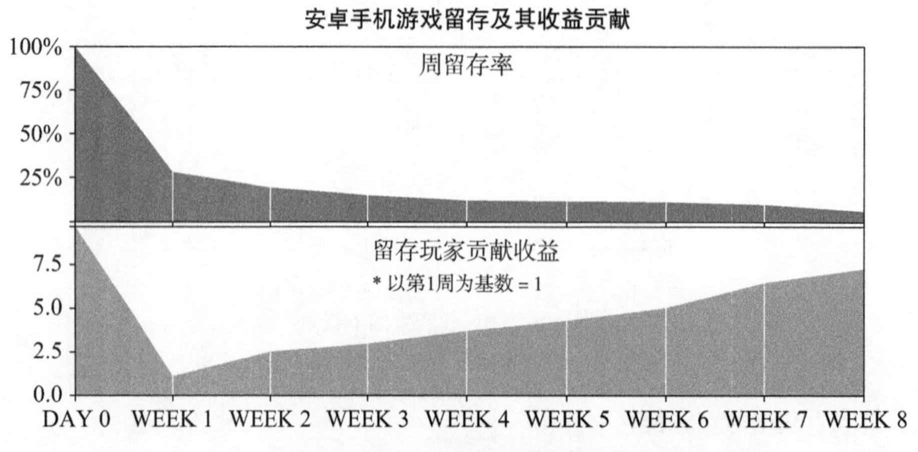

图 7-3　安卓平台手机游戏留存率及其收益贡献对比分析

综合考量研发团队及开发商实力，分析目前游戏市场发展趋势及收益情况，确定开发游戏类型，是每一个游戏开发团队在开始游戏设计之前必做的第一步工作。接下来开始学习如何设计与开发游戏。

7.2　游戏设计原理

7.2.1　游戏的运行流程分析

在学习设计一款游戏前，应该首先对现有游戏的运行流程进行分析。游戏其实是一个按照某种逻辑不断更新各种数据（画面、声音等）的过程，其运行流程如图 7–4 所示。

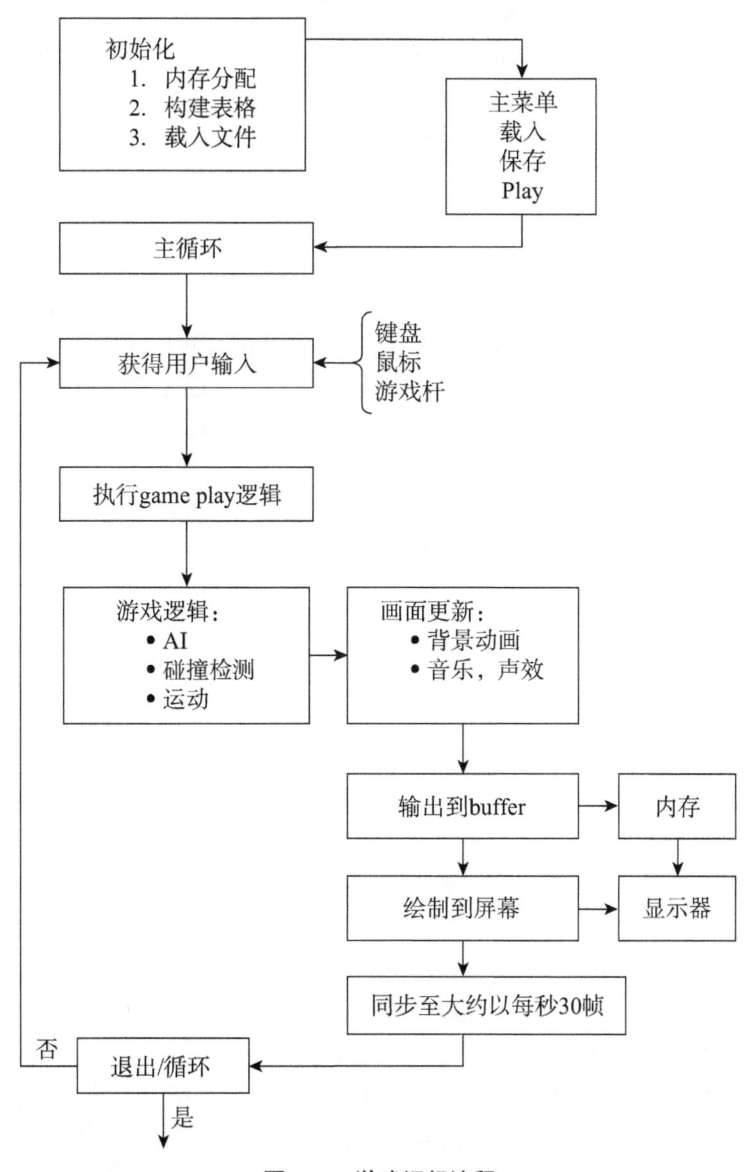

图 7–4　游戏运行流程

7.2.2 游戏玩家的心理需求分析

在设计游戏之前，需要了解人们玩游戏的初衷。一款好的游戏不仅能通过画面带给玩家视觉享受，更重要的是能满足玩家获得成功、满足、自豪、愉悦等正面情感的需求。

那么，是否只有在游戏中振臂一呼天下应，才是玩家的终极需求？虽然人的最高追求是自我实现，然而成功的游戏却并不一定需要达到如此高的精神境界。例如，小游戏《2048》的游戏玩法非常简单，不像角色扮演类或策略类网游一样追求列土封疆、万人之上，但是就这样一款简单的数字游戏，却风靡全球，衍生无数新玩法。究其成功原因，还是在于人对游戏的诉求和定位。

1. 玩家选择游戏的初衷

玩家选择某款游戏的初衷，既来自玩家本身对游戏的喜好和诉求，也来自游戏厂商的诱导。玩家自身需求包括对游戏玩法、创意、画面、题材、热度、可玩性甚至文化的需求。回想从苹果官方店下载游戏时的过程就会发现，玩家挑选游戏的过程竟然如此复杂：

首先，玩家根据游戏商店的本周重点推荐或广告推送下载某款热门游戏。这其中，游戏厂商的宣传和诱导起到了关键作用。

如果没有特定需要的下载目标，接下来玩家会根据自身财力情况，点选收费或者付费游戏榜单，然后根据喜好，重点查看网游、休闲或者跑酷等分类。这是玩家根据游戏玩法的偏好而决定的第二轮筛选。

玩家需要从浩如烟海的同类游戏中挑选出几款作品进行对比。玩家飞速浏览游戏图标，试图通过图标的精美程度判断游戏画面的制作是否精良。选定几款游戏后，再根据游戏截图判断游戏的画风、色调、界面设置、画面感染力是否符合心理预期。这是玩家根据游戏画面而进行的第三轮筛选。

当几款游戏的画面看起来同样精致以致难以取舍时，玩家会将视线转向软件下载量和其他玩家评论，试图通过其他玩家的游戏体验，决定自己的选择。这是玩家根据游戏热度和刺激性、可玩性进行的第四轮筛选。

当有两款游戏在以上方面都不相上下时，玩家有意识或下意识地根据游戏文化背景（古风、欧风、奇幻、科幻等）选定某一款游戏。不得不说，玩家对游戏文化背景的接受度有时候直接决定了游戏的受欢迎程度。以端游《魔兽世界》和《剑侠情缘网络版 3》为例，同为点卡游戏且游戏玩法类似，吸引部分玩家放弃知名度更高的《魔兽世界》转而选择《剑网 3》的一个重要原因，就在于《剑网 3》的古风背景和人物造型更容易被中国玩家接受。

2. 游戏的上手难度控制

选择下载某一款游戏，这并不意味着游戏厂商就多了一个年终业绩。因为游戏初期五分钟到两小时的游戏体验，正是决定玩家去留的关键。首先，一款游戏如果安装过程极为烦琐甚至常常失败，那么玩家很可能会立刻放弃该游戏。安装成功后，玩家开始试玩。如果 3D 游戏的视角设置和环境颜色与人眼正常习惯很不相同，那么玩家可能会由于“晕 3D”而立刻放弃。进入场景后，玩家开始寻找 NPC 完成任务，贴心的新手指引、简明有效的地图指引、方便人性化的游戏操作模式、逐层递进的任务难度都能为游戏加分。例如，《PACMAN》、《超级玛丽》，操作简单容易上手；《恶魔城 X：月下夜想曲》、《银河战士 GBA》，游戏难度逐层增加，引人入胜。

为游戏提供真实而刺激的视角、简明有效的任务指引、人性化的游戏操作，是每一个游戏开发者应该为玩家提供的第一顿“盛宴”。接下来，如何提高游戏可玩性，吸引玩家继续深入游戏，成为游戏开发者的设计重点。

3. 游戏的可玩性设置

游戏的可玩性是吸引玩家投入游戏并沉浸其中的动力、动因和核心。

（1）游戏可玩性的基本要素

➢ 故事性

优秀的游戏往往为玩家构建一个真实而恢宏的虚构世界，游戏的故事性主要体现在世界观架构、剧情安排、叙事手法、人物背景以及其他细节设计中。讲述一个美丽的故事，让玩家在游戏世界中经历一场美丽的邂逅，游戏完结时留下一段脍炙人口的传说，是每一个游戏文案的梦想，也是支撑游戏经久不衰的灵魂。《剑侠情缘一》之所以能成为无数人的经典，其中凄美的爱情故事功不可没。

➢ 策略性

很多人喜欢玩休闲类小游戏，是否意味着游戏的策略性不重要呢？当然不是。游戏的策略性体现在吸引玩家思考和计划上，策略性普遍存在于游戏中，并不局限于策略游戏。例如，玩格斗游戏《拳皇》时，需要考虑出招的时间和频率，还要观摩高手视频、分析打法。好的游戏能引导玩家下意识地思考，在思考中体会游戏的乐趣，从而吸引玩家延长游戏时间。

➢ 感官体验

如果一款游戏背景宏大精妙、故事情节丝丝入扣、任务安排张弛有度，然而画面效果仿佛倒退 20 年，那么这也不是一款成功的游戏，甚至很难被玩家一眼相中。游戏带给玩家的感官体验，如游戏场景、操作界面、人物造型、音乐和音效等，是玩家对游戏的第一印象，是游戏的门面，更是影响游戏销量的重要因素。

➢ 互动性

互动性不仅体现在游戏玩家与玩家之间的互动，还体现在玩家与游戏世界的互动中。游戏世界是玩家的情感寄托，我们希望与游戏世界中的 NPC 交流，倾听他们的故事，通过自己的选择改变游戏世界的走向。即使是没有故事情节的小游戏，我们所做的每一步操作也会对游戏世界产生影响，互动性普遍存在于游戏中。

（2）游戏可玩性的高级要素

➢ 真实性

游戏的真实性在竞速、体育、射击和模拟类游戏中体现得较为突出。真实的游戏不仅游戏场景逼真，其世界观也与现实世界一致，某些游戏甚至借用现实中经典案例或事件，吸引玩家以第一人称的视角回溯事件的发展，探索背后的真相。

➢ 可操作性

我们在观看电竞比赛的实况转播时，经常会评价玩家的操作优劣。操作性代表了玩家操作的精细程度，是玩家判断力、反应速度、手眼配合的综合体现，是对抗类游戏吸引玩家的重要手段。

➢ 养成性

无论是育成类游戏还是角色扮演游戏，抑或策略游戏，玩家控制的人物都将不断地成长。玩家按照自己的设想，有计划地安排游戏人物按照不同的成长路线升级，将游戏人物作为自己的延伸，在游戏世界中体会自己的第二次人生。这就是游戏的养成性，也是游戏特殊的魅力所在。

➢ 可收集性

很多点卡收费型网游通过提高游戏道具的可收集性吸引玩家不断探索新的副本和玩法，通过成就系统、继承系统和奖励模式，激发玩家对不同要素的收集欲望。很多单机游戏中也有类似的设置，例如《双星物语》中的副本白金评价 + 泉中仙女宝物奖励模式，通过特殊宝物的特殊获取机制，吸引玩家反复通关游戏。

➢ 可探索性

有深度的游戏就如同隽永含蓄的小说，每一次重读都会带来新的惊喜。游戏设计者根据玩家的心理特点，在游戏细节中埋藏伏笔，设置大量"彩蛋"，吸引玩家反复探索游戏世界。例如 PSP 版《恶魔城 X：月下夜想曲》中的隐藏曲目《夜曲》，吸引玩家一次次走入地下墓地，召唤半妖精唱起传说中的歌谣。

➢ 创造性

游戏的创造性体现在玩家对游戏关卡、游戏剧情、人物形象的创造力中。这一思想的引入，提升了玩家对游戏世界的控制力，给予了玩家更大的自由度。从《坦克大战》中的地图编辑器，到《剑灵》的捏脸系统，玩家对于游戏世界的影响力不断增强，打造属于自己的独一无二的游戏世界也许不只是游戏厂商的宣传口号。

➢ 竞争性

有人的地方就有江湖，网络游戏刺激玩家不断投入时间和金钱的重要武器之一，就是强调玩家之间的竞争。竞争性与对抗性体现了人的本能，通过 PVE、PVP 系统吸引玩家与怪物竞争、玩家与玩家竞争，是激发玩家好胜心，提高玩家黏度的重要方法。

7.3 游戏开发流程

7.3.1 游戏开发团队组成

游戏开发团队不是几个独立的游戏制作人员，而是有着明确的结构和分工的"团队"。游戏开发团队主要由策划、程序和美工三部分人员组成，其中，游戏策划分为系统策划、数值策划、关卡策划、文案策划和界面策划；程序分为引擎、物理、AI、网络、声音、工具和界面程序员；美工分为 2D 美工、3D 建模师、纹理美工、动画师和界面美工。另外，游戏在发布之前还需要由测试人员进行测试，小型研发团队中，测试人员一般由程序员等兼任。如果游戏音乐没有外包给其他公司或者采用现有音乐，那么还需要由作曲人、音效师和配音演员组成。

游戏策划以创建者和维护者的身份参与游戏世界，完成游戏背景、故事情节、人物背景、主线及支线任务、画面风格等内容的设计工作，并通过策划书将自己的想法和理念传递给程序和美工。当关卡设计好后，数值策划还要负责调节游戏中的变量和数值，使游戏世界平衡稳定。

美工往往是游戏开发团队中规模最大的一个部门，主要负责为游戏提供美术资源，根据策划书绘制游戏场景、人物、道具、界面和其他可视化元素。

游戏程序人员需要具备计算机科学、数学和物理学的专业技术技能。其中，主程序员相当于高级设计师，主要负责确定游戏结构，协助准备技术设计文档，制作时间表，管理和指导编程小组。其他程序员根据分工，负责各子系统的代码编写和调试工作，其中服务器端程序员强调游戏数据的处理和计算，客户端程序员注重游戏的画面表现和人机交互界面的效果。

7.3.2　游戏开发流程和文档设计

1. 游戏开发流程

如图 7-5 所示，完整的游戏开发流程大致包括游戏立项、撰写策划书、项目研发、音效制作、后期调试、市场宣传、运营销售以及售后服务等八大部分。

（1）游戏立项

游戏立项包括市场调查和立项说明两部分。

- 市场调查：目前电子游戏市场日趋成熟，游戏厂商在决定开发新游戏时，首先要进行市场调研，通过分析 360 手机助手等调研机构发布的游戏市场研究报告，判断游戏市场走向。
- 立项说明：通过市场调查及数据分析确定拟开发游戏的类型，通过立项说明选择该游戏模式的原因及预期。

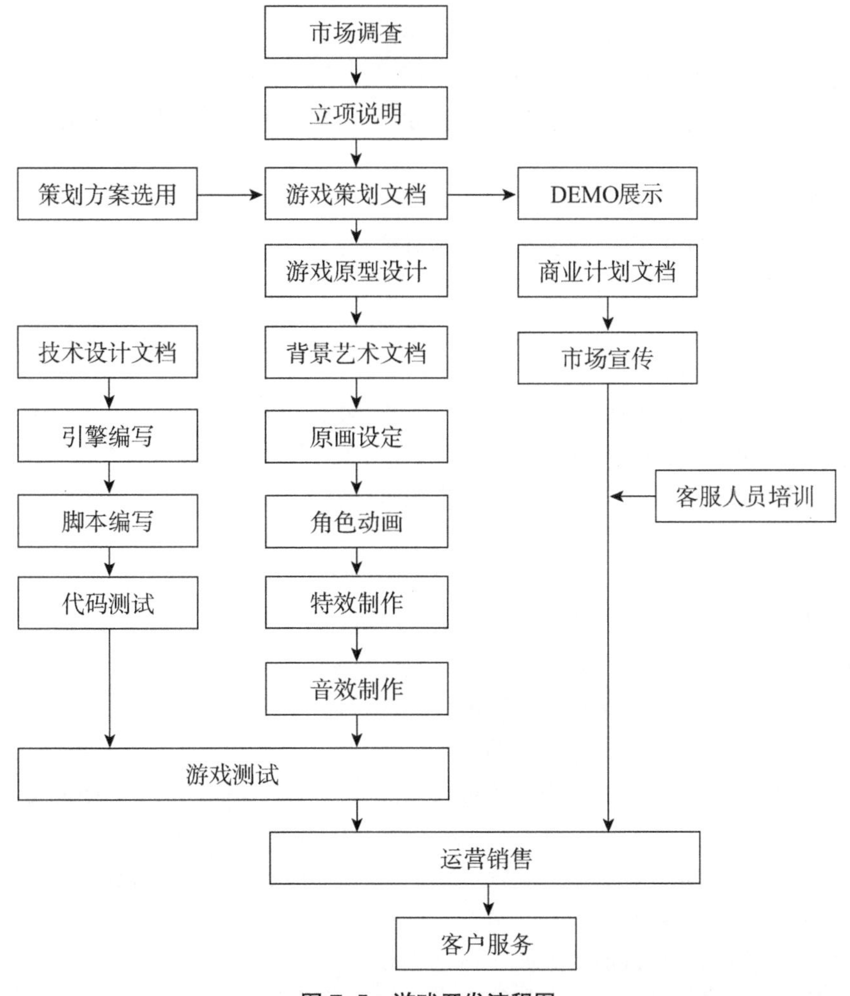

图 7-5　游戏开发流程图

（2）撰写策划书

好的策划书可以让所有参与研发者以及相关部门了解游戏策划的意图，不仅游戏的文案设计、故事背景，甚至还包括游戏的画面风格、UI设计风格等，都可以撰写在策划书中，以便美工了解设计者的意图。

1）成本估算

游戏策划书中需要包含成本估算。它可细分为服务器、客服、社区关系专员、开发团队、管理、用户账号管理、办公设备、宽带、网管、宣传推广、客户端及其他杂费等的成本估算。

2）需求分析

在着手开发游戏前，还应撰写需求分析书。

① 美工需求：内容包括需求图、工作量等。其中工作量需要按天数计算。具体内容如下。

场景：包括游戏地图及小场景设计需求。

人物：包括玩家角色、重要NPC、次要NPC、BOSS和普通怪物等。

动画：根据公司实力和游戏需求分析。如果公司实力有限，动画制作可考虑外包。

道具：道具建模可交由美工处理，此时应明确是否采用纸娃娃系统等。

全身像：根据游戏类型不同，提出人物全身像需求。

静画和CG：游戏中可能出现静画和CG需求，静画常见于文字冒险游戏。

人物头像：人物头像制作需求，包括人物喜怒哀乐在内的多种表情。

界面：界面需求，包括主界面、各项子界面、屏幕界面、开头界面、END界面、保存和载入界面等。

动态物件：包括游戏中是否出现火把、光影等。

卷轴：又称滚动条。根据游戏具体情况制订需求。

招式图：根据游戏设置决定是否有此需求。

编辑器图素：提出关卡编辑器、地图编辑器等的制作需求。

粒子特效：3D粒子特效的需求。

宣传画：包括游戏宣传画、海报等方面的制作需求。

游戏包装：游戏客户端的封面包装制作需求。

说明书插图：游戏说明书内附插图的制作需求。

盘片图鉴：游戏客户端盘片图鉴的制作需求。

官方网站：游戏官方网站的制作需求。

② 程序需求：撰写程序需求分析书，具体内容如下。

地图编辑器：指明编辑器的功能需求、数据需求等。

粒子编辑器：关于粒子编辑器形式和内容的需求。

内置小游戏：包括何种内置小游戏的需求。

功能函数：包括游戏中可能出现的各种程序功能、技术参数、数据、碰撞检测、AI等方面的需求。

系统需求：包括升级系统、道具系统、招式系统等系统导入器的需求。

③ 策划需求具体内容如下。

策划分工：包括剧本、数值、界面、执行等方面。

进度控制：撰写项目进度表，权衡所有成员的开发进度。

例会：项目例会以里程碑的形式呈现。当完成一个任务里程碑或到达固定日期时，需要召开例会。组员可以在会议中汇报工作进度、讨论开发过程中遇到的各种问题。

DEMO 展示：此时展示的 DEMO 是前期策划和项目规划的内容。

（3）项目研发

在完成前期的策划书撰写，明确美工、程序和策划需求后，首先应明确游戏原型设计，在此基础上生成技术设计文档、背景艺术文档及商业计划文档。其中，商业推广以及音效制作交由专业职能部门完成；策划主要负责保持各方面沟通顺畅以及处理突发事件。接下来着重分析技术设计及美工设计的执行情况。

1）游戏原型设计

制作者需要以最快的速度制作出一个可以执行的游戏程序原型，其中应包括基础程序与基础图形。设计者对比电脑实际原型和大脑设想原型，理解两者间的差距，经过调整磨合后生成新的设计书，至此游戏开发进入正式阶段。

2）程序开发

成员包括技术监督、主程序员和程序员。程序开发工作主要由以下几方面组成。

① 图形引擎：包括游戏场景的管理与渲染、角色的动作管理绘制、特效管理与渲染、光照和材质处理、LOD（Level Object Detail）管理以及图形数据转换工具开发等。

② 声音引擎：包括音效、语音、背景音乐的播放。

③ 物理引擎：包含游戏世界中的物体之间、物体与场景之间发生碰撞后的力学模拟，以及发生碰撞后的物体骨骼运动的力学模拟等。

④ 游戏引擎：整合图形、声音和物理引擎，针对某个游戏制作一个游戏系统。其中包含游戏关卡编辑器、角色编辑器等，主要用途是确保场景的调整效果可视化、角色属性及动作修改结果可视化。

⑤ 人工智能或游戏逻辑：根据需求采用脚本语言开发或通过编辑器完成。

⑥ 游戏 GUI 界面（菜单）：用户界面设计。

⑦ 游戏开发工具：包括关卡编辑器、角色编辑器、资源打包管理以及插件工具的开发工作。

⑧ 支持局域网对战的网络引擎开发：解决发包和通信同步的问题。

⑨ 支持互联网对战的网络引擎开发：服务器端软件配置管理、服务器程序优化等。

3）美工

根据工作职能分为原画概念设计师、UI 概念设计师、3D 场景美术师、3D 角色美术师、游戏特效师、游戏动画师、游戏美术总监。

① 原画设计：负责设计游戏场景建筑、人物形象、插画海报、游戏界面等。

② 场景制作：

2.5D 场景的制作工作包括按照场景原画使用 3D 软件制作中、高模场景模型，贴图材质调整，斜向 45° 灯光渲染处理，后期修图。

3D 场景的制作工作包括根据场景原画并按照程序开发要求的多边形面数、贴图数量以及尺寸来制作场景低模和绘制贴图。

③ 角色制作：

2.5D 角色的制作工作包括按照角色原画使用 3D 软件进行建模（中、高模）以及贴图。

3D角色的制作工作包括使用3D软件按照原画制作角色的低多边形模型以及绘制贴图。

④ 角色动画：为角色进行骨骼蒙皮设置，并为角色制作游戏中常见的待机、跑动、跳跃、物理攻击、魔法攻击、被攻击、死亡等一系列动画。

⑤ 游戏特效：使用PS、3DS Max、程序引擎特效编辑器来制作游戏中的光效、烟火、魔法等特效画面。

（4）测试

游戏开发过程中一直需要进行各种测试，主要包括Demo版本、Alpha版本、Beta版本、Release版本、Gold Release版本等。

① Demo版本阶段：包括前期策划、关卡设计、前期美工、后期美工以及程序实现Demo展示。

② Alpha版本阶段：内部测试，主要测试和完善各项功能，查找重大BUG。

③ Beta版本阶段：外部测试，进一步测试和完善各种功能，准备发行游戏。

④ Release版本阶段：游戏发行，项目完成阶段，正式发行游戏。

⑤ Gold Release版本阶段：开发游戏的补丁包、升级版本以及各种官方插件。

（5）控制

游戏开发过程中，策划及各部门主管主要负责把握游戏整体的进度、成本等，维持各部门沟通顺畅以及处理突发事件。

① 成本控制：主要控制服务器、客服、场租、人工、设备、宽带、网管、宣传和推广的费用。

② 市场变化：处理应对发行档期、盗版、竞争对手的情况。

③ 品质：根据制作人员的整体水平，折中决定作品的质量。

④ 突发事件：应对游戏研发过程中的人员、资金突然变动等情况。

2. 游戏设计文档

一份成功的游戏设计文档应该是完备简明而有条理的，主要包括以下内容：

（1）一般性描述

① 背景故事；

② 游戏介绍；

③ 游戏人物表；

④ 特征列表清单；

⑤ 定义和描述；

⑥ 游戏介绍过程；

⑦ 游戏选择过程；

⑧ 游戏开始动画；

⑨ 游戏的进行过程；

⑩ 游戏的关卡；

⑪ 游戏的事件；

⑫ 结束游戏；

⑬ 退出游戏。

（2）屏幕描述和用户界面规范
① 游戏介绍过程或游戏开场动画；
② 游戏选择菜单；
③ 在游戏开始前的选项设置子菜单；
④ 游戏屏幕；
⑤ 屏幕流程图；
⑥ 控制。
（3）艺术规范
① 颜色和分辨率模式；
② 掩膜颜色；
③ 文件类型和命名规则；
④ 背景艺术列表清单；
⑤ 前景艺术列表清单；
⑥ 人物艺术列表清单。
（4）音乐音效规范
① 声音效果列表清单；
② 配音演员列表清单；
③ 音乐列表清单及其描述。
（5）实例规范（具体实现）
① 项目实施过程及人员安排；
② 游戏完工的标志；
③ 所需的函数与过程；
④ 角色所需的信息；
⑤ 画面如何绘制；
⑥ 动画每秒所需帧数；
⑦ 游戏开发所需的资源库；
⑧ 整个游戏从头到尾的流程图。
（6）人工智能规范
① 角色所需知道的知识；
② 角色的实际行为同现实世界中的真实行为的区别；
③ 平衡性考虑。
（7）法律材料
① 版权通告；
② 保密协议。

7.4　游戏设计相关技术

游戏编程包括游戏引擎开发和游戏逻辑开发，其中，游戏逻辑开发是指集中力量开发游戏中的剧情，类似电影的导演，不需要了解某个特效或某个场景如何实现，只需要负责电影的故事情节如何安排、场景如何布置。与之相比，游戏引擎开发更像是电影背后的技术工作人员，他们负责将导演的意图变成现实，更关注技术层面如何实现。

游戏引擎并不是一开始就出现的，早期的游戏开发过程彼此独立，一个游戏一套代码，然而随着游戏越来越多，大家发现游戏中有很多可以重用的代码，将这些重用代码封装起来，也就形成了早期的游戏引擎。

虽然目前市面上有许多开源的游戏引擎，但在使用过程中，已有的引擎并不能完全满足每个设计者的需要。我们在进行游戏开发过程中，很可能需要对现有引擎进行二次开发或者自行开发游戏引擎，因此首先需要了解 DirectX、OpenGL 函数库、编程语言等内容。

DirectX 和 OpenGL 最大的功劳在于充分调度和发挥了显卡的性能，将显卡的特性用接口的形式提供出来。可通过 DirectX 和 OpenGL 实现场景的绘制和画面特效的制作。

7.4.1 DirectX

1. 简介

DirectX 是微软提供的应用程序接口集（APIs），是开发人员控制硬件的底层接口。它可让以 Windows 为平台的游戏或多媒体程序获得更高的执行效率，加强 3D 图形和声音效果，并为设计人员提供一个共同的硬件驱动标准。DirectX 的各个组件提供了访问不同硬件的能力，包括图形（显卡）、声音（声卡）、GPU、输入设备以及所有的标准接口（例如键盘、鼠标等）。

DirectX 通过为游戏制作者提供一个统一的 API 集合，几乎保证了不同 PC 硬件的兼容性问题。在 Direct3D 9 中，开发者可以通过着色器来渲染集合体。Direct3D 10 中移除了渲染状态的函数管线而改用可编程着色器，进一步提高了开发者的操作自由度。Direct3D 11 构建于 Direct3D 10.1 之上，增加了渲染下一代图形的新特性集，在贴图分辨率、多线程渲染等方面做了进一步提升。

2. 组件划分

DirectX 作为一个代码库集合，根据功能可划分为多个组件。组件之间的 API 相互独立，每一部分都只响应系统的一个方面。DirectX 11 中包括的主要组件如下。

（1）Direct2D 组件

该组件作为一个高性能的矢量函数渲染库，在 Win32 程序中被用于 2D 图形的绘制。

（2）DirectWrite 组件

用于在使用 Direct2D 的应用程序中进行字体和文字的渲染。

（3）DXGI 组件

DirectX 图形基础设施库，用于创建 Direct3D 的缓存交换链和枚举设备适配器。

（4）Direct3D 组件

用于在 DirectX 中构建所有的 3D 图形，是 DirectX 所有组件中最受注意并且更新最频繁的 API。

（5）XAudio2 组件

XAudio2 是一个低级的音频处理 API，是 XDK 的一部分（Xbox 开发套件），现在是 DirectX SDK 的一部分。XAudio2 取代了 DirectSound 组件，其最初的版本是只用于 Xbox 游戏平台的 XAudio，XAudio2 支持 Xbox 和 WindowsPC 平台。

（6）XACT3 组件

XACT3 是一个构建于 XAudio2 之上的高级音频处理 API。XACT3 允许开发者使用跨平台的音频创建工具来构建应用程序中的声音，其威力强大且简单易用，用于构建游戏中的声音部分。

（7）XInput 组件

XInput 组件是 XDK 和 DirectX SDK 中的输入控制 API 部分，它取代了原有的 DirectInput，用于处理 Xbox360 游戏机的所有输入操作。XInput 支持以下设备：Xbox 的游戏手柄、摇杆式和 Guitar Hero 控制器、大按钮控制器（见于游戏 Scene It）、arcade stick（Tekken 6）等。

（8）XNA Math 组件

XNA Math 组件很像是在常见的视频游戏中实现了优化操作的数学库，被 Xbox360 和 WindowsPC 平台支持。需要注意的是，XNA 游戏套件和 XNA Math 不同，前者是构建于 DirectX 上的游戏开发工具，允许开发者使用 C# 和 .NET 语言在 Xbox360 和 WindowsPC 开发游戏；后者可用于 XNA 游戏套件之外。

（9）DirectCompute 组件

DirectCompute 组件是一个新加入 DirectX 11 的 API 集，允许使用 GPU 执行通用多线程计算。GPU 能够并行处理多种任务，如物理模拟、视频压缩及解压、音频处理等。

（10）DirectSetup 组件

DirectSetup 组件提供了一些用户在计算机上安装最新版本 DirectX 时需要运行的函数，它也能够检测用户电脑所安装的最新版本 DirectX。

（11）Windows Games Explorer 组件

游戏管理器是 Vista 和 Win7 系统的特性，它允许开发者在 OS 上展示他们的游戏，处理诸如游戏展示、标题、评估、描述、region-specific box art、内容评级、游戏统计和通知、家长控制等。另外，DirectX SDK 提供了大量关于如何使用游戏管理器来管理自己的游戏的相关信息，在游戏安装时非常有用。

（12）DirectInput 组件

DirectInput 组件用来检测键盘、鼠标和游戏操纵杆的输入（目前 XInput 用于所有游戏的输入控制）。对于键盘和鼠标，可以使用 Win32 函数或者 DirectInput 处理。根据 DirectX SDK 的废弃机制，直到新技术取代它之前，DirectInput 都将继续保留。

3. DirectX 的工具集

（1）示例浏览器（Sample Brower）和文档

SDK 中的示例浏览器能够展示所有的实例 Demo、技术文章、教程、文献和一些其他的 SDK 中的工具。

（2）PIX 工具

PIX 工具用于在 D3D 应用程序执行时进行调试和分析，可得到诸如 API 的调用、统计时间、变换前后的网格信息等。另外，PIX 还可以在 GPU 上调试着色器代码。

（3）Caps Viewer 工具

DX 的 Caps Viewer 工具用于显示硬件兼容性信息。

（4）诊断（Diagnostic）工具

DX 的诊断工具用于测试 DX 的各个组件是否工作正常。

（5）贴图（Texture 纹理）工具

用于创建图像的贴图，不支持 DX 10 和 DX 11 格式，因而已过时。

（6）Error Lookup 错误查看器

详细描述运行 DX 应用程序时出现的任何错误代码。在此工具中键入错误代码，单击查看按钮后会显示该错误的详细描述。

（7）控制面板

可用于查看驱动信息、硬件支持信息、各组件的版本信息等，也可用于开启 D3D 10 或 11 的调试层或改变调试信息的输出级别。

（8）跨平台音频创建工具

XACT3 用于创建并整合音频剪辑文件。

（9）Game Definition File Editor 游戏文档编辑器

用于在 Vista 和 Win7 上创建本地的游戏定义文件，其内容包括游戏的发布日期、管理器图标、单击设定、游戏等级、游戏名字和描述、其他属性。

（10）Down-Level Hardware

DX 11 是 DX 10 的精确父集，DX 10 不能使用 DX 11 的所有特性，但开发者可以在采用 DX 11 的情况下，同时针对 DX 10 和 DX 11 硬件进行开发。

7.4.2 OpenGL

1. 简介

OpenGL（Open Graphics Library，开放性图形库）为程序开发人员提供了一个图形硬件接口，同时它也是一个功能强大、调用方便的底层 3D 图形函数库。目前，包括 Microsoft、SGI、IBM、DEC、SUN、HP 等大公司都采用了 OpenGL 作为三维图形标准，许多软件厂商也纷纷以 OpenGL 为基础开发出自己的产品，其中比较著名的产品包括动画制作软件 Soft Image 和 3D Studio MAX、仿真软件 Open Inventor、VR 软件 World Tool Kit、CAM 软件 ProEngineer、GIS 软 ARC/INFO 等。

3D 游戏是当前游戏的主流，其核心技术就是 3D 图形编程。OpenGL 是 3D 游戏开发领域的主流开发包之一，与 DirectX 相比，OpenGL 语言简单易懂，前后版本的兼容性较好，且学习门槛较低。

OpenGL 作为开放的三维图形软件包，独立于窗口系统和操作系统，以它为基础开发的应用程序可以十分方便地在各种平台间移植。此外，OpenGL 可以与 Visual C++ 紧密连接。总而言之，OpenGL 使用简便、效率高、普及面广泛。但是 OpenGL 不包含窗口创建、管理等功能的实现，也没有和键盘、鼠标等设备进行交互的接口，以上工作都需要由编程人员完成。

2. OpenGL 功能

（1）建模

OpenGL 图形库除了提供基本的点、线、多边形的绘制函数外，还提供了复杂的三维物体（球、锥、多面体、茶壶等）以及复杂曲线和曲面（例如 Bezier、Nurbs 等曲线或曲面）的绘制函数。

（2）变换

OpenGL 图形库的变换包括几何变换、投影变换、裁剪变换和视口变换。首先对世界坐标系内的三维物体进行几何变换，改变其形状、大小和方向；然后定义一个三维视景体，对物体进行裁剪，仅使投影在视景体内的部分显示出来；接着在屏幕窗口内定义一个矩形作为视口，视景体投影后的图形就在视口内显示；最后进行适当变换，使图形在屏幕坐标系下显示。

（3）颜色模式设置

OpenGL 颜色模式有两种：RGBA 模式和颜色索引（Color Index）。

（4）光照和材质设置

OpenGL 光有辐射光（Emitted Light）、环境光（Ambient Light）、漫反射光（Diffuse Light）和镜面光（Specular Light）。材质用光反射率来表示。

（5）纹理映射

OpenGL 可实现多重纹理映射效果，能十分逼真地表现物体表面细节。

（6）位图显示和图像增强

除了具备基本的拷贝和像素读写外，OpenGL 还提供融合（Blending）、抗锯齿（Antialiasing）和雾（fog）的特殊图像处理效果。

（7）双缓存动画

双缓存即前台缓存和后台缓存，后台缓存计算场景、生成画面；前台缓存显示后台缓存已画好的画面。

7.4.3　游戏编程语言简介

游戏编程应该用什么语言，没有人能给出简单的答案，不同的应用程序适用不同的编程语言。现就用于编写游戏的主要编程语言进行介绍，并分析其优缺点。

1. C/C++

C 和 C++ 都是基于 C 的语言，是目前最流行的编程语言。C 语言常被用作系统以及应用程序的编程语言，如嵌入式系统的应用程序等；C++ 语言为 C 语言的增强，自出现后迅速成为开发人员之间最流行的语言之一，它适用于开发系统软件、应用软件、设备驱动程序、嵌入式软件、高性能服务器和客户端应用及娱乐软件，如视频游戏等。

其中，C 语言用于游戏编程的特点如下：

① 优点：易于编写小而快的程序，很容易与汇编语言结合，具有很高的标准化。

② 缺点：不容易支持面向对象技术，语法有时候难以理解并造成滥用。

C++ 用于游戏编程的特点如下：

① 优点：组织大型程序时比 C 语言好得多，具有优秀的支持面向对象机制，用数据结构减轻了由于处理低层细节而出现的负担。

② 缺点：大而复杂，与 C 语言一样存在语法滥用问题，运行速度比 C 语言慢。

2. 汇编语言

汇编语言是第一个计算机语言，也是计算机处理器实际运行的指令的命令形式表示法。汇编语言不会在游戏中单独应用，一般用在提高性能、节省时间的部分，比如，《毁灭战士》整体使用 C 来编写，但有几段绘图程序使用汇编。这些程序每秒钟要调用数千次，因此，尽可能的简洁将有助于提高游戏的性能。从 C 语言里调用汇编写的函数是相当简单的，因此同时使用两种语言不成问题。

① 优点：最小、最快的语言。汇编高手能编写出比用任何其他语言能更快实现的程序。

② 缺点：语法晦涩难懂，为了坚持效率而导致出现大量额外代码，移植性很差。

3. JavaScript

JavaScript 是一种解释性脚本语言，主要用于向 HTML 页面添加交互行为，可直接嵌入 HTML 页面或写成单独的 js 文件。随着 V8 引擎的出现，采用 JavaScript 开发游戏也成为一个热点。

V8 JavaScript 引擎是一个由丹麦 Google 开发的开源 JavaScript 引擎，用于 Google Chrome 中。Virtual 在执行之前将 JavaScript 编译成机器码，从而进一步提高效能，其速度只比原生 C++ 慢一点。

随着 Node-js 的发展，JavaScript 用来做服务器端开发已成为主流。网易的开源框架 Pomelo 也使 JavaScript 可用于开发大型多人在线网络游戏。随着 Unity3d 的崛起，目前采用 Unity3d 开发 3D 手机游戏已成为主流，而 Unity 的官方推荐主流语言就是 JavaScript。

① 优点：可减少数据传输，方便操纵 HTML 对象，支持分布式运算。

② 缺点：各浏览器厂商对 JavaScript 支持程度不同，安全性存疑。

4. Java

Java 是 Sun 最初设计用于嵌入程序的可移植性“小 C++”。在网页上运行小程序的想法着实吸引了不少人的兴趣，于是，这门语言迅速崛起。事实证明，Java 不仅仅适于在网页上内嵌动画，而且由于“虚拟机”机制、垃圾回收以及没有指针等特点，Java 很容易实现不易崩溃且不会泄漏资源的可靠程序。虽然不是 C++ 的正式续篇，但 Java 从 C++ 中借用了大量的语法，还丢弃了很多 C++ 的复杂功能，最终形成一门紧凑而易学的语言。

① 优点：适合多平台开发，易于掌握且移植性好，适用于网页、手机游戏和中小型游戏的开发。

② 缺点：使用一个“虚拟机”来运行可移植的字节码而非本地机器码，程序比真正的编译器慢，效率较差。图形处理技术是短板，不适宜开发大型游戏。

5. C#

C# 是微软公司发布的用于替代 Java 的一种面向对象的、运行于 .NET Framework 之上的高级程序设计语言。它借鉴了 Java、C、C++ 和 Delphi 的一些特点，同时也致力于消除编程中可能导致严重结果的错误。由于 C# 使 C/C++ 程序员可以快速进行网络开发，同时还保持了开发者所需要的强大性和灵活性，如今 C# 已经成为微软应用商店和开发成员非常欢迎的开发语言。特别是，目前最火爆的移动平台 3D 游戏开发引擎 Unity3D 也支持 C# 开发，这使 C# 在游戏开发领域迎来新生。

然而，C# 也存在弱点，C# 只能支持微软的平台，但微软在移动互联网领域的市场份额日益缩水，C# 的地位也随之降低。

① 优点：简单易学，Unity3D 支持。

② 缺点：只支持微软平台，而微软在移动互联网领域影响力甚微。

6. Python

Python 是应用于设计各式应用程序的动态语言，语法简洁清晰，具有丰富而强大的类库。

Python 能够很轻松地把其他语言制作的各种模块（尤其是 C/C++）连接在一起，因此被称为胶水语言。开发者可以使用 Python 快速生成程序的原型（有时甚至是程序的最终界面），然后对其中有特别要求的部分，用更合适的语言改写，比如 3D 游戏中的图形渲染模块就可以用 C/C++ 重写，然后封装为 Python 可以调用的扩展类库。

Pygame 是专为电子游戏设计的跨平台 Python 模块。Pygame 基于 SDL 库，开发者可以通过 Pygame 用 Python 语言创建完全界面化的游戏和多媒体程序，并且可以使其运行在几乎所有的平台和操作系统上。另外，Pygame 是免费的，可以用来创建免费软件、共享软件和商业软件。

① 优点：语法简洁清晰，开源免费，与 C/C++ 有天然的融合性，适用于系统维护，例如网页游戏的后台服务。

② 缺点：不具有完整的语法检查，效率较差。

7. Objective-C

Objective-C 是扩充 C 语言的面向对象编程语言，不仅完全兼容标准 C 语言，而且在其基础上增加了面向对象编程语言的特性以及 Smalltalk 消息机制。

Objective-C 主要用于 Mac OS 和 GNUstep 这两个使用 Openstep 标准的系统。它是编写 IOS 操作系统（如 iPhone、iPad 等苹果移动终端设备）应用程序和 Mac OS X 操作系统应用程序的利器。由于 iPhone 手机的强大市场感召力，Objective-C 的身价也随之倍增，成为近年来手游市场的宠儿。

① 优点：编写 IOS 操作系统应用程序的唯一途径。

② 缺点：语法复杂难以学习，虽然是 C 语言的超集，但与流行的编程语言风格差距太大。

7.4.4　游戏引擎简介

1. 什么是游戏引擎

游戏引擎并不是伴随着游戏一起出现的，早期的游戏开发过程可看作服装设计界的“定制服”模式，一个游戏一套代码。随着游戏数量的增加，开发者将游戏中可以重用的代码封装起来，就形成了早期的引擎。

简而言之，游戏引擎是将各种图形图像处理算法整合起来，提供便捷的 SDK（软件开发工具包）接口，以方便别人在此基础上开发游戏的模块。可以把游戏引擎比作赛车的引擎。引擎是赛车的心脏，决定着赛车的性能和稳定性，赛车的速度、操纵感这些直接与车手相关的指标都是建立在引擎的基础上的。游戏引擎也是如此，玩家在游戏过程中所体验到的内容都是由游戏引擎直接控制的，它把游戏中的所有元素捆绑在一起，在后台指挥它们井然有序地运行。简单地说，游戏引擎就是“用于控制所有游戏功能的主程序”，从计算碰撞、物理系统和物体的相对位置，到接受玩家的输入，以及按照正确的音量输出声音等，都可在游戏引擎中进行设置。

电子游戏的发展过程体现在游戏引擎的功能扩展中，如今，随着电子游戏的不断演进，游戏引擎已经发展为一套由多个子系统共同构成的复杂系统。从建模、动画到光影、粒子特效，从物理系统、碰撞检测到文件管理、网络特性，以及专业的编辑工具和插件，游戏引擎几乎涵盖了开发过程中的所有重要环节。一个完整的游戏引擎包含以下系统：渲染引擎（“渲染器”，含 2D 图像引擎和 3D 图像引擎）、物体引擎、碰撞检测系统、音效、脚本引擎、电脑动画、人工智能、网络引擎以及场景管理。

前面已学习过 DirectX 和 OpenGL 的相关背景知识，然而 DirectX、OpenGL 和游戏引擎到底是什么关系？游戏引擎是如何把游戏与显卡连接在一起的？游戏中的各种特效是如何调用显卡来实现的？编程语言在游戏引擎中又扮演着怎样的角色呢？简单来说，显卡是游戏的物理基础，所有游戏效果都需要一款性能足够的显卡才能实现，在显卡之上是各种图形 API，目前主流的是 DirectX 和 OpenGL，我们所说的 DX 10、DX 9 就是这种规范，而游戏引擎则是建立在这种 API 基础之上，控制着游戏中的各个组件以实现不同的效果的。在游戏引擎之上，则是游戏引擎开发商提供给游戏开发商的 SDK 开发套件，这样游戏厂商的程序员和美工就可以利用现成的 SDK 为游戏加入模型、动画以及各种画面效果，最终就可以得到完整的游戏。整个关系可用图 7-6 所示的关系图来表示。

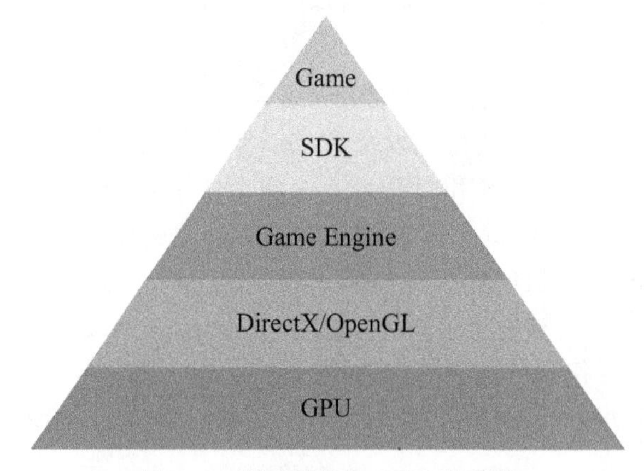

图 7-6　游戏引擎与 GPU 关系图

游戏引擎如同游戏的骨骼，标志着游戏开发模块化的时代来临。优秀的游戏引擎如同建筑物的地基和框架，只需做出不同的外观设计就可获得完全不同的结果。游戏的内涵十分丰富，即使采用同一款游戏引擎且不进行二次开发，只要赋予游戏完全不同的世界观、故事情节、任务系统、人物设置和怪物系统，就可以制作出完全不同的两款游戏。开源游戏引擎的出现，使游戏开发者可将工作的重心放在游戏逻辑设计、游戏画面效果提升等更容易被玩家感受到的环节中。

2. 引擎结构功能

通常游戏引擎应包含以下几种功能系统：光影效果、动画、物理系统、渲染、音效处理、输入 / 输出功能、人工智能、用户图形界面管理、游戏脚本、内存管理、摄像机、编辑器以及系统接口。以下就对引擎的这些功能系统做简单的介绍。

（1）光影效果

光影效果，即场景中的光源对处于其中的人和物的影响方式。游戏的光影效果完全是由引擎控制的，折射、反射等基本的光学原理以及动态光源、彩色光源等高级效果都通过引擎的不同编程技术实现。光影效果的真实与否，直接决定了游戏画面效果的拟真度水平，它是主流游戏引擎研发重点之一。例如，日本厂商 Silicon Studio 打造的次时代引擎“Mizuchi”搭配使用了 Silicon 最新的光学中间件“Yebis 3”，其光影效果令人震撼，如图 7-7 所示。

（a）

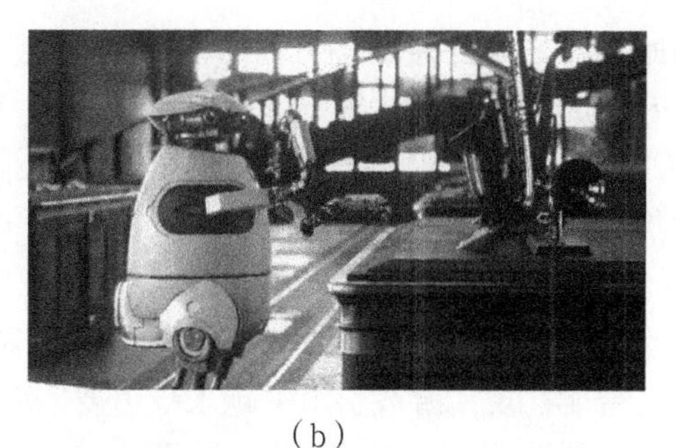

（b）

图 7-7　Mizuchi 打造视频截图

（2）动画

目前，游戏所采用的动画系统可以分为两种：一种是骨骼动画系统，一种是模型动画系统。前者用内置的骨骼带动物体产生运动，比较常见；后者则是在模型的基础上直接进行变形。引擎把这两种动画系统预先植入游戏，方便动画师为角色设计丰富的动作造型。

（3）物理系统

物理系统可以使物体的运动遵循固定的规律。例如，当角色跳起的时候，系统内定的重力值将决定它能跳多高，以及它下落的速度有多快。子弹的飞行轨迹、车辆的颠簸方式也都是由物理系统决定的。碰撞检测是物理系统的核心部分，它可以检测游戏中各物体的物理边缘。当两个 3D 物体撞在一起的时候，这种技术可以防止它们相互穿过，这就确保了当人撞在墙上的时候，不会穿墙而过，也不会把墙撞倒，因为碰撞探测会根据人和墙之间的特性确定两者的位置和相互的作用关系。目前，市面上著名的物理引擎有 Havok、Bullet、PhysX 等，其中 Havok 以其开放性和不依赖特定硬件的特点深受大型游戏喜爱，其著名的应用案例有《星际争霸 2》、《暗黑破坏神 3》等。

（4）渲染

渲染是引擎最重要的功能之一。当 3D 模型制作完毕之后，美工会按照不同的面把材质贴图赋予模型，这相当于为骨骼蒙上皮肤，最后再通过渲染引擎把模型、动画、光影、特效等所有效果实时计算出来，并展示在屏幕上。渲染引擎在引擎的所有部件当中是最复杂的，它的强大与否直接决定着最终的输出质量。图形渲染模块支持固定渲染方式和图形处理器的可编程渲染方式，这不仅使得引擎的渲染效率大大提高，而且能实现实时阴影、动态纹理贴图和颜色渐变效果等。一般用 OpenGL、Direct3D 或者软件成像来将图像显示在屏幕上。渲染实现了游戏场景可视化，即让玩家可以看见场景，从而能够根据屏幕上所看到的东西做出适当的决断。在游戏运行过程中，CPU 的处理时间超过 50% 都花费在渲染功能上，可以说，如果没有一个好的渲染功能，普通游戏永远不会成为一个一流的游戏。

（5）音效处理

引擎的音效处理包括对背景音乐和各种事件声音的管理和播放，一些高性能的游戏引擎还能实现 3D 音效和环境环绕音等复杂的功能。引擎的音效模块是在 DirectMusic、DirectSound 和 DirectShow 的基础上实现的。

（6）输入 / 输出功能

引擎还有一个重要的职责就是负责玩家与电脑之间的沟通，处理来自键盘、鼠标、摇杆和其他外设的信号。如果游戏支持联网特性，网络代码也会被集成在引擎中，用于管理客户端与服务器之间的通信。引擎的输入/输出模块首先包括鼠标和键盘的消息处理，它们都是在 DirectInput 的基础上实现的。除此以外，对于含有联网功能的游戏引擎，还需要设计支持 TCP 和 UDP 的网络通信模块。另外，为了提高信息传送的保密性，引擎通常还需要增加一个加、解密功能。

（7）人工智能

引擎中的人工智能模块为游戏中的非玩家控制角色的行为和决策提供智能支持，游戏中的人工智能在现代游戏引擎中越来越重要，它直接影响到游戏的可玩性和游戏设计的复杂性。

（8）图形用户界面（GUI）管理

引擎还负责 GUI 的管理，提供用户可视化操作界面，包括对话框、按钮、编辑框、列表框和树控件等。为了提高游戏开发的效率，特别是 GUI 的开发效率，可用 XML 来描述游戏中的 GUI。

（9）游戏脚本功能

脚本功能是在程序外定义程序的文本文档。脚本可帮助编写游戏逻辑、定义显示界面、人工智能和剧情等。此外，脚本也可以用来描述 GUI。常用的脚本语言有 Lua 和 Python。

（10）内存管理

内存管理通过重载运算符的方法对 new 和 delete 进行重载，自定义一个内存管理类，用以监视内存泄露、统一分配内存和内存释放，从而帮助游戏合理地使用有限的内存空间。

（11）摄像机

引擎中的摄像机技术可用于控制动态的摄像机移动轨迹，如平移、旋转等，也可通过改变距离来改变成像的大小，还可用于剔除摄像机之外的物体以及提供用户可视化的动态效果。

（12）编辑器

引擎需要通过各种各样的编辑器来完成游戏的开发。例如，通过地图编辑器完成地形处理，通过魔法编辑器实现各种技能和魔法，通过粒子编辑器实现场景中的火焰等特效。使用编辑器可以大大提高游戏的开发速度，因此，灵活高效的编辑器也是鉴定游戏引擎水平的重要指标。

（13）系统接口

系统接口是游戏引擎各个模块与游戏客户端之间的交互桥梁。系统接口有效地解决了游戏客户端与游戏引擎频繁交互的问题，提高了游戏开发的速度，也为游戏引擎提供了隐藏性和可扩充性。

3. 游戏需求分析

每一款游戏都有自己的引擎，而游戏引擎在同类游戏中具有一定的通用性，在其他类游戏中无法适用。例如，为格斗游戏设计的游戏引擎可能在《街头霸王》、《侍魂》中效果良好，但显然在大型多人在线游戏、第一人称射击游戏或养成类游戏中“水土不服”。

然而，各种引擎也存在着很大的重叠部分。例如，无论什么类型的三维游戏，都需要某种形式的低阶用户输入（如手柄/鼠标/键盘输入）、三维网格渲染、强大的音频系统等。虽然虚幻引擎是为第一人称射击游戏设计的，但它同样可用于制作其他类型的游戏，例如，久游公司的次世代武侠题材网络游戏《流星蝴蝶剑 ONLINE》、英佩游戏工作室的畅销第三人称射击游戏《战争机器》、韩国 Acro Games 公司的未来派赛车游戏《Speed Star》等。

以下介绍几种常见游戏类型，并讨论每种类型的技术需求。

（1）第一人称射击

第一人称射击游戏中的典型代表有《反恐精英（Counter-Strike,CS）》、《雷神之锤（Quake）》、《虚幻竞技场》、《使命召唤》等。如图 7-8 所示，这一类游戏要让玩家面对一个精细而超现实的世界，并且能感到身临其境，因此开发技术难度极高，游戏业界的巨大技术创新往往出于此。

图 7-8 《使命召唤 6：现代战争 2》截图

第一人称射击游戏的超高视觉效果和迅速精准的反应机制对其开发引擎提出了很高的技术要求，例如：

① 高效渲染的大型三维虚拟世界；

② 快速精准的视角跟随和瞄准机制；

③ 品种繁多而效果真实的武器设置；

④ 宽容的玩家角色运动及碰撞模型（保证角色运动时视线不会过度颠簸）；

⑤ 真实的爆炸场景及角色动画（如人物被击飞后的落地效果等）；

⑥ 小规模多人在线游戏的能力。

以上技术指标的实现要求角色动画、音效音乐、刚体物理、内置电影及其他配套技术都必须是业内最前沿的，因此其引擎的开发也必须紧跟图形图像处理等技术的发展脚步。

（2）竞速游戏

竞速游戏指所有以在赛道上驾驶车辆或其他载具为主要任务的游戏。这一类游戏故事中，角色的移动速度比一般 FPS 游戏快许多，由于游戏的趣味在于竞速上，所以竞速游戏通常把图形的细节集中在载具、赛道及近景上。另外，如摩托车赛车游戏等还需要投放足够的渲染及动画资源到驾驶者上。竞速游戏的代表作有《极品飞车》（图 7-9）、《马里奥赛车》、《洛杉矶赛车》等。

图 7-9 《极品飞车 18：宿敌》截图

如图 7-9 所示，典型竞速游戏有以下特点：

① 遥远背景的渲染：以最小代价获取看似真实的场景，经常使用二维纸板形式的树木和山脉。

② 赛道通常切开成较为简单的二维区域，即“分区”。这一设计可用来实现渲染优化、可见性判断以及帮助非玩家操控车辆实现人工智能和路径搜寻。该设定也常用于对抗性游戏，实现敌方 NPC 巡视等功能。

③ 第一人称视角摄像机有时会置于驾驶舱里，第三人称视角摄像机通常追随在车辆背后。

④ 如果赛道经过天桥或其他狭窄空间，需注意防止摄像机和背景几何体碰撞。

⑤ 赛车行驶过程中存在各种特效，如车尾烟雾、夜间模式时的灯光、车辆碰撞特效。

（3）大型多人在线游戏

大型多人在线游戏（massively multiplayer online game，MMOG）能同时支持大量玩家（数千至数十万）在非常广阔的虚拟世界里进行游戏。玩家离开游戏后，这个虚拟世界在网络游戏营运商提供的主机式服务器里继续存在。MMOG 按类型可分为 MMO 角色扮演游戏、MMO 实时策略游戏以及 MMO 第一人称射击游戏。其中，MMO 角色扮演游戏在中国拥有广泛的玩家群体，除了目前流行的《魔兽世界》、《龙之谷》、《剑侠情缘网络版 3》、《天下三》、《剑灵》等外，还有被公认为第三代网游的《上古世纪》。

MMOG 的核心是一组功能非常强大的服务器，这些服务器负责维护游戏世界、管理用户登入 / 登出、提供用户间文字对话或 IP 电话等服务。由于 MMOG 的游戏场景规模和玩家数量都很大，MMOG 里的图形逼真程度通常稍低于其他游戏。然而，如图 7-10 和图 7-11 所示，随着玩家要求的提高，游戏开发商不仅要努力使游戏场景唯美写实，还要通过人物捏脸等系统进一步提升玩家自由度和归属感，这些都对网络游戏的引擎开发与服务器性能提出了新的要求。

图 7-10 《剑灵》场景截图

图 7-11 《天下三》捏脸系统

网络游戏引擎是网游程序的核心部分，主要由基础引擎、客户端引擎、服务器引擎、数据库引擎、工具等部分组成。在开发层面，游戏引擎有助于简化游戏开发，为游戏开发提供框架；在运行层面，游戏引擎控制着游戏的运行，保证游戏的各项功能同步稳定。游戏引擎的质量在很大程度上决定了游戏产品的质量和游戏开发商的行业地位。然而，这并不是说采用经典游戏的引擎所做出来的游戏就能复制前者的成功，引擎是同一游戏开发商在不同游戏之间的通用基础技术，其通用具有相对性，不能简单粗暴地生搬硬套。综上所述，网络游戏具有以下特点：

① 引擎开发注重通用性，但需根据新游戏特点进行个性化修改。

② 游戏画面和游戏流畅度注重均衡性，部分游戏过于强调画面效果而忽视了游戏流畅度，导致出现“静态一幅画，动态全马赛克”的问题。

③“万人国战”、“史诗级 BOSS”等多人在线游戏模式的引入，对同屏可视人数要求较高。

各类游戏有其特殊的技术需求，因此游戏引擎往往因游戏类型的不同而存在差异，但纵观电子游戏发展史会发现，不同类型游戏的技术需求也有很大的共通之处。随着硬件性能的不断提升，为考虑优化（如为了多人共同在线而牺牲游戏画面细节）而产生的游戏类型差异将不断缩小。因此，将同一个引擎技术应用于不同类型的游戏，甚至不同硬件平台，变得越来越可行。

4. 游戏引擎概览

时至今日，游戏引擎已从早期游戏开发的附属品一跃成为今日的当家主角。对于一款游戏来说，能实现什么样的功能和效果，在很大程度上取决于其使用的引擎的完善程度。一款成功的游戏引擎，首先应该具有如下优点：

（1）完整的游戏功能

作为游戏开发的核心组件，现在的游戏引擎不再是一个简单的 3D 图形引擎，而是涵盖了 3D 图形图像、音效处理、AI 运算、物理碰撞检测等功能的游戏开发工具。另外，引擎的组件采用模块化设计，开发者可以按需购买。以虚幻 3 引擎为例，虽然全部授权金总计高达上百万美元，但游戏开发者可以分别购买相关组件，降低授权费用。

（2）强大的编辑器和第三方插件

一款优秀的游戏引擎还需要具备强大的编辑器，包括场景编辑器、模型编辑器、动画编辑器等。编辑器的功能越强大，美工人员可发挥的余地就越大，游戏效果就越独特。

另外，随着现代图形图像处理技术的发展越来越快，引擎也应具备足够强大的自我进化能力。以 Unity3D 引擎为例，好的游戏引擎不仅需要有可和第三方造型软件，如 3DS Max、Maya 等对接以实现模型无缝导入和导出的接口插件，还需有可实现角色自定义动作、特殊光效场景控制的功能插件。可以说，第三方插件的丰富程度和更新速度也代表着游戏引擎的市场占有率和活力。

（3）简洁有效的 SDK 接口

优秀的引擎会将复杂的图像算法封装在模块内部，而其对外提供的则是简洁有效的 SDK 接口，这种设计有助于游戏开发人员快速上手，就像各种编程语言一样，越高级的语言越容易使用。

（4）其他辅助支持

成功的游戏引擎不只用于制作游戏场景和人物角色，还需要提供网络、数据库和脚本等功能，这一点对于面向网络游戏的引擎来说更为重要。由于网络游戏需要同时满足大量玩家的不同需求，因此，在设计游戏场景的同时，还要考虑服务器端的承载能力，做到保证优异画质的同时降低服务器端承受的巨大压力。下面就对其中表现优秀的游戏引擎进行简要介绍：

1）BigWorld 引擎

开发商：Big World Pty Ltd

平台：PC

BigWorld 引擎是目前最优秀的 MMOG 引擎之一，包含了制作下一代大型多人在线游戏及虚拟现实产品所需的所有复杂技术。其引擎由服务器软件、内容创建工具、3D 客户端引擎、实时管理工具和数据分析工具组成。和其他 MMOG 游戏引擎不同，它不是以地图为单元而将其分担到独立进程中去管理的，而是以人群数量去进行划分的。从理论上来说，BigWorld 支持无限大的游戏世界，而且它完全没有对物理地图区域进行分割，所以支持无缝过图。BigWorld 引擎凭借其代表作《魔兽世界》而声名大噪，又以其优质的服务和后续支持而广受中国市场用户的喜爱。BigWorld 公司并不专职买卖固定的引擎代码，而是将工作的重心放在为大型多人在线游戏（MMOG）开发商提供成熟的中间件平台中，这一中间件平台也正迅速成为行业标准。

优点：动态负载均衡，服务器承受能力好；服务器有较高的容错性；功能全面，使用方便，开发速度快；支持无缝世界；嵌入的 Python 脚本使游戏的开发过程非常方便。

缺点：更适合制作 FPS 第一人称射击游戏；结构完整度高，模块间契合度大，优化难度大；仅支持 RedHat（兼容）服务器系统。

代表作：《魔兽世界》（图 7–12）、《天下三》（图 7–13）等。

图 7–12 《魔兽世界》截图

图 7–13 《天下三》场景截图

2）Source（起源）引擎

开发商：Valve

平台：PC、Mac、Xbox、Xbox360、PS3

Source 引擎是 Valve 公司为旗下著名 FPS 游戏《半条命 2》而开发的，是一款次世代的游戏引擎，具备兼容性、灵活性、完整性，因而成为游戏开发者手中最强大的工具之一。Source 引擎可以提供从物理模拟、画面渲染到服务器管理、用户界面设计等所有服务，对渲染、声效、动画、抗锯齿、界面、网络、美工创意和物理模拟方面的支持都非常优秀，并结合了尖端的人物动画、先进的 AI、真实的物理解析、以着色器为基础的画面渲染，以及高度可扩展的开发环境，可用以创作一些最流行的电脑和主机游戏。

Source 引擎还附带“Source 开发包”和“Source 电影制作人”两个程序，前者带来的是新的游戏制作方案，可让开发者把时间和精力放在游戏本身的特色上；后者更是业界首个专门用来制作游戏电影的程序，大大释放了游戏电影制作者的想象力，游戏电影制作者再也不必拘束于游戏系统规定的条条框框。

优点：光影效果细致，材质贴图细致，性价比高。

缺点：不适合构筑大型无缝场景，且过于古老。

代表作：《半条命 2》（图 7–14）、《洛奇英雄传》（图 7–15）等。

图 7-14 《半条命 2》截图

图 7-15 《洛奇英雄传》截图

3）Unreal Engine（虚幻）引擎

开发商：EPIC

平台：DirectX 9/10、Xbox 360、PlayStation 3 等

虚幻 3 引擎是 EPIC 公司专为 DirectX 9/10、Xbox 360 以及 PlayStation 3 平台准备的完整的游戏开发构架，提供大量的核心技术阵列和内容编辑工具，支持高端开发团队的基础项目建设。它整合了由 Ageia 公司所提供的“NovodeX”物理模拟技术，让场景中的对象呈现出如同真实物体般的反应，如弯曲、抖动、晃动、碰撞、弹跳等，并以常见的连锁机关方式来展示这些真实物理反应模拟所能做到的效果。

虚幻 3 引擎给人留下最深印象的是其极端细腻的人物和物品模型。通常游戏的人物模型由几百至几千个多边形组成，在模型上直接进行贴图和渲染等工作，就得到了最终的画面。虚幻 3 引擎的进步之处就在于在游戏的制作阶段，可以支持制作人员创建一个由数百万个多边形组成的超精细模型，并对模型进行细致的渲染，从而得到一张高品质的法线贴图。这张法线贴图中记录了高精度模型的所有光照信息和通道信息。在最终运行的时候，游戏会自动将这张带有全部渲染信息的法线贴图应用到一个低多边形数量的模型上，从而在保证效果的同时，最大程度上节省显卡的计算资源。

UE4（虚幻 4）引擎于 2014 年发布，相较于 UE3，它拥有更高级的物理学碰撞效果。全场景 HDR 高清渲染、局部后期特效、抗锯齿开关、物理遮罩、GPU 大规模粒子碰撞模拟、场景动态光源等画面技术的引入足以缔造跨时代的 CG 级游戏。《剑灵》的面世也使人们意识到新一代网络游戏时代的到来，目前我国各大网络游戏公司都开始尝试采用 UE4 引擎开发新的大型 MMOG 游戏。

优点：易于进行极细腻的人物材质渲染，渲染效率优秀；材质编辑器功能强劲；支持体积雾、刚体物理级布娃娃系统等；画面效果精致细腻，物理效果真实。

缺点：适合室内场景，适合 FPS 游戏；服务器使用的是 FreeBSD 环境（类 UNIX 操作系统），暂未有项目验证其容载；有时画面感觉较“油”。

代表作：《剑灵》（图 7-16）、《流星蝴蝶剑》、《战争机器 3》（图 7-17）等。

图 7-16 《剑灵》场景截图

图 7-17 《战争机器 3》场景截图

4）Cry Engine 引擎

开发商：CRYTEK

平台：PC、PS4、Xbox One 等

Cry Engine 功能强劲，拥有极度先进的光照、逼真的物理模拟、先进的动画系统等。该引擎图像处理能力优于 Unity 和 UDK（Unreal Development Kit），但是与 Unreal Engine 基本持平。Cry Engine 2（以下简称 CE2）引擎是 Crytek 公司开发的《孤岛惊魂》所使用的 Cry Engine 引擎的升级，目前，使用此引擎的游戏为 Crytek 所开发的《孤岛危机》。最新作 Cry Engine3 引擎是 Crytek 公司出品的一款对应最新技术 DirectX 11 的游戏引擎，其图像处理能力与 Unreal Engine 4 的基本持平。

与前作相比，Cry Engine 3 引入了第三代“沙盒”组件。沙盒 3 作为所见即所玩的游戏编辑器，可协助游戏开发者实现以下功能：一旦在 PC 的沙盒上对原始艺术资源内容进行更改，Cry Engine 3 就会立即自动对其进行转换、压缩和优化，并更新所有支持平台的输出结果，开发人员也能立刻看到光影、材料、模型的改变效果。另外，Cry Engine 3 引擎还拥有简易而直观的游戏逻辑控制界面、完整的植物与地表生成系统、实时软粒子系统等，为游戏开发者快速创建完备的游戏世界奠定了良好的基础。Cry Engine 一直将最新的图形图像处理技术与光影技术融入引擎功能设置中，通过实时动态全局光照、自然光照与动态软阴影、原始动态模糊与景深等技术的引入，为玩家打造高度拟真的视觉效果，如图 7-18 所示。

优点：所见即所玩的沙盒系统；物理效果支持非常全面；支持实时动态全局光照等技术，画面逼真；新作优化效果很好。

缺点：早期对显卡要求过高，如《孤岛危机》又名《显卡危机》；前作的阴影导致该引擎新作开发的游戏曲高和寡，销售量并不是非常理想。

代表作：《战争前线》（图 7-19）、《孤岛危机》等。

图 7-18 Cry Engine 经典森林场景

图 7-19 《战争前线》截图

5）Unity3D

开发商：Unity Technologies

平台：PC、Mac、iPhone、Wii

相较于虚幻等次时代游戏引擎，Unity Technologies 公司开发的 Unity3D 引擎只能算是轻量级的游戏引擎，但是它在游戏制作上的易上手、高效率，以及对众多游戏平台的支持，使得它在独立游戏制作小组中具有很高的人气。Unity3D 已成为三维手机游戏的主流开发引擎之一。

Unity3D 引擎可让开发人员轻松创建诸如 3D 视频游戏、建筑可视化、实时 3D 动画等拥有大量互动内容的程序。Unity3D 是一款多平台的综合型游戏开发工具，是一个全面整合的专业游戏引擎，它借鉴了虚幻引擎和一些大型三维动画软件的操作理念，因此很容易入门。Unity3D 的开发界面布局完善，开发人员可以快速地选择一个适合自己开发习惯的窗口排序，并且此引擎和其他软件的协作非常方便。Unity3D 引擎对配置的要求相对不高，即使是低端硬件，也可流畅运行广阔茂盛的植被景观，并且它内置 NVIDIA 公司的 PhysX 物理引擎，使得最终游戏效果更上一层楼。

优点：完整优秀的编辑工具；游戏制作易上手、高效率；支持众多游戏平台；适合个人开发游戏；第三方插件数量极多，易于进行二次开发；可以利用 Unity web player 外挂程式发布网页游戏。

缺点：不适于多人协作，很难用 SVN 管理项目；相较于其他高端引擎，画面效果，特别是动态画面的光影与渲染效果仍需改善。

代表作：《神庙逃亡》(图 7-20)、《暗影之枪》(图 7-21) 等。

图 7-20 《神庙逃亡 2》截图

图 7-21 《暗影之枪》截图

6) Cocos 引擎

开发商：触控科技有限公司

平台：IOS、Android、Mac、Windows、Web、Winphone

Cocos 引擎的早期版本 Cocos2d 是一个基于 MIT 协议的开源框架，用于构建游戏、应用程序和其他图形界面交互应用，在创建多平台游戏时可以节省很多时间。现在，Cocos 是由触控科技推出的游戏开发一站式解决方案。Cocos 引擎家族所有独立产品，如 Cocos2d-x 引擎框架、Cocos Studio 界面编辑器、Cocos Code IDE 代码调试打包工具等，如今都统一在 Cocos 里。Cocos 里面包含了从新建立项、游戏制作到打包上线的全套流程。Cocos 覆盖整个手游制作的完整流程，重新定义了无缝的工作流，让游戏开发铁三角“策划—美术—程序”能够在这套 Cocos 工具上更好地协同工作。它最大程度提高了开发者的工作效率，开发者可以通过 Cocos 快速编辑资源和动作、编写和调试代码、集成商业服务的 SDK、打包输出，最终导出适合于各个平台、各渠道发布的游戏安装包。

行业目前首选的游戏引擎，主要都集中在 Cocos 与 Unity3D 上。从全球市场份额数据来看，主要覆盖中端市场的 Unity 相对领先；Cocos 则主要占据高端与低端市场，约占 1/4 市场。但值得注意的是，在中国 Cocos 则相对领先。目前，在中国的 2D 手机游戏开发中，Cocos 引擎的市场份额超过 70%。

Cocos 引擎的主要优点包括：

① Cocos 提供了游戏开发的全套开发工具，满足团队中不同职业对工具的需求，从而提高了开发效率，降低了时间成本。

② Cocos 致力于打造一体化的游戏开发工作流，贯穿从立项、研发、打包、上线整套开发流程，让整个开发过程更加顺畅，减少了频繁沟通和返工的问题。

③ Cocos 是基于 MIT 协议的免费开源框架，用户可以放心使用而不用担心商业授权的问题。

④ Cocos 提供了非常优秀的跨平台开发方案，一次编码将适配 IOS、Android、Mac、Windows、Web、Winphone 甚至是家用机等全部平台，免去了后期移植的大量时间，为开发者赢得宝贵的上线黄金期。

⑤ 多分辨率适配也一直是困扰开发者的难题，机型的适配问题也耗费了开发者大量的时间。Cocos 提供了简单易用的布局系统，开发者可轻松完成适配工作。

缺点：相比于 Unity，目前对 3D 应用支持还不太好。

代表作：《捕鱼达人》系列（图 7-22）、《我叫 MT》、《秦时明月》（图 7-23）等。

图 7-22 《捕鱼达人 3》场景

图 7-23 《秦时明月》截图

7）App Game Kit

开发商：That Game Creators

平台：IOS、Android、Mac、PC、Bada、BlackBerry

跨平台游戏开发工具 App Game Kit（简称 AGK）是 2013 年度外媒评选的开发者最中意的游戏开发平台 / 引擎之一。作为一款用于移动跨平台的游戏开发引擎，AGK 支持开发商结合 Eclipse 开发环境，使用 LoadImage、Sprite、PlaySound 等简单的程序命令制作游戏，然后将这些游戏编译到指定的平台如 BlackBerry、Android、IOS 和 Windows Phone 上。

优点：使用方便，可使用 Basic 脚本语言；提升工作效率，可在 IDE 中编译，然后利用 WIFI 将它传至多个设备进行即时的测试；多渠道，可将作品发布到多个应用商店，获得多个收入来源；AGK 的核心是一组命令，通过这组命令可以控制游戏中包括游戏界面、声音、物理效果和碰撞等的所有功能。

缺点：使用者较少，所以相关学习资料较少；BUG 较多；传感器支持较差。

代表作：《哈勃空间望远镜》等。

习题

1. 试述游戏的开发流程。
2. 试述 OpenGL 和 DirectX 的差异。
3. 什么是游戏引擎？试述它的主要作用。
4. 查阅资料，描述目前主流的开源游戏引擎，并分析其特性。
5. 查阅资料，分析目前主要的手机游戏引擎。

第 8 章
虚拟现实技术及应用

科幻小说中经常出现一个场景——主人公打开控制台，仰望着投影在空中的宇宙场景，它们是那样的真实，简直让人分不清现实和想象的界限。本章介绍的虚拟现实技术就是这种科幻场景的具象化表现，但该技术并不仅仅局限于这一场景，它是以计算机技术为核心的多种技术的综合，融合了数字图像处理、计算机图形学、模式识别、人工智能、多媒体技术、传感器、网络以及并行处理技术等多个信息技术分支的最新研究成果。总而言之，虚拟现实技术利用计算机模拟产生了一个立体的虚拟世界，可以通过视觉、听觉、触觉等感官感受虚拟的人造世界，产生身临其境的美妙体验。

8.1 虚拟现实技术概述

虚拟现实技术听起来十分虚无缥缈，然而，在当今信息高速传播的互联网时代，虚拟现实技术借助计算机技术的发展势头，迅速地渗入我们的日常工作和生活中。大至模拟零重力环境的宇航员训练中心、美国 SIMNET 虚拟战场系统，小至利用 MAYA、Unity 等三维建模软件或游戏引擎实现的室内设计创意演示，虚拟现实技术利用计算机强大的视觉、听觉乃至触觉信息处理能力以及信息可视化技术，或忠实再现了真实的现实环境，或营造出一个个逼真的幻想世界。

8.1.1 虚拟现实技术的概念

虚拟现实，又称虚拟实境或灵镜技术，来源于英文 Virtual Reality（VR），是由美国 VPL Reasearch公司创始人之一Jaron Lanier于1989年提出来的，距今已发展超过20年。在此期间，计算机技术、传感器技术、数字多媒体技术等相关领域的飞速发展，为虚拟现实技术从价格上步下神坛、从功能上接近科幻、从应用上走入家庭创造了必要的条件。VR技术、理论分析、科学实验已成为人类探索客观世界规律的三大手段。

虚拟现实的含义一般有广义和狭义之分。狭义的虚拟现实技术指一种智能的人机界面或高端的人机接口，用户可通过视觉、听觉、触觉、嗅觉和味觉等看到彩色、立体的景象，听到虚拟环境中的声音，感受到虚拟环境反馈的作用力，由此产生一种身临其境的感觉；广义的虚拟现实技术是对虚拟景象或真实世界的模拟实现，通过电子技术模拟局部的客观世界，完美地再现使用者希望感受到的声、光、气、形等信息，并通过多种传感器接收使用者的多种反应，实现虚拟环境→用户反应→环境变化→用户感受的一系列人机交互过程，使用户沉浸在虚拟现实的环境中。

虚拟现实技术的发展可分为三个阶段：20 世纪 50 年代到 70 年代，是 VR 技术的探索阶段，其标志是 1962 年莫顿 · 海利息研制的具有多种感官刺激的立体电影系统 Sensorama，以及 1965 年美国科学家艾凡 · 萨瑟兰在《终极的显示》一文中首次提出的虚拟现实环境的理论；20 世纪 80 年代初期到 80 年代中期，是 VR 技术系统化、实用化的阶段，该阶段的标志是美国国家航空航天局（NASA）及美国国防部组织的，基于火星探测的虚拟世界显示系统等 VR 技术研究工作；20 世纪 80 年代末期到现今，迅速发展的计算机硬件技术与不断改进的计算机软件系统相匹配，使得基于大型数据集合的实时动画制作成为可能，该阶段的标志性成果有利用 VR 设计的波音 777 客机等。

以上三个阶段不仅代表着计算机技术的飞速发展，而且体现了人与计算机的交互技术飞速发展，而人与计算机的交互方式，主要体现为人机交互界面。从计算机诞生至今，人机交互界面经历了命令行界面（Command Line Interface，CLI）、图形用户界面（Graphical User Interface，GUI）以及多媒体界面（Multimedia Interface）这三个发展阶段。由以上三阶段可以看出，人机交互界面的发展方向是最大限度地提高人在使用过程中的舒适性、直观性以及感知信息的丰富性，而界面设计也逐步从简单的按钮控制向影随心动、即时反馈、高度拟真的方向发展。为适应目前和未来的计算机系统的要求，人机交互界面应能支持时变媒体（Time-varying Media），接受来自人的表情、语音、动作传播的信息并及时做出正确反应，从而实现立体的、即时反应的、容错性高且真实的交互理念。虚拟现实技术正是实现这一目的的重要途径，它为建立起方便、自然、直观的人与计算机的交互方式创造了非常好的条件。

虚拟现实技术的定义可归纳如下：虚拟现实技术是以计算机技术为核心的一系列相关技术的融合，它旨在营造一种集视觉、听觉和触觉等高度拟真感受于一体的虚拟环境。用户可以通过多种专用设备沉浸其中，并能以自然的方式与该虚拟环境进行交互。虚拟现实技术不仅可以让用户采用在真实世界中常用的自然技能，如眼看、耳听等对虚拟环境中的物体进行考察或操作，而且提供多种感官如视觉、听觉、嗅觉、触觉的拟真信息反馈。

8.1.2　虚拟现实系统的构成

如图 8-1 所示，典型的虚拟现实系统主要由计算机、应用软件系统、输入 / 输出设备、用户和数据库等组成。

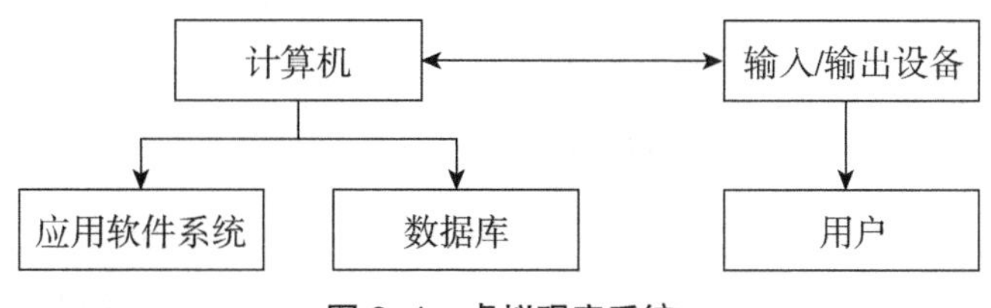

图 8-1　虚拟现实系统

1. 计算机

在虚拟现实系统中，计算机负责生成虚拟世界以及实现人机交互。人们对虚拟现实系统的拟真度、复杂度和反应速度提出了越来越高的要求，例如，外太空星域的模拟、大型建筑物的立体展示、复杂场景的三维建模等。不断提高的要求使得生成虚拟世界所需的计算量不断增大，与之相应的，对计算机硬件配置的要求也同步上升。目前，低档的虚拟现实系统以 PC 机为基础，并配置 3D 图形加速卡；中档的虚拟现实系统一般采用 SUN 或 SGI 等公司的可视化工作站；高档的虚拟现实系统则采用分布式的计算机系统，即由几台计算机协同工作。由此可见，计算机是虚拟现实系统的“心脏”，是创建虚拟现实场景的基石。

2. 输入 / 输出设备

在虚拟现实系统中，仅有强大的计算机系统是远远不够的，虚拟现实拟真性的重要表现在于其与参与者的交互作用。为了实现人与虚拟世界的自然交互，必须采用特殊的输入 / 输出设备，一方面将计算机营造的感觉信息传达给参与者，另一方面也积极地识别参与者的各种指令及感受，并实时生成相应的反馈信息。例如，由美国 Virtuix 公司出品的最新游戏操控设备 Virtuix Omni，通过集成 Oculus Rift 立体眼镜和 Omni——一款可将玩家的运动数据（如人的方位、速率和历程数据）同步反馈到实际游戏中的全向跑步机（图 8-2），可使玩家在现实中 360° 控制游戏角色自由行走和运动，并通过立体眼镜感知游戏环境。

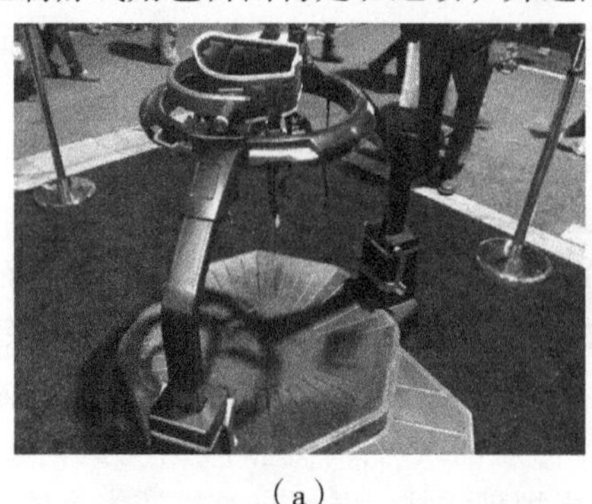
（a）

（b）

图 8-2 Virtuix Omni 全向跑步机

3. 应用软件系统及数据库

虚拟现实的应用软件系统可完成的功能主要包括：虚拟世界中物体的几何模型、物理模型、行为模型的建立，三维虚拟立体声的生成，模型管理和实时显示，以及虚拟世界数据库的建立与管理等几部分。其中，虚拟世界数据库主要用于存放整个虚拟世界中所有物体各方面的信息。计算机技术发展至今，以往大型机才能实现的功能也逐步可由家用小型 PC 机实现，虚拟现实的应用软件系统也在这股人人都可以绘制虚拟环境的浪潮中，如雨后春笋一般蓬勃发展起来。其中的典型代表有接近微型游戏引擎、功能最为强大的元老级虚拟现实制作软件 virtools，拥有大量插件、目前常用于制作端游和手游的 Unity3D，以及提供专业图形生成系统的 SGI OpenGL Performer 等。

8.1.3 虚拟现实技术的特征和意义

如图 8-3 所示，虚拟现实技术的三大主要特征，分别是沉浸性（Immersion）、交互性（Interactivity）和想象性（Imagination），也就是人们所熟知的“3I”特征。

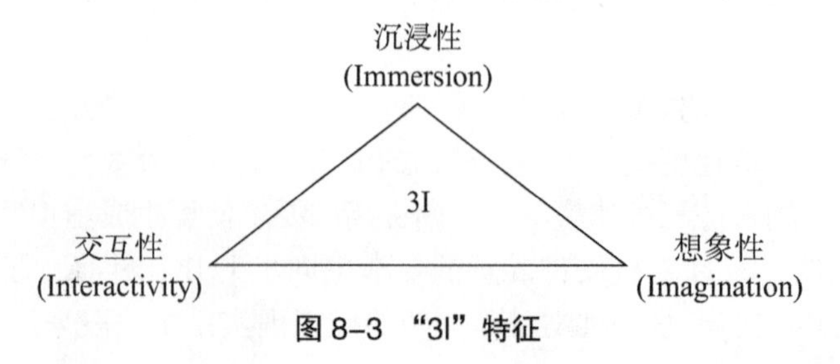

图 8-3 “3I”特征

1. 沉浸性

我们经常用“身临其境”来形容梦境的真实，用“引人入胜”来形容某种环境的精彩程度，可见在塑造虚拟环境的过程中，吸引用户使用虚拟现实系统最关键的因素就是能让用户有置身于真实世界的感觉。

沉浸性（Immersion）是指用户作为主角被虚拟世界包围，感觉好像完全置身于虚拟世界中一样。我们身处真实世界之中，通过五官和躯体全方位地感知这个世界。虚拟现实技术与此类似，其最主要的技术特征是让用户觉得自己是计算机系统所创建的虚拟世界中真实的一员。我们不再是上帝视角的旁观者，能看到虚拟世界中的阳光，闻到花朵的芬芳，听到泉水潺潺轻响，摸到岩石的棱角，用现实生活中感知世界的经验感知虚拟世界，沉浸其中并参与虚拟世界的活动。理想的虚拟世界应该达到使用户难以分辨真假的程度，甚至超越真实，实现比现实更逼真的照明和音响效果。

沉浸性主要包括以下几方面的特性：

（1）多感知性

沉浸性来源于对虚拟世界的多感知性，除了常见的视觉感知外，还有听觉感知、力觉感知、触觉感知、运动感知、味觉感知、嗅觉感知等。但受目前虚拟现实传感技术上的限制，虚拟现实技术所具有的感知功能种类有限，而且其感知范围和精确程度都无法和人相比。

（2）自主性

自主性是指虚拟环境中的物体依据真实世界的自然规律或设计者设定的规律运动的程度。这就像自然世界中万物生长的法则：太阳每天东升西落，棕熊冬季冬眠，春季万物复苏。虚拟世界自成系统也应具有类似的自然规律，这些规律包括物理的、化学的、生理的以及心理的，大到虚拟环境中光照、阴影的安排，小到物体受力时的运动方向。

（3）其他特性

除以上方面，影响沉浸感的因素还体现在图像的深度信息，如图像表现是否与生活经验一致，画面的视野是否与人眼相配，画面跟踪的实时性，以及交互设备的约束程度等。

2. 交互性

交互性（Interactivity）的产生涉及人与机器的感知与作用力的传递过程，即在用户接触虚拟环境中的物体时，能感知物体的各项物理属性，并能通过施加作用力改变虚拟环境中的物体。例如，用户可以用手直接抓去虚拟世界中的物体，这时手能感知物体的重量、形状和质感，并且场景中被抓的物体也能立刻随手的运动而移动。该过程主要借助于虚拟显示系统中的特殊硬件设备（如数据手套、力反馈装置等）实现。

需要注意的是，在该例中提及了交互性中另一个重要的特性——交互的实时性，即当对虚拟环境中的物体施加某种动作时，该物体应该立即发生变化。

3. 想象性

想象性（Imagination）是指虚拟环境是人想象出来的，因此虚拟环境中的所有布置都应与设计者的思想相呼应，并用来实现一定的目标。虚拟现实技术不仅仅是一个用户与计算机沟通的媒体或一个高级用户界面，同时它还是开发者设计出来以解决工程、医学、军事等方面的问题的应用软件。可以通过虚拟现实技术跨越时间和空间的限制，探索过去或未来发生的事件（例如恐龙世界探险）；可以突破人体生理上的极限，在幻想世界中完成不可能完成的任务（水底行走两万里或者在空中翱翔）；可以模拟某种极为特殊或复杂的环境，训练和测试参与者的体能与应变能力（模拟太空环境训练宇航员等）；还可以将五彩斑斓的设计理念变成同样五彩斑斓的幻想世界展示在众人面前（通过虚拟现实系统实现室内外或景观的设计与仿真）。

虚拟现实技术在当今社会许多领域中都发挥着十分重要的作用，如核试验、新型武器系统设计、医疗手术的模拟与训练、客机驾驶员的起降和平飞驾驶技术训练、自然灾害的模拟与预报等。如果用传统方法解决这些问题，必然需要花费大量人力、物力，反复进行情景重现、样机实验、改型试验等，而危险环境下的实验甚至可能造成人员伤亡。虚拟现实技术的引入，为这些问题的解决提供了新的思路。可以通过架构虚拟场景，依靠人的感知能力全方位地获取知识，或者通过计算机实验，替代或辅助产品的设计与开发，寻求解决问题的新方式。

另外，需要注意的是，虽然从观看者视觉角度来说虚拟现实技术与三维动画技术差别不大，但两者其实是两种不同的技术。三维动画技术是依靠计算机预先处理好的路径上能看到的静止画面连续播放而形成的，不具有任何交互性，用户只能按设计者的期望被动地看到设计者希望他们看到的景物；虚拟现实技术截然不同，它需要计算机实时计算场景，根据用户的需要向用户展现他们希望看到的场景。交互性是虚拟现实技术和三维动画技术最大的不同。

8.1.4 虚拟现实系统的分类

目前，虚拟现实技术的发展呈多样化趋势，虚拟现实技术不再局限于采用高档可视化工作站、高档头盔式显示器等一系列昂贵设备的技术，还涵盖一切与之相关的具有自然交互、逼真检验的技术和方法。虚拟现实技术的目的在于达到真实的体验和自然的交互，而一般单位和个人不可能承担过于昂贵的硬件设备和相应软件的价格，因此，只要是达成上述部分目的的系统，就可以成为虚拟现实系统。

在实际应用中，根据虚拟现实技术对沉浸程度的高低和交互程度的不同，可将虚拟现实系统划分为四种类型：沉浸式虚拟现实系统、桌面式虚拟现实系统、增强式虚拟现实系统、分布式虚拟现实系统。其中，桌面式虚拟现实系统因其技术简单，投入成本较低，在实际应用中较为广泛。

1. 沉浸式虚拟现实系统

沉浸式虚拟现实系统是最为典型、高级和理想的投入式虚拟现实系统，正如它的名字一样，沉浸式虚拟现实系统可以为用户提供完全沉浸其中的体验。沉浸式虚拟现实系统通过头盔式显示器、洞穴式立体显示等设备将用户的视觉、听觉和其他感觉封闭在虚拟世界中，与此同时，用户通过数据手套等设备感知和影响周围的虚拟世界，产生一种完全置身其中的感觉。

沉浸式虚拟现实系统可为用户提供高度逼真的三维虚拟世界，不仅如此，沉浸式虚拟现实系统的高度临场感和高度可参与性，可以为用户提供最真实的实验条件，因此非常适合用于军事训练、建筑设计与城市规划、虚拟生物医学工程、教学演示、工程数据可视化等领域。

沉浸式虚拟现实系统具有如下特点：

① 高度的沉浸感：沉浸式虚拟现实系统采用多种输入与输出设备来营造一个虚拟的世界，并使用户沉浸其中，同时，还可以使用户与真实世界完全隔离，不受外界环境的影响。

② 高度的实时性：在虚拟世界中要使用户产生与真实世界相同的感受。例如，当人推动

箱子时，箱子会随之移动一定的距离。这个过程需要虚拟现实系统中的传感器及时定位人的空间位置，以及人的运动方向和用力情况，计算机接收到相应数据后进行快速计算，输出相应的场景变化。整个过程应该快速而准确。

常见的沉浸式虚拟现实系统有基于头盔式显示器的虚拟现实系统、投影式虚拟现实系统、遥在系统。

（1）基于头盔式显示器的虚拟现实系统

如图 8-4 所示，该类系统采用头盔式显示器来营造单用户的立体影像和声音虚拟环境，通过封闭用户的视觉和听觉，使用户完全投入到虚拟环境中。该类系统的主要代表有 Oculus Rift、索尼 Project Morpheus 以及 Virglass 等。

（2）投影式虚拟现实系统

如图 8-5 所示，投影式虚拟现实系统主要通过具有沉浸感的大屏幕立体投影系统来实现对用户的影响。其中，大屏幕三维立体投影显示系统最为典型，根据沉浸程度的不同，它又可分为单通道立体投影、多通道柱面立体投影、CAVE 投影系统、球面投影系统等。这种系统的代表有 VisCube™ C4-WQ 等 3D 多屏幕显示器组成的洞穴状沉浸式虚拟现实系统。

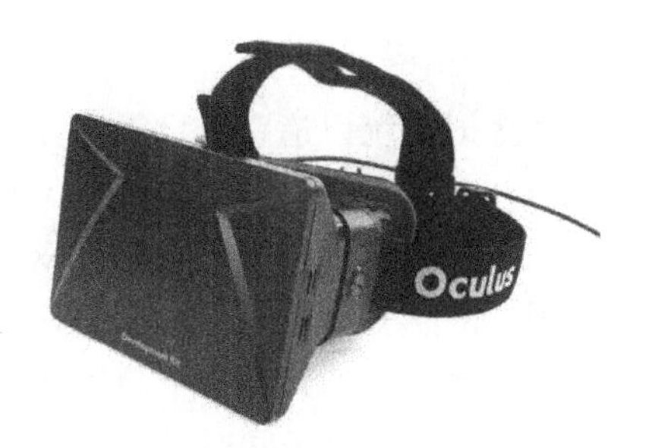

图 8-4　沉浸式虚拟现实头盔

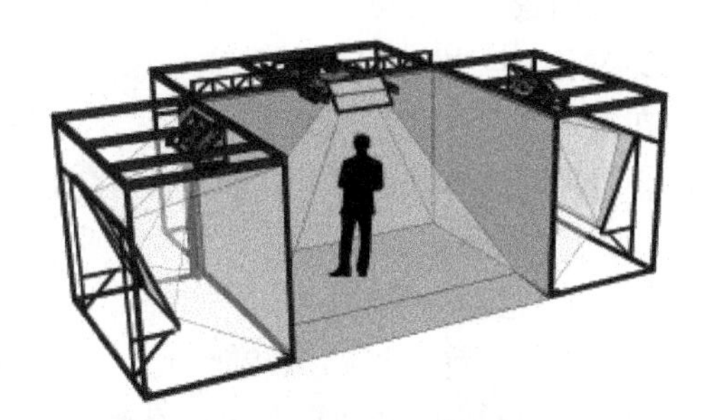

图 8-5　投影式虚拟现实系统

（3）遥在系统

如前所述，虚拟现实技术还可用于辅助实现用户在极端恶劣或特殊环境下的操作，这一用途主要体现在遥在系统中。遥在系统通常由人、人机接口和遥控操作的机器人组成，因此也可称作远程操纵系统。与前两者不同，遥在系统感知环境的主体变成了身处远离用户的深海环境、核环境等真实环境中的机器人，而发出运动命令的主体还是用户，用户通过机器人感知远方的真实环境，然后发出指令，进而控制机器人在远端完成各种动作。如图 8-6 所示，可通过遥在系统，远程控制机器人完成外星表面探测。

图 8-6　遥在系统

2. 桌面式虚拟现实系统

桌面式虚拟现实系统又称为窗口虚拟现实系统，如图 8-7 所示。该虚拟现实系统利用个人计算机或低级图形工作站进行仿真，生成三维立体空间的交互场景，用户利用计算机屏幕作为观察虚拟世界的窗口，通过立体眼镜、6 自由度三维空间鼠标、摄像头、数据手套等各种输入设备实现与桌面 360° 虚拟现实世界的交互。与沉浸式虚拟现实系统相比，桌面式的设计存在一定局限性，用户不能完全投入其中，仍会受到屏幕以外的周边现实环境的干扰。为了增强沉浸感，用户可以通过佩戴立体眼镜来提升画面的立体效果，在部分桌面式虚拟现实系统中还加入了专业的投影设备，以增大屏幕观看范围。

图 8-7 桌面式虚拟现实系统

桌面式虚拟现实系统虽然受设备所限，无法为用户提供完全沉浸的感受，但由于成本相对较低，因此是目前最为普及的虚拟现实系统，在工程、建筑、设计和游戏业等领域都有广泛的市场前景。

3. 增强现实式虚拟现实系统

在实际生活中我们发现，在真实环境中叠加一个小型虚拟系统以追踪或增强部分真实信息将获得独特的效果，于是谷歌眼镜等增强现实技术应运而生。增强现实（Augmented Reality，AR）系统也叫叠加式虚拟现实系统，是在虚拟现实系统的基础上发展起来的新型技术。该技术与沉浸式虚拟现实技术不同，它的目标不在于封闭用户的感知能力，而在于增强用户对真实世界中感兴趣信息的感知能力。例如，通过谷歌眼镜在真实的建筑楼群上叠加各种地标或介绍，通过叠加 CT 切片图等信息辅助医生完成手术等。该技术由于同时兼容现实和虚拟环境中的各种信息，因此广泛用于医学可视化、军用飞机导航、娱乐、设备维护等领域。

增强现实系统通常由计算机、信息辅助显示系统、传感器等组成。以图 8-8 所示的谷歌眼镜为例，首先，为了实现声音控制拍照、视频通话、指引方向、上网冲浪等功能，该系统包括多种传感器，如眼镜前方的悬置摄像头，可拍摄用户能看到的各种目标图像；鼻梁上方的横置鼻垫传感器，可传回用户的脸型等信息；内置麦克风，可用于接受用户的语音命令。其次，位于镜框上的电脑处理器装置，可用于处理视觉传感器、听觉传感器、压力传感器、GPS 定位传感器等传回的图像、声音、触觉和位姿信息，并对这些信息进行处理。最后，通过用户右眼上方的小屏幕（头戴式微型显示屏）显示各种用户感兴趣、但又不存在于真实环境中的可视化信息。

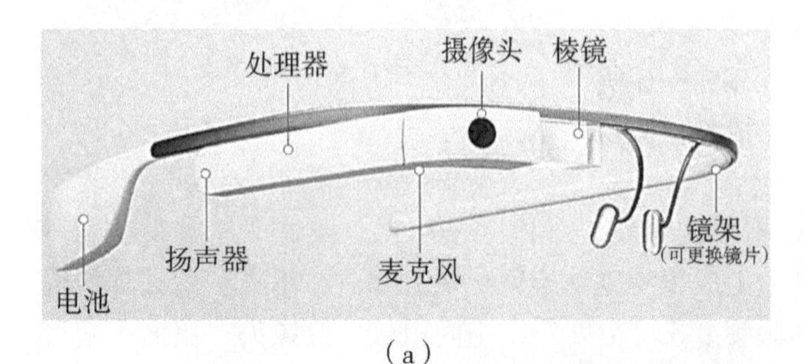

（a）　　（b）

图 8-8 谷歌眼镜

4. 分布式虚拟现实系统

分布式虚拟现实系统是虚拟现实技术和网络技术发展与结合的产物，是在网络虚拟世界中，通过网络连接位于不同物理位置的多个用户、虚拟世界，从而实现信息共享的系统（图8-9）。位于该系统内的每个用户同时加入同一个虚拟空间里，通过联网计算机与其他用户进行交互，共同体验虚拟经历，以达到协同工作的目的，从而使一个人体验的虚拟环境变成许多人彼此联系、共同体验的虚拟社会。

图 8-9　分布式虚拟现实系统

出现分布式虚拟现实系统有两方面的原因：一方面是为了充分利用分布式计算机系统提供的强大计算能力；另一方面是用户本身的需求，如多人联网游戏和虚拟战争模拟等，该应用以人和人之间的交流作为第一要务。

分布式虚拟现实系统广泛应用于远程教育、虚拟战场排演、虚拟演播室、跨医院联合手术、实境式电子商务等，其中，典型代表有美国的作战实验室和"路易斯安娜 94"演习。分布式虚拟现实系统通过营造场景复杂多变、参战军事单位众多的"虚拟战场"，使参战双方不受地域限制，在虚拟环境中实施"真实的"对抗演习。

8.1.5　虚拟现实技术的研究现状与发展方向

虚拟现实技术诞生于美国，最初是为了满足国防和航空航天的需要，随着计算机技术、传感器技术、信息处理技术，特别是图形显示技术的发展，虚拟现实技术已由单纯的娱乐与模拟训练向军事应用、城市规划、室内设计、文物保护、交通模拟、工业设计、医学研究、教育培训、科学计算可视化、虚拟现实游戏等不同领域发展。

美国对虚拟现实技术的研究一直处于世界领先水平，它是全球研究最早、研究范围最广的国家，其研究内容涵盖新概念发展、单项关键技术以及虚拟现实系统实用化等多个方向。欧洲的虚拟现实技术研究主要由欧共体的计划支持，其中，英国在分布式并行处理、辅助设备设计（触觉反馈设备等）、应用研究等方面都有不错的进展；德国 FhG-IGD 图形研究所和德国计算机技术中心（GMD）主要从事包括虚拟世界的感知、控制和显示技术，机器人远程控制，宇航员训练等方向的研究工作。在亚洲，日本在大规模虚拟现实知识库、虚拟现实游戏、医学辅助手术、虚拟场景立体显示、机器人仿生设计等领域都达到世界领先水平。

我国对虚拟现实技术的研究始于 20 世纪 90 年代初，与世界先进发达国家相比起步较晚，技术上还存在一定差距。但近年来我国的虚拟现实技术一直受到国家的高度重视，已开始形成“国家项目扶持—先进技术引进—学校科学研究—企业快速应用”的可持续发展链条。我国“九五”规划、国家“863”计划、国家“973”项目等项目规划都将虚拟现实技术及其相关技术作为重点支持方向。国内各高校的重点实验室也针对该技术开展各项研究工作，其中，浙江大学、中科院软件所、清华大学、北京航空航天大学等联合申报的2002年度《国家重点基础研究发展计划》中的“虚拟现实的基础理论、算法及其实现”，可作为国内高校联合研究的代表性课题；此外，北京理工大学的光电技术与信息系统实验室也在虚拟现实和增强现实等领域开展了大量研究工作，其代表作有圆明园的虚拟重建与实时渲染等。此外，我国的研究机构与企业还积极地引进国外先进技术并进行自主创新，从最初医院引入增强现实微创手术引导系统、内窥镜手术术中定位技术，到中视典自主开发虚拟现实平台OpenVRP，我国已逐步走上产学研一条龙的发展路线。

从国内外的研究成果和应用方向来看，虚拟现实技术在目前及未来几年的主要方向如下：

1. 感知研究领域

从目前虚拟现实技术的感知研究方面来说，视觉方向相对较为成熟，但传感器感知用户视线的能力需要进一步加强；听觉方面应进一步加强听觉模型的建立，提高虚拟立体声的效果；触觉方面应进一步引入合适的“感知输入”，目前计算机可以通过用户佩戴的力传感器（如“数据手套”）获知用户的用力情况，却仍无法为用户实现真实的“触摸感”，即虚拟世界能感知我们的动作，我们却无法真正触摸虚拟的世界。

2. 人机交互界面

通过窗口来传达和显示信息的图像形式的用户界面，过于依赖用户视觉识别和手动控制；而多媒体形式的用户界面可综合动画、音频、视频等表现形式的优点，极大地提高了人对信息的识别能力和选择范围。如何实现人与机器之间自然地、无障碍地、智能地交流，将是今后研究的重点。

3. 虚拟现实软件和算法

虚拟现实环境的真实性与渲染速度的实时性依赖于工具软件的有效性，因此，满足虚拟现实技术建模要求的新一代工具软件及算法、复杂场景的快速绘制及分布式虚拟现实技术的研制是今后研究的重点。

4. 虚拟现实硬件系统

由谷歌眼镜的高调宣传和低调市场业绩可以看出，基于虚拟现实技术的硬件系统的高昂价格，是影响其投入应用的“瓶颈”。虚拟现实硬件设备应朝着输入/输出设备低价、高效的方向发展，其中力反馈技术、实用跟踪技术等是今后发展的重点。

5. 智能虚拟环境

智能虚拟环境是虚拟环境、人工智能、人工生命技术的结合，它涉及计算机图形、传感器、多目标信息融合、虚拟环境、人工智能与人工生命等一系列相关技术。以上技术的研究将有助于开发“境随心动”的新型智能虚拟环境。

8.2 虚拟现实系统的硬件设备

虚拟现实技术最主要的特征是沉浸性和真实性。一个完美的虚拟现实系统要做到以假乱真、引人入胜，则必须具备人的诸多感官特征，如视觉、听觉、触觉、嗅觉和味觉等；同时，系统还要能感知沉浸其中、与虚拟世界进行交互的角色的各种信息，如空间位置、动作、声音等。值得注意的是，需要观测的角色不仅包括人，还包括动物、车辆等可以自主移动的物体。

为实现上述功能，虚拟现实系统必须使用特殊的人机接口和外设，既要允许用户将信息准确地输入计算机，也要使计算机能将信息快速地反馈给用户。根据功能和特点的不同，虚拟现实系统的硬件设备主要包括虚拟世界的生成设备、虚拟世界的感知设备、空间位置跟踪定位设备和面向自然的人机交互设备。

8.2.1　虚拟世界的生成设备

在虚拟现实系统中，计算机是虚拟世界的主要生成设备。虚拟世界的真实与否很大程度由计算机的性能决定。由于虚拟世界本身的复杂性以及计算实时性的要求，产生虚拟环境所需的计算量极为巨大，而且这一计算量在虚拟现实技术的发展过程中呈快速增长的趋势，这一趋势对计算机的配置提出了极高的要求。

虚拟世界生成设备的主要功能包括视觉通道、听觉通道、触觉与力觉通道信号的生成与显示。根据功能与形式的不同，它可主要分为基于高性能个人计算机、基于高性能图形工作站和基于分布式计算机的虚拟现实系统三大类。

其中，基于高性能个人计算机的虚拟环境生成设备主要采用配置图形加速卡的普通计算机，通常用于桌面非沉浸式虚拟现实系统的生成。

随着计算机技术的发展，基于高性能图形工作站的虚拟现实生成设备逐步朝准入门槛降低、高端性能提升的方向发展（如 UltraLAB 出产的定制型图形工作站，价格区间从万元到二十多万元不等），工作站的性能评价标准可参见 SPEC（Standard Performance Evaluation Council）提供的图形标准。

基于分布式计算机的虚拟世界生成设备可利用网络内多台处理器的计算能力，统合不同用户的交流过程，实现海量场景数据的快速处理、复杂场景的实时交互绘制以及高并发协同交互分析等功能。它主要用于大规模联合作战模拟演练、海量多维海洋信息可视化分析以及城市规划等多个行业领域。

8.2.2　虚拟世界的感知设备

如前所述，为了使置身于虚拟世界中的人产生身临其境的感受，必须为用户提供各种“真实”的感觉。人主要依靠视觉、听觉、触觉、力觉、味觉、嗅觉等多种途径感知世界，然而，目前虚拟世界能为用户提供的成熟或相对成熟的感知信息，仅有视觉、听觉和触觉（力觉）三种。虚拟世界的感知设备的职责就在于为用户提供人能感受到的视觉、听觉和触觉信息，这意味着虚拟世界的感知设备需要将各种计算机生成的感知信号转变为人能接收的多通道刺激信号，其中的难点在于刺激的真实性和实时性。

1. 视觉感知设备

视觉感知设备旨在为用户提供立体、宽广而且实时变化的场景视野。由于人从外界获取的信息有 80%~90% 来自视觉，因此视觉感知设备的优劣直接决定了用户的体验。人的双眼有 6~7 cm 的距离（瞳距），在观察物体时，左、右眼会分别产生一个稍有不同的图像（视差），大脑通过分析会把两幅图像融合为一幅画面，并获得距离和深度的感觉。这就是人眼立体视觉效应的原理。

视觉传感设备生成立体图的过程与此类似，它通过计算机模拟人眼视觉，计算生成具有一定视差的图像。用户佩戴立体眼镜等设备时，左右眼分别看到与之相应的图像，从而恢复场景中的三维深度信息。视觉传感设备按显示模式主要可分为台式立体显示系统、头盔式显示器、吊杆式显示器、洞穴式立体显示装置、墙式立体显示装置、全息立体投影及全息影像等。如果按立体眼镜区分左右眼图像的原理，又可分为依靠颜色过滤产生立体效果的红蓝眼镜、依靠镜片过滤不同偏振方向的图像光波产生立体效果的偏振眼镜，以及依靠眼镜左右镜片交替接受图像产生立体效果的分时眼镜。

（1）台式立体显示系统

我们最早在电脑上观看三维电影时需要佩戴红绿镜片的眼镜，两眼通过镜片接受的不同波长的画面，经过大脑的处理，就形成了带有景深信息的立体影像。与此类似，目前常见的台式立体显示系统由立体显示器和立体眼镜组成，其中代表有如图 8-10 所示的液晶光闸眼镜。

图 8-10　液晶光闸眼镜

液晶光闸眼镜是一种用于观察三维模拟场景虚拟现实效果的装置。在使用过程中，计算机分别生成左右眼不同的两幅图像，经过合成处理后，采用分时交替的方式将其显示于屏幕上。用户佩戴的液晶光闸眼镜与计算机相连，镜片在电信号控制下，将以图像显示同步的速率交替开闭，即当计算机显示左眼图像时，右眼镜片被遮蔽；显示右眼图像时，左眼镜片被遮蔽。根据双目视差与深度距离的正比关系，人的视觉系统能够自动将两幅视差图像融合成一幅立体图像。

液晶光闸眼镜系统根据配置的显示屏幕可分为台式终端系统和大屏幕投影系统，其中，台式终端 - 液晶光闸眼镜系统价格低廉，是目前最为流行和经济的三维立体显示设备之一。但由于这种眼镜系统的两眼镜片不同时开闭，其图像的亮度没有普通屏幕的好，而且沉浸感较差，因此只被应用于桌面虚拟现实系统或一些多用户环境。

总体来说，台式立体显示装置具有成本低的优势，也有屏幕大小及交互方式的限制以及单用户、非沉浸式的缺点，因此它并不适合多用户协同工作方式。

（2）头盔式显示器

头盔式显示器（Head Mounted Display，HMD）是虚拟现实系统中普遍采用的一种立体显示设备。虽然头盔上也配有眼镜等图像显示系统，但是与上一节介绍的被动接受型立体眼镜不同，用户可通过头盔式显示器中的眼镜直接观察立体影像而不需再面对其他屏幕，这一设计将用户从固定座位中解放出来，极大地提高了用户的行动自由度。

头盔式显示器通常通过机械的方法固定在头部，头与头盔之间不能有相对运动。头盔通常由两个 LCD 或 CRT 显示器向左右眼分别提供图像，这两个图像由计算机分别驱动，显示图像间存在着类似“双眼视差”的微小差别，大脑可将两幅图像融合以获取深度信息，从而得到一个立体图像。另外，头盔式显示器与台式显示屏 + 立体眼镜最主要的差别在于头盔上配置了空间位置跟踪定位设备，它能实时检测出头部的位置和朝向。通过计算机的计算，虚拟现实系统能在头盔显示屏上显示出相应的当前位置场景图像。

我们在实际生活中经常处于头部不动、眼球随目标运动而转动的状态，这也对头盔式显示器提出了新的要求，即如何捕捉人眼的运动和朝向。目前，我们所说的头盔式显示器的用户定位不仅包括头部的定位，还包括眼球的定位。头部定位主要提供用户头部位置和朝向等六个自由度的信息，可通过电磁波、红外、超声波等方式实现；眼球的定位主要用于瞄准系统，一般通过红外图像的识别、处理和跟踪来获得眼球的运动信息。灵敏度高和延迟小是定位传感系统设计时需要满足的要求。

如图 8-11 所示，头盔式显示器通常应用于沉浸式虚拟现实系统和增强式虚拟现实系统中。与立体眼镜等显示设备相比，头盔式显示器沉浸感较好，而且用户行动自如，但其缺点是价格高昂。总体来说，头盔式显示器作为一种单用户沉浸的显示器，存在设备过重（部分产品达 15~20 kg）、分辨率较低、刷新频率较慢、离屏幕过近容易使眼睛疲劳等缺点。

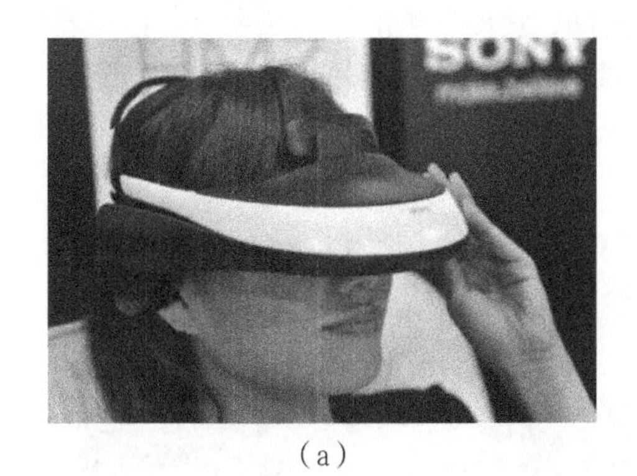

（a）

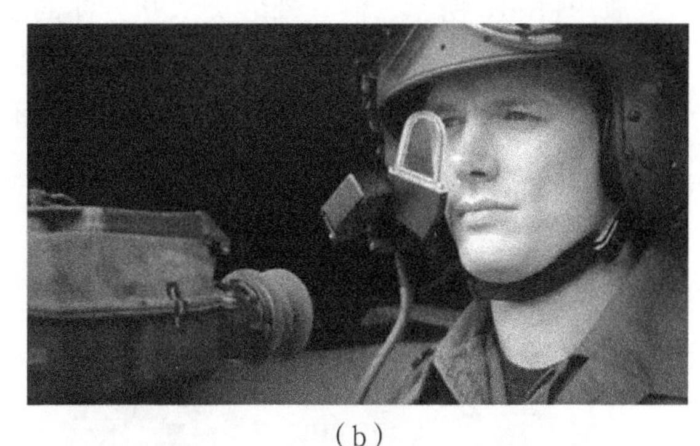

（b）

图 8-11　头盔式显示器

（a）用于虚拟现实的头盔式显示器；（b）用于增强现实的头盔式显示器

（3）吊杆式显示器

由于早期的头盔式显示器 HMD 存在设备过重等缺点，1991 年伊利诺伊大学的 Defanti 和 Sandin 提出了一种改进的沉浸式虚拟现实系统——BOOM（Binocular Omni-Orientation Monitor，吊杆式显示器）。如图 8-12 所示，吊杆式显示器由两个互相垂直的可自由移动的机械臂支撑，形如双目望远镜。这种设计不仅能让用户在半径约 2 m 的球面空间内自由移动，而且能将显示器的重量巧妙地通过平衡架转移，因此，无论用户怎样移动显示器，都能始终保持自身平衡。另外，支撑臂上的每个节点处都装载了空间位置跟踪定位设备，因此 BOOM 能提供高分辨率、高质量的影像，同时不会对用户产生重量方面的负担。

图 8-12　吊杆式显示器

与头盔式显示器 HMD 相比，BOOM 具有和 HMD 一样的实时观测和交互能力，另外，BOOM 通过计算机械臂节点角度的变化来实现位置及方向的跟踪，因此延迟小，且不受磁场及超声波背景噪声的影响。显示效果方面，BOOM 采用的 CRT 显示器（阴极射线显像管，常见于早期电脑显示器）分辨率高于早期的 HMD。

吊杆式显示器的缺点在于使用者的运动受限，这是由于其工作中心的支撑架造成了“死区”，因此 BOOM 的工作区要除去中心约 0.5 m^2 的空间范围。另外，BOOM 的观察方式使其具有灵活而方便的应用特点，只是沉浸感稍差，用户只要把头从观测点转开，就能离开虚拟环境而进入现实世界。

（4）洞穴式立体显示装置

随着虚拟现实技术的发展，用户不再满足于仅为单人服务且需要佩戴各种辅助设备的头盔式显示器或吊杆式显示器。可供多用户同时体验的洞穴式立体显示装置（CAVE）随之走入人们的视野。CAVE 是一套基于高端计算机的房间式立体投影显示系统，主要包括专业虚拟现实工作站、多通道立体投影系统、虚拟现实多通道立体投影软件系统、房间式立体成像系统四部分，它通过融合高分辨率的立体投影技术、三维计算机图形技术、音响技术、传感器技术，产生一个供多人使用的完全沉浸型虚拟环境。

如图 8-13 所示，洞穴外形类似立方体的小房间，房间外侧的投影仪和反射镜将转换后的立体图像投射至房间的墙壁上，按显示屏幕的数量可分为 4 面 CAVE、5 面 CAVE 和 6 面 CAVE。站在房间内的 4~5 名用户可通过佩戴有线或无线立体眼镜，沉浸在类似立体环幕电影的虚拟世界中。

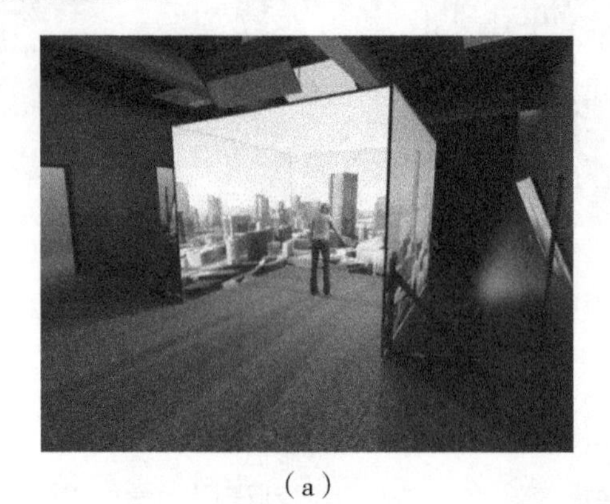

（a）

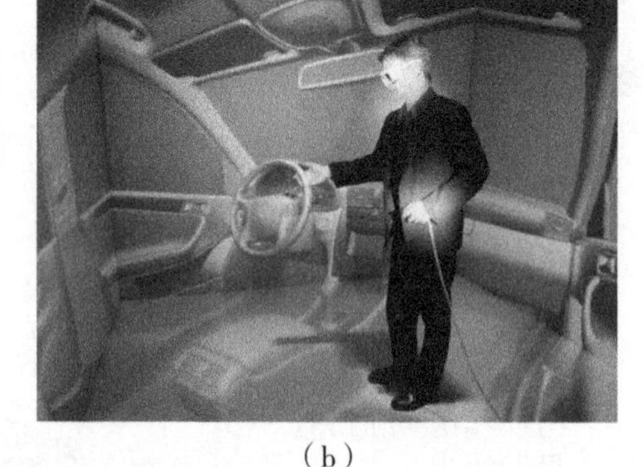

（b）

图 8-13 洞穴式立体显示装置

洞穴式立体显示系统可用于多种模拟与仿真、游戏等。从 1997 年通用公司推出虚拟现实中心开始，美国、日本和欧洲的汽车行业都将投影墙与 CAVE 结合，广泛用于评估驾驶员视角、评价车体内部、模拟部分组件的设计和装配过程。

CAVE 提供了可供多人参与的高级虚拟仿真环境，其装备的高分辨率三维立体视听系统允许多个用户同时沉浸于虚拟世界中，然而洞穴式立体显示系统也存在价格高昂、体积较大和对使用的计算机图形处理能力要求较高等缺陷。高昂的成本使该技术主要用于大型公司、高校及科研机构，而尚未向个人化、微型化普及。

（5）墙式立体显示装置

上述几种视觉显示系统都只能供单人或几个用户使用，而墙式立体显示装置则可以满足多人同时参与同一个虚拟世界的需求。墙式立体显示装置由大屏幕投影显示设备连缀而成，这是因为一个大屏幕投影立体显示装置的最大投影面积为 6 m×5 m，为保证屏幕亮度不下降，对于需要较大显示面积的场合，一般采用多台投影仪组合，构成显示面积更大的墙式立体显示装置或墙式全景立体显示装置。

如图 8-14 所示，墙式全景立体显示装置分为平面式和曲面式两种，显示屏的面积等于几个投影系统的总和。其中，曲面式全景立体显示系统又称环幕投影系统，包围观众的环形投影屏配合环绕立体声系统，能使人产生高度沉浸感。目前，墙式全景立体显示系统广泛应用于广告传媒、展览展示、工业仿真、军事仿真、影视娱乐等行业。

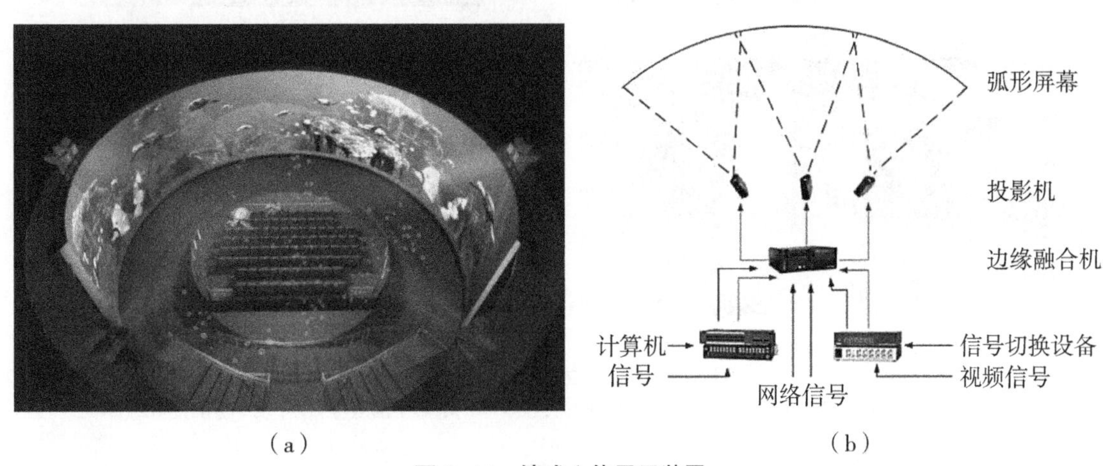

（a）　　（b）

图 8-14　墙式立体显示装置

（a）实物图；（b）原理图

该技术相较于头盔式显示器或仅供少数人使用的 CAVE 系统等单人沉浸系统，虽然沉浸感稍显不足，但显示墙作为多人沉浸系统，随着显示技术、多媒体技术的发展，能够在多人体验和单人沉浸感中做到较好的平衡和折中，性价比较高。

（6）全息立体投影及全息影像

以上介绍的立体成像技术都是通过计算机制造类似人眼视差的左右眼视图，再通过立体眼镜等显示设备，向观众呈现一个虚拟的立体世界。然而在科幻小说中，我们经常看到向空气中投影，形成一个存在于真实空间中的立体虚影的情节。如今随着计算机图形技术、现实技术、光电成像技术等领域的科技发展，这种超现实的设想开始逐步成为现实。

如图 8-15（a）、（b）所示，科学家利用干涉与衍射原理，通过投影设备将不同角度的影像投影至一种特殊的全息膜上，观察者不用佩戴任何辅助设备就可看到和自己所处位置一致的影像，这就是全息投影技术。

科幻小说中的全息影像概念与此不同，立体的影像不再局限于立体屏幕，而是投射在空气中，观察者可以从不同角度不受限制地观看，甚至可以走进影像内部。该技术目前尚在研究中，与之最为类似的是雾屏技术。如图 8-15（c）、（d）所示，雾屏技术利用海市蜃楼的成像原理，使用超生集成雾化发生器产生大量微粒雾，通过平面雾气屏幕取代实体化的全息屏幕，再经由特制媒体流投射，从而在空气中生成虚幻立体的影像，参与者在雾气屏幕形成的立体影像中自由穿梭。随着技术的发展，也许在不久的将来，全息影像也会变成现实。

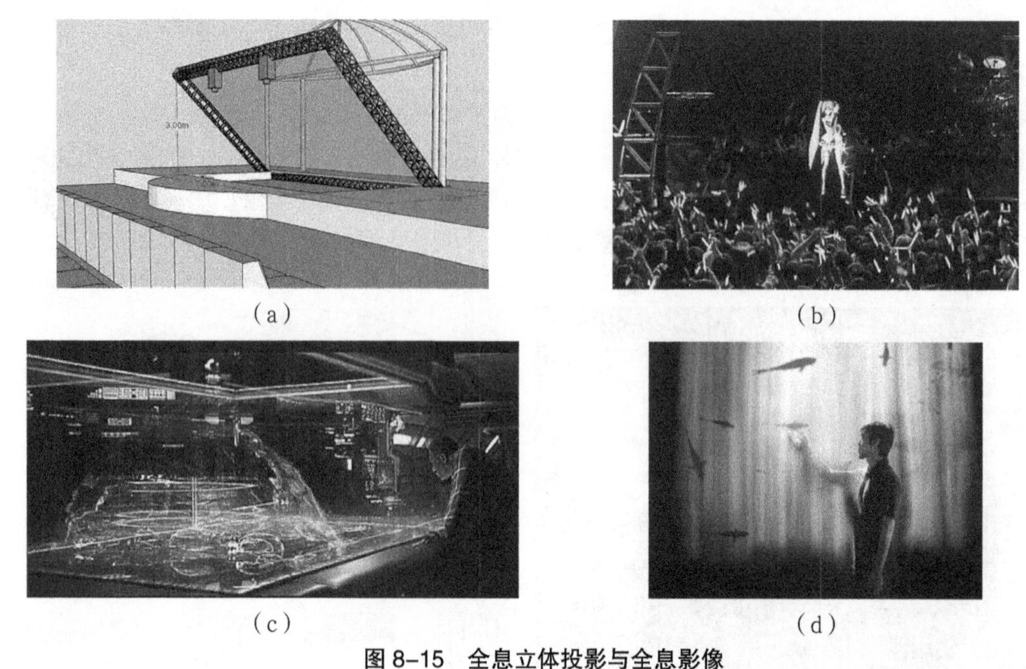
（a） （b） （c） （d）

图 8-15　全息立体投影与全息影像

（a）全息投影舞台原理；（b）初音全息演唱会；（c）科幻电影中的全息影像；（d）雾屏技术

2. 听觉感知设备

听觉是人类仅次于视觉的第二传感通道，因此，听觉感知设备是多通道感知虚拟环境中重要的组成部分。听觉感知设备负责接收用户对虚拟环境的语音输入，同时生成虚拟世界中的三维立体声音。该设备主要由语音与音响合成设备、识别设备和声源定位设备构成，一般采用声卡来为实时多声源环境提供三维虚拟声音信号的传送功能，用户通过普通耳机就可接收这些信号并确定声音的空间位置。该设备最大的难点在于如何让用户产生错觉，认为发声处在设计者期望的某个地方。

从 1988 年 CRE 公司研制实时数字信号处理器——Convolvotron 装置开始，研究者就踏上了模拟真实声学现象（包括回声等）之路。听觉感知设备经历了从同步模拟 4 个和 8 个独立点声源，模拟中等大小房间内的声学现象到模拟多声源反射途径和直接传播途径的一系列过程。

听觉感知设备是伴随着视觉感知设备的发展不断向前进步的，其功能也从简单的环绕立体声朝着模拟自然界的声学现象成长，从而不断满足日益复杂真实的虚拟现实场景建构需求。

3. 触觉、力觉感知设备

触觉与力觉是人类感觉的重要通道，人们可以利用触觉和力觉反馈的信息感知世界，并进行各种交互。我们可以利用触觉和力觉信息感知虚拟世界中物体的位置，还可利用触觉和力觉操纵和移动物体完成某种任务。虚拟世界的真实与否，其中物体提供的“触摸感”自然与否占有很大的比重。

虽然我们希望能够通过手指感受虚拟世界，然而就目前的技术水平，主流触觉反馈装置仅能提供最基础的“触到了”的感觉，无法提供表面材质、纹理、温度等细节信息。

（1）触觉反馈装置

根据触觉反馈的原理，手指触觉反馈装置可分为六类：基于视觉、电刺激式、神经肌肉刺激式、气压式、喷气式和振动式。其中，向皮肤反馈可变电脉冲的电子触觉反馈和直接刺激皮层的神经肌肉模拟反馈安全性较差，因此气压式和振动式是较为常用的触觉反馈方式。

传统气压式触觉反馈采用小气囊作为传感装置，通过手套内的小气囊的充气和放气模拟手触摸到物体时的触觉感受和受力情况。然而，该方法实现的触觉感受并不十分逼真，而且用户需要佩戴手套，略为不便。为了提供更好的触觉体验，科学家开始研究非穿戴式的触觉反馈系统，图 8-16（a）为迪士尼研究中心发明的非穿戴式触觉反馈系统，该系统可根据场景的变换喷射出不同气密度与速度的气旋，用户碰触气旋时即可产生触摸感。

振动式触觉反馈系统一般采用声音线圈作为振动换能器以产生振动。其中的换能器利用形状记忆合金制成，当电流通过换能器时，换能器发生变形和弯曲，设计者把换能器做成各种形状安装在皮肤的各个位置，从而模拟出虚拟物体的质感。图 8-16（b）为日本 MIRAISENS 公司开发的三维触觉系统，用户佩戴虚拟现实头戴系统和腕带式体验装置，通过手腕装置的振动感受虚拟世界中的物体。

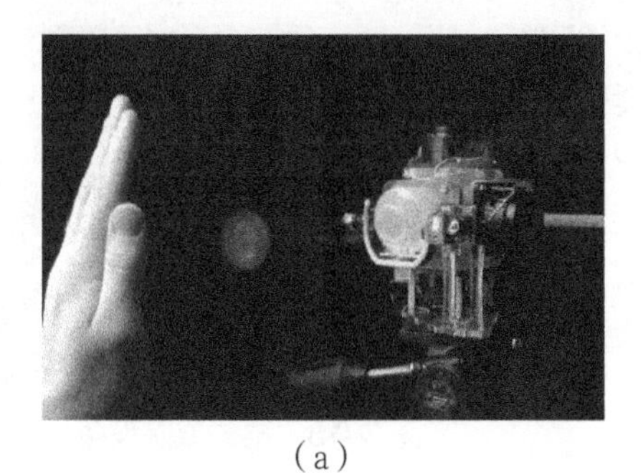

（a）

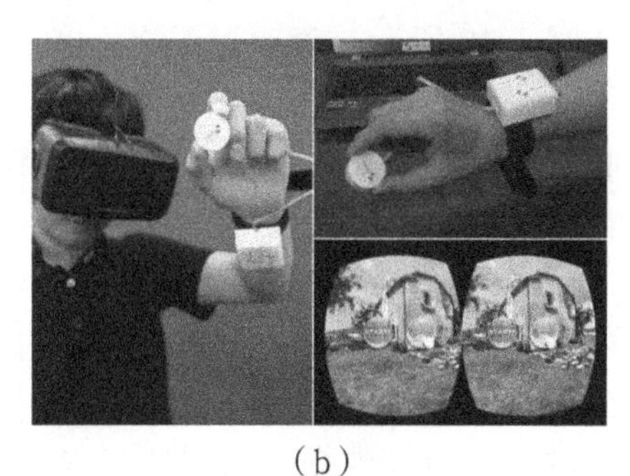

（b）

图 8-16　触觉反馈装置

（a）迪士尼研发喷气式触觉反馈系统；（b）MIRAISENS 研发三维触觉系统

（2）力觉反馈设备

力觉反馈是指运用先进的技术手段，将虚拟物体的空间运动转变为周边物理设备的机械运动，使用户能够体验到真实的力度和方向感，该技术最早被应用于尖端医学和军事领域。相较于触觉反馈装置，力觉反馈装置的结构和功能要求稍微简单一些，因此也相对成熟。目前，力觉反馈设备主要包括：力反馈手套（图 8-17（a））、力反馈操纵杆（图 8-17（b））、吊挂式机械手臂、桌面六自由度游戏棒以及可独立作用于每个手指的手控力反馈装置等。其工作原理是由计算机通过力反馈系统（机械或其他力推动和刺激），对用户的手、腕、臂等产生运动阻尼，从而使用户感觉到力的大小和方向。

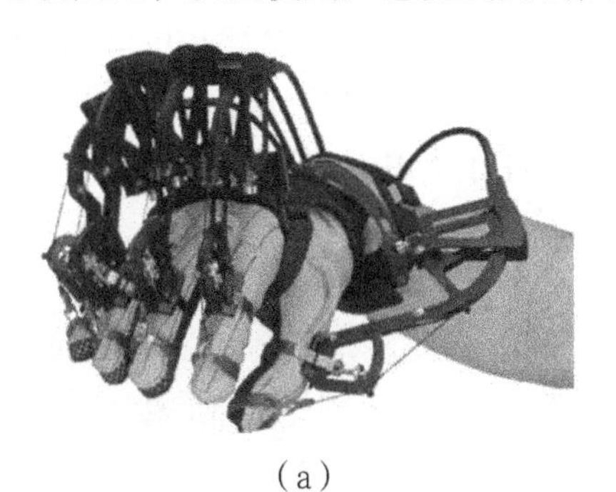

（a）

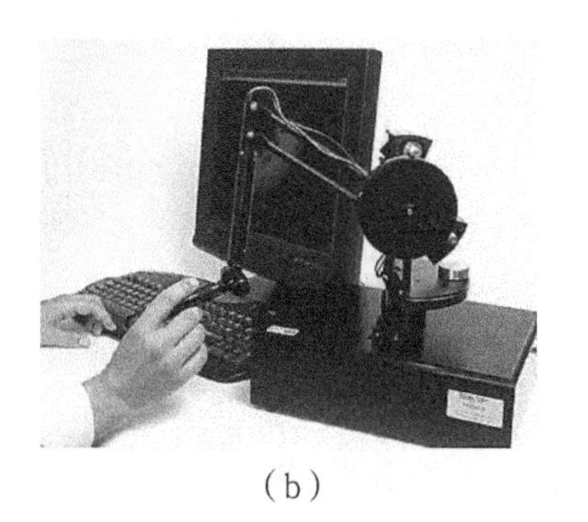

（b）

图 8-17　力觉反馈设备

（a）力反馈手套；（b）力反馈操作杆

8.2.3 空间位置跟踪定位设备

为确保虚拟现实世界的真实性与实时性，首先要能快速精准地捕捉用户的位置信息，并根据用户的朝向和动作，在正确的空间位置给予用户适当的反馈，实现这一目标的关键技术之一就是跟踪定位技术。我们一般用精度（分辨率）、刷新率、滞后时间及跟踪范围来衡量跟踪定位设备的优劣。目前，虚拟现实系统中常用的跟踪设备根据原理可分为磁性、声学、光学、机械、声学和惯性等几种。

1. 磁跟踪设备

医学手术特别是微创手术中，医生经常需要确定已深入患者体内的内窥镜等手术器械的位置，这时 NDI Aurora 等电磁跟踪系统就能发挥巨大的作用，它们可在有遮挡的情况下精确测量金属器械的空间位置。

如图 8-18 所示，磁跟踪设备一般由三个部分组成：一个计算控制部件、几个发射器和与之配套的接收器。磁跟踪器的工作原理是利用磁场的强度来进行位置和方向的跟踪，即首先由发射器发射电磁场，接收器接收到这个电磁场后将其转换为电信号，再将信号传送至控制部件，控制部件经过计算后得出跟踪目标的数据。多个信号综合后可得被跟踪物体的六自由度数据。根据所发射磁场的不同，磁跟踪设备可以分为交流电跟踪器和直流电跟踪器两种。

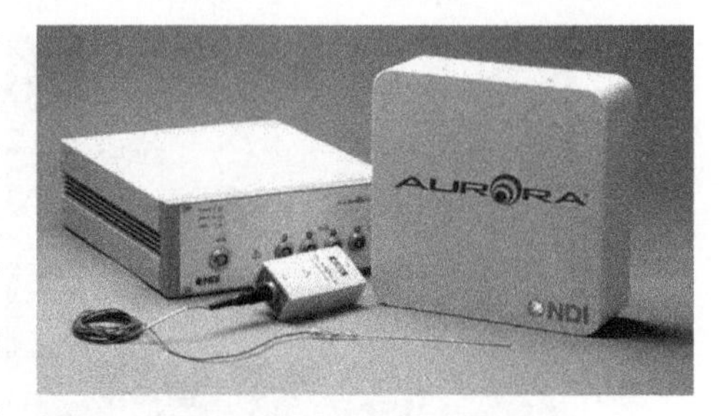

图 8-18 电磁跟踪设备

电磁跟踪器的优点是电磁传感器没有遮挡问题，即发射器和接收器之间可以被物体遮挡，这在实际应用中极大地拓展了用户的移动范围。另外，电磁跟踪器价格较低、精度适中、采样率高、工作范围大、体积小，可通过多个磁跟踪器联合跟踪复杂结构运动，因此它是目前最常用的空间位置跟踪定位设备。

2. 超声波跟踪器

超声波跟踪器根据不同生源的声音到达某一特定地点的时间差、相位差、声压差等来跟踪物体的空间位置。超声波跟踪器一般使用的声波频率在 20 kHz 以上，人耳无法听到。根据测量方法的不同，超声波跟踪定位技术可以分为声波飞行时间测量法和相位相干测量法两种，前者原理与雷达的相似，通过测量超声波从发出到反射回来的飞行时间计算目标准确的位置和方向；后者通过比较基准信号的相位与发射出去和反射回来的信号的相位来确定距离。

超声波跟踪器的优点是价格低廉、质量小、性能适中，不易受到外部磁场和大型金属物的干扰，比较适合用于较小的工作空间中；缺点是发射器和目标中间不能有遮挡，而且超声波传播速度受介质密度影响，因此空气密度、温度、气压等外因也会对测量系统产生较大影响。

3. 光学跟踪器

光学跟踪器是目前非常常见的跟踪器，我们常用的游戏外设，如图 8-19 的 Kinect 等都属于这个范畴。光学跟踪器的光源可以是自然光、激光或红外线，但为了避免对用户的视线造成干扰，一般多采用红外线光源。

光学跟踪器主要使用三种技术：标志系统、模式识别系统和激光测距系统。

标志系统分为自外而内（Outside-In）结构和自内而外（Inside-Out）结构。前者通过传感器检测固定在目标上的发射器的运动，从而计算出目标的运动情况；后者通过固定在目标上的传感器观测固定的发射器，从而计算出目标自身的运动情况，常用于多用户作业，但对于复杂运动的检测效果不佳。

模式识别系统是将发光器件按某一阵列排列，并固定在被跟踪的对象上，由摄像机跟踪运动的 LED 阵列的变化，然后与已知的样本模式进行比较，从而得出物体的位置。这种方式将复杂的运动抽象为固定模式的 LED 点阵的运动，简化了对被跟踪物体的识别。

激光测距系统是将激光通过一个衍射光栅发射到被跟踪物体上，然后接收从物体上反射回来的二维衍射图信号，这种反射的衍射图带有畸变，而这一畸变与距离有关，因此可以根据这一特性来测量被识别物体的位置。

光学跟踪器的优点是数据率高、处理速度快，适用于强实时性的场合，因此常用于军用系统中；它的缺点易受到视线阻挡且工作范围较小，不能提供角度方向的数据而只能进行位置跟踪。

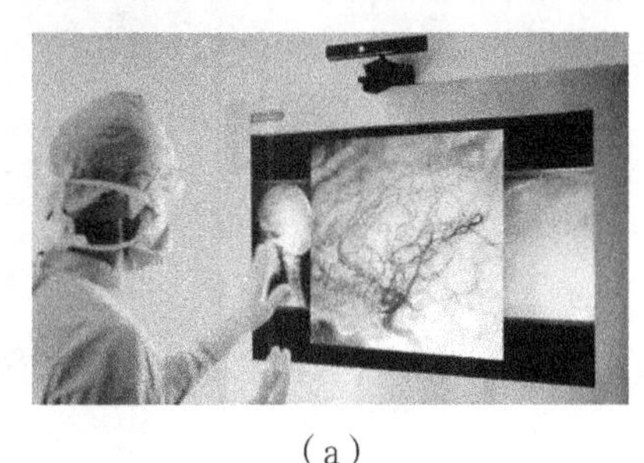

(a)

(b)

图 8–19　Kinect 在医学、游戏中的应用

4. 机械跟踪系统

机械跟踪系统的工作原理是通过机械连杆装置上的参考点与被测物体相接触来检测其位置的变化。如图 8–20 所示，当用户碰触参考点导致其位置发生变化时，连接参考点的位置传感器就会将参考点的位移信息传递给计算机。

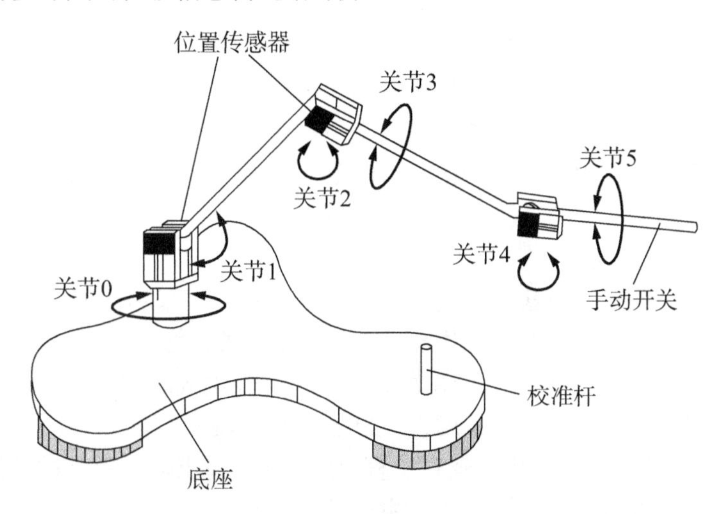

图 8–20　机械跟踪系统原理

机械跟踪系统具有精细、响应时间短，不受声、光、电磁波等外界信号的干扰等优势，而且该系统可以与力反馈装置组合在一起，形成如 DHM 骨架式力反馈数据手套等可跟踪用

户手势动作并为用户提供虚拟世界"触摸感"的交互式设备。

8.2.4 面向自然的人机交互设备

虚拟现实系统作为人机交互系统，其真实性与交互性主要体现在人的各种动作、手势都能被计算机捕捉而作为虚拟现实系统反馈的信号。当人完全沉浸在计算机建构的虚拟世界中时，常用的鼠标和键盘已丧失了作用，取而代之的是各种能主动捕捉用户躯体、手势变化的数字化设备，这些设备能够自然、流畅地接收用户的各种命令，进行三维、6个自由度的操作，部分设备还能为用户提供包括触觉、视觉等感知在内的反馈信号。

1. 空间球

在电脑鼠标的进化过程中，曾经出现过上方有轨迹球的机械鼠标，该鼠标依靠联动机械的滚轴传递坐标信息，占用桌面空间小、定位精确，常用于图形设计。虚拟现实世界中，我们的命令范围不再局限于窗口平面，而是朝三维空间延伸，因此出现了能输出三维空间位置信息的空间球。空间球（Space Ball）也称力矩球，如图8-21所示，通过装在球中心的几个张力器测量用户手部施加的力，并将测量值转化为三个平移运动和两个旋转运动的值送入计算机中，计算机根据这些值来改变其输出显示的图像。

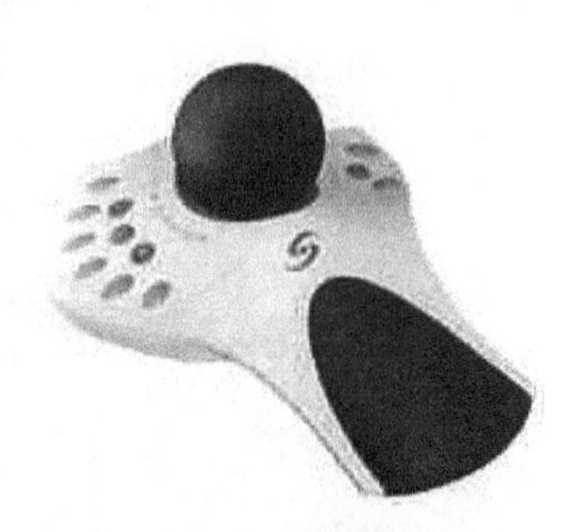

图 8-21　空间球

空间球可以扭转、挤压、拉伸以及来回摇摆，从而提供包括宽度、高度、深度、俯仰角、转动角和偏转角6自由度的虚拟现实场景的模拟交互，常用于虚拟场景中的自由漫游，或控制场景中某物体的空间位置及方向。空间球的优点是简单耐用，易于表现多维自由度，便于对虚拟空间中的虚拟对象进行操作；缺点是不够直观，选取对象不是很明确，而且需要在使用前进行培训。

2. 数据手套

数据手套（Data Glove）是VPL公司在1987年推出的一种传感手套的专有名称。作为目前市面常用的多模式虚拟设备，数据手套不仅可用于虚拟场景中物体的抓取、移动、旋转等动作，而且可用于控制场景漫游。另外，通过搭载力反馈系统，数据手套还可实现用户亲手"碰触"虚拟世界的体验。其优点是体积小、质量小，而且用户感觉舒适、操作简单。按功能可以将其分为两种：虚拟现实数据手套、力反馈数据手套。

（1）虚拟现实数据手套

现有的传感数据手套品种繁多，它们最主要的区别在于采用的传感器不同。例如VPL数据手套，采用光纤作为传感器，根据光纤环返回的光强变化，测量手指关节的弯曲程度；图8-22（b）所示的赛伯手套织有多个由两片应变电阻片组成的传感器，通过测算传感器的电压变化，来计算每个手指的弯曲程度；DHM手套与前两种柔软的数据手套不同，它由金属构成，通常安装在用户的手背上，通过支杆上的位置传感器测算手指的动作。

虽然传感器各不相同，但数据手套的主要功能一致，即通过手指上的弯曲、扭曲传感器和手掌上的弯度、弧度传感器确定手及关节的位置和方向。当操作者戴着数据手套运动时，数据手套控制器可以输出手指各关节的位置信息，通过软件对这些信息进行处理，可进行虚拟场景中物体的抓取、移动、旋转等动作。常用的虚拟现实数据手套品牌有5DT、

CyberGlove、Measurand 等，如图 8-22 所示。

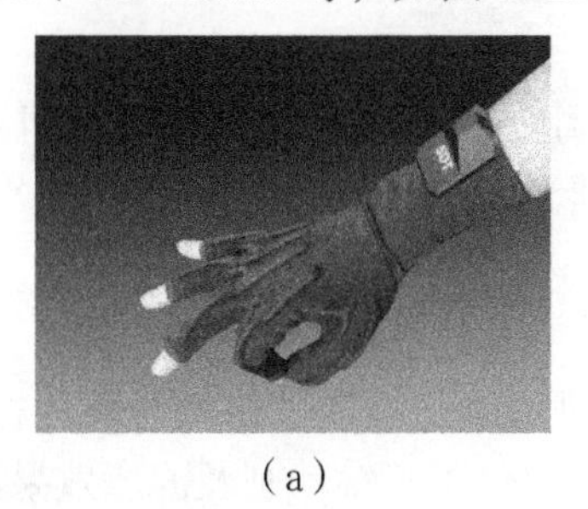

(a)

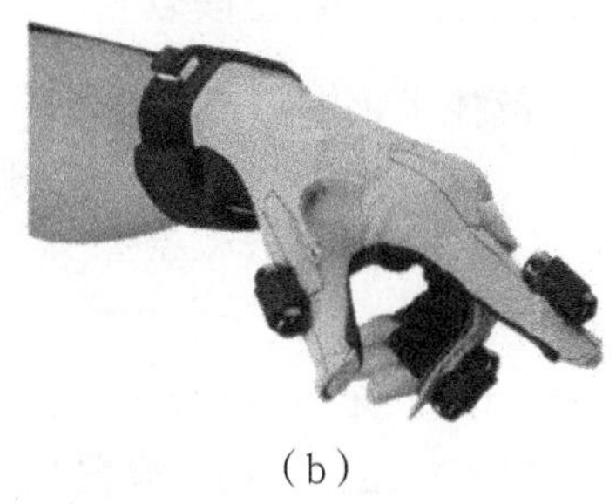

(b)

图 8-22　数据手套

(a) 5DT 数据手套；(b) Cyber Glove 力反馈数据手套

(2) 力反馈数据手套

除了能够跟踪手的位置和方位外，数据手套还可用于模拟触觉，这就是图 8-22 (b) 所示的力反馈数据手套。它是传统数据手套和产生反馈力的驱动器的结合体，简单来说，就是传感器和驱动器的结合体。力反馈数据手套在虚拟现实系统中主要有两个作用：通过传感器测得人手的位置和姿态，并通过虚拟手再现；计算人手作用在虚拟物体上的作用力，并通过力反馈系统将物体的反作用力反馈到人手上。常见力反馈数据手套的品牌有 Shadow Hand、CyberGlove。

3. 数据衣

数据衣是根据数据手套的原理研制出来的，是为了让虚拟显示系统识别全身运动而设计的输入装置。如图 8-23 所示，数据衣上装备着很多触觉传感器，可以根据需要检测出人的四肢、腰部的活动，以及关节的弯曲角度，然后由计算机重建图像。数据衣能对人体全身 50 多个不同的关节进行测量，再通过光电转换，使身体的运动信息被计算机识别；反过来，衣服也会在人身上产生压力和摩擦力，使人的感觉更加逼真。数据衣具有延迟大、分辨率低、作用范围小、使用不便的缺点，另外，还存在着如何适应不同形体的用户，如何协调大量传感器的实时同步等诸多问题。但随着各种相关技术的不断改进，数据衣将会在对人体运动的跟踪和模拟方面展现巨大的应用价值。

图 8-23　数据衣

8.3　虚拟现实的软件技术

虚拟现实系统需要功能强大的硬件支持，同时，相关的软件技术也是不可或缺的。例如，我们构建一个虚拟场景，如何在保证场景真实性的同时尽可能压缩数据，提高系统反应速度？解决这个问题仅依靠提升硬件设备是远远不够的，还需要提高系统“软实力”，这样才能提高整个虚拟现实系统效率。

虚拟现实系统的软件技术的内容非常广泛，主要包括三维视觉建模技术、视觉实时动态绘制技术、三维虚拟声音技术、人机自然交互技术、物理仿真技术以及三维全景技术等。

8.3.1 三维视觉建模软件

三维建模技术是虚拟现实技术中一个非常重要的组成部分，也是目前计算机图形学中的研究热门。虚拟世界中的三维模型通常可由专业三维建模软件生成，常用建模软件有 3DS Max、Maya、Creator 以及 Poser 等。

1. 3DS Max

3DS Max 作为 Autodesk 公司推出的一款优秀的三维动画造型软件，集建模、材质制作、灯光照明、摄像机定位、动画设置及渲染输出于一体，提供了三维动画及静态效果图等全面完整的解决方案。该软件不仅自身功能强大，还具有极强的开放性，为用户提供了数以百计的外挂特效模块，使用户可根据自身工作需求对模块进行选配、更新或替换。另外，该软件价格相对低廉，已成为个人 PC 上最流行的三维建模软件，并广泛应用于动画、游戏、效果设计等领域。

2. Maya

Maya 也是 Autodesk 公司推出的一款世界顶级三维动画软件。Maya 不仅包括一般三维和视觉效果制作的功能，还融合了最先进的建模、数字化布料模拟、毛发渲染、运动匹配技术。3DS Max 强大的多边形建模灵活易用，非常适合用来制作效果图和游戏；Maya 制作效率极高，渲染真实感极强，强调细节，更适合用于电影、大型游戏、数字出版、电视节目制作。

3. Creator

Multigen Creator 是 Multigen paradigm 公司推出的一款高度专业化工具，它主要用于帮助建模者创建高效的三维模型和地形。从用于军事的个人飞行和驾驶训练模拟到建筑项目的实景演示，Creator 显示了在交互式实景仿真中的应用前景。与 Maya 等软件相比，Creator 功能相对单一，但其先进的实时功能，如细节等级、多边形删减、逻辑删减、绘制优先级、分离平面等，使 OpenFlight 成为最受欢迎的实时三维图像格式。

4. Poser

Poser 是 Metacreations 公司推出的一款针对三维动物、人体造型和三维人体动画制作的软件。它能轻松地进行人体设计，并为三维人体造型添加发型、衣服、饰品等装饰，还能制作生动的动画作品。利用 Poser 进行角色创作的过程较简单，主要有选择模型、姿态和体态设计三个步骤。Poser 内置了丰富的人体和动物模型，并以库的形式将其存放在资料板中。通过对参数盘的设置，Poser 可以随意调整模型的姿态、体态，从而创作出所需的角色造型。

8.3.2 三维视觉建模技术

就像建房子一样，我们在建造一个虚拟世界时，需要先设计并建造房子的主体建筑，因此，大至房屋结构，小至门窗造型，都需要进行仔细考虑并加以实现。人获取信息的能力主要依靠视觉，因此，一个虚拟环境的三维视觉建模是整个虚拟现实系统的基础，其真实感不仅取决于环境中各个物体的外形，而且取决于物体的物理属性是否符合用户的经验认知。

三维视觉建模可分为几何建模、物理建模、行为建模等。几何建模是基于几何信息来描述物体模型的建模方式，即通过计算机建模，使虚拟世界中的物体外形尽可能符合设计者的需要；物理建模涉及物体的物理属性，例如，将雨雪等微小物体描述为粒子，房屋等坚固的建筑看作刚体等；行为建模反映物体的物理本质及其内在的工作机理，例如，为物体添加重力，有生命的物体能够自主运动等。

1. 几何建模

几何建模是虚拟现实建模技术的基础，其研究对象主要是物体几何信息的表示与处理。几何建模不是简单的物体造型，它涉及表示几何信息的数据结构、相关的构造与操纵该数据结构的算法。构造虚拟世界中的物体时，通常需要完成物体形状和外观两个方面的设计，物体的形状由所构造物体的各个多边形、三角形和顶点来确定；物体的外观则由表面纹理、颜色、光照系数等确定。评价一个虚拟环境建模技术的水平主要有三个常用指标：交互式显示能力、交互式操纵能力和易于构造能力。另外，模型还必须具备快速显示和构造能力。

几何建模可进一步划分为层次建模和属主建模。

① 层次建模是利用树形结构来表示物体的各个组成部分，因此，较高层次构件的运动势必改变较低层次构件的空间位置。例如，挥动手臂时，肩关节的转动势必带动大臂的转动，大臂的转动带动肘关节运动，从而影响到小臂和手腕的位置，因此，在设计中可将肩关节作为较高层次构件，而将手指作为较低层次构件。这种设计常用于描述具有相互联系的物体之间的运动继承关系。

② 属主建模让同一种对象拥有同一个属主，该属主包含了该类对象的详细结构，当要建立某个属主的一个实例时，只要复制指向该属主的指针即可。每一个对象实例是一个独立的节点，拥有自己独立的方位变换矩阵。在进行相似物体建模时，通常采用这类方法。以汽车车轮为例，四个车轮拥有相同的结构，因此可以建立一个车轮的属主模型，需要生成新的车轮实例时，只需创建一个指向车轮属主的指针即可。这种方法常用于具有相同结构且反复出现的物体建模，优点是简单高效、易于修改、一致性好。

2. 物理建模

物理建模指设计虚拟物体时需要考虑对象的物理属性，这些物理属性包括质量、重量、惯性、表面纹理（光滑或粗糙）、硬度、形状改变模式（弹性或可塑性）等特征，这些特征与几何建模和行为规则结合起来，形成更真实的虚拟物理模型。

典型的物理建模技术有分形技术和粒子系统。分形技术通过简单结构的随机重复，构建复杂的不规则物体，它在虚拟现实中一般用于静态远景的建模；粒子系统包含粒子的位置、速度、颜色和生命期等属性，常用于火焰、水流、雨雪、旋风、喷泉等动态的、运动的物体建模。

3. 行为建模

几何建模与物理建模结合，可以部分实现虚拟世界中“看起来真实、动起来真实”的特征，而要构建一个逼真的虚拟世界，还需进行行为建模。行为建模负责描述物体的运动和行为，即虚拟世界中物体为什么要动以及运动的规则。在进行三维建模时，需要赋予物体行为和反应，才能构筑一个富有生命力的虚拟环境。虚拟现实本质上是客观世界的仿真或折射，而客观世界的物体或对象除了具有表观特征（如外形、质感）以外，还具有一定的行为或能力，并且服从一定的客观规律。例如，把桌面上的物体移出桌面，该物体不应悬浮在空，而应当做自由落体运动，这是因为物体不仅具有一定外形，而且具有一定质量并受到地心引力的作用。另外，对于有生命的物体，该模型还应该具有活动的自主性。行为建模就是在创建模型的同时，不仅赋予模型外形、质感等表观特征，而且还赋予模型物理属性和“与生俱来”的行为与反应能力，并且使其服从一定的客观规律。

8.3.3 实时三维图形动态绘制技术

真实的虚拟世界不仅要求物体建模几可乱真，还要保证场景画面能根据用户的视角变化做出同步更新，即立体画面必须随用户视线方向的改变，场景中物体的运动而实时刷新。

固定路线的场景漫游的画面是固定，其追求的是三维建模技术的图形真实感与高质量，对于每帧画面的绘制速度并没有严格的限制。在虚拟现实的三维场景建模过程中，用户出现的位置及移动方向并不固定，因此，在保证画面质量的同时，对图形的绘制速度有严格要求，这就需用限时计算技术来实现。

实时动态绘制技术是指利用计算机为用户提供一个能从任意视点及方向实时观察三维场景的手段。当用户的视点变化时，图形显示速度必须跟上视点的改变速度，否则就会产生迟滞现象；而要消除迟滞现象，计算机必须每秒生成 15~30 帧图像。图像帧速高而等待时间短是实时动态绘制技术期望的目标。

1. 基于几何图形的实时绘制技术

为保证三维图形的刷新频率不低于 30 帧 /s，在提高硬件系统配置的同时，还应采用合适的算法来降低场景的复杂度。场景复杂度由三维建模过程中图形系统需处理的多边形数目决定，例如，在绘制树叶纤毫毕现的森林场景时，电脑需处理的多边形数目就远多于同样大小的沙漠场景，场景显示帧率明显下降。为解决这一问题，同时尽可能保证虚拟世界的场景质量，可通过脱机计算、场景分块、可见消隐、细节层次模型等技术，降低场景的复杂度，从而提高三维场景的动态显示速度。

（1）脱机计算

仔细分析某些单机游戏或网络游戏的过场动画时发现，部分场景动画中出现玩家控制的人物形象，需要进行实时计算；而另一些场景动画没有玩家参与，可进行提前绘制，需要时直接播出。虚拟现实技术中也采用类似的方法提高场景显示速度，即在实际应用中尽可能将一些可预先计算好的数据进行预先计算并存储在系统中，这样可加快运算速度。

（2）场景分块

我们站在客厅中时，看不见隔壁的卧室内的场景，这一视觉效果被用于提高三维场景的动态显示速度中，就称为场景分块（World Subdivision）。场景分块是指一个复杂的场景可以被划分为多个子场景，各子场景之间几乎不可见或完全不可见。该方法常用于封闭空间中的场景建模，例如，将建筑物按房间划分为多个子部分等，但对开放空间很难使用这种方法。

（3）可见消隐

假设我们站在宏伟的广场上，向左转时就看不到右边的情景，反之亦然。在三维场景的绘制过程中，仍可遵循这一原则，并通过消隐用户视线以外的物体以提高场景建模的运算速度。场景的可见消隐指基于给定点的视点和视线方向，决定场景中哪些物体的表面是可见的，哪些是被遮挡而不可见的。场景分块仅与用户所处场景位置有关，而可见消隐与用户的视点关系密切。假如用户仅只能看见场景的很少一部分，那么系统需要显示的场景将大大缩小，但当用户视线不受限制时，此法无效。例如，坐在轿子中环游世界，只要不掀起轿帘，则系统只需显示轿子内部的环境；然而坐在敞篷车里环游世界，则系统需一直显示车外周遭的环境。

（4）细节层次模型

我们从 1 米距离内观察一个盆栽和在 50 米外观察它，看到的细节信息是不一样的，这一视觉效果也被用于提高场景实时绘制速度中。所谓细节层次模型（Level of Detail，LOD），是对同一个场景或场景中的物体使用具有不同细节的描述方法从而得到的一组模型。如图 8-24 所示，对于离视点较远或比较小的物体，我们采用较粗糙的细节层次模型绘制，反之，如果物体离视点较近或物体比较大，就需要采用较精细的细节层次模型绘制。

图 8-24　细节层次模型

2. 基于图像的绘制技术

传统图形绘制技术均是面向景物的几何图形的，它有很多优点，特别是场景中的观察点和观察方向可以随意改变而不受限制。由于绘制过程涉及复杂的消隐和光亮度计算过程，对高度复杂的场景，现有的计算机硬件仍难以实时绘制简化后的场景，因此出现了基于图像的实时绘制技术。基于图像的绘制技术是用二维的场景图像来代替大的静态场景多边形网格，从而减少场景绘制的多边形数目。我们在游戏中经常看到的地图边缘的树木实际由十字交叉的平面树组成，这个就是基于图像绘制技术的一种表现。

该技术的优点主要有：绘制速度与场景复杂性无关，而仅与所需生成画面的分辨率有关；预先存储的图像既可以是计算机合成的，也可以是实际拍摄的画面，而且两者可以混合使用；绘制技术对计算机资源的要求不高，可以在普通工作站和个人计算机上实现复杂场景的实时显示。该技术的缺点是用二维图像信息替代三维场景对象，不能满足用户同场景对象交互的需要。

基于图像的绘制技术主要采用三种方法来提高实时系统中场景绘制的帧速率：纹理映射技术，通过在几何模型表面进行纹理映射来表示模型表面的细节；布告版技术，通过屏幕空间排列的多边形图像来提高场景中静态对象（如游戏场景中的树等）的绘制；用几何模型的图像来替代场景中的三维几何体。

8.3.4　三维虚拟声音技术

听觉是人们获取外部信息的第二传感通道，人们通过听觉获取的信息量仅次于视觉。我们捂住耳朵看电影，临场感将大大降低；但是，好的配乐能增强场景的感染力，弥补视觉效果上的不足。因此，为虚拟现实系统中加入虚拟听觉，既可以增强使用者在虚拟环境中的沉浸感和交互性，又可以减弱大脑对于视觉的依赖性，使用户能从环境中获得更多的信息。

虚拟现实中的三维虚拟声音与人们熟悉的立体声不同，虽然立体声拥有较强的临场效果，然而我们仍然感觉到声音是来自听者前面的某个平面，即声音没有方位感。虚拟现实系统中的三维虚拟声音，可能出现在用户的上方，也可能出现在侧方或后方，这种声音能使用户明显感觉到声音的位置，从而增强用户的沉浸感。

1. 三维虚拟声音的特征

三维虚拟声音系统的主要特征是全向三维定位、三维实时跟踪以及沉浸感和交互性。

（1）全向三维定位特性

全向三维定位特性指在三维虚拟空间中把实际声音信号定位到特定虚拟声源的能力。我们在检查听力时，可以分辨音叉的方位和距离。三维声音系统模仿声音在空气中传播的物理特性，并通过计算机模拟生成各种距离和方位的声音源。它能使用户准确地判断出声源的精确位置，因而符合人们在真实境界中的听觉方式。

（2）三维实时跟踪特性

三维实时跟踪特性指在三维虚拟空间中实时跟踪虚拟声源位置变化或影像变化的能力。当用户头部转动时，人的听觉也应随之变化，使用户感到真实声源的位置并未发生变化；而当虚拟发声物体位置移动时，其声源位置也应有所改变。因为只有声音效果与实时变化的视觉相一致，才可能产生视觉和听觉的叠加与同步效应。如果三维虚拟声音系统不具备这样的实时变化能力，看到的影像与听到的声音会相互矛盾，听觉就会削弱视觉的沉浸感。

（3）沉浸感与交互性

三维虚拟声音的沉浸感是指加入三维虚拟声音后，能使用户产生身临其境的感觉，声音效果与视觉效果一致，有助于增强临场感。三维虚拟声音的交互特性则是指随用户的运动而产生的临场反应和实时响应的能力，例如，当人在虚拟世界中移动时，听到的鸟叫声会有远近的变化。这一特性的实现需要跟踪定位传感器、计算机、声音系统等多个功能子系统的配合。

2. 心理听觉声学基础

心理声学研究表明：声源产生的（直达）声波经头部等的散射后到达双耳，产生双耳时间差和声级差。听觉系统利用这些双耳时间差和过去的听觉经验比较，从而判断声源的方向。耳廓、面部和肩部等的散射声波与直达声在耳道入口干涉所产生的频谱改变，以及头部的转动所引起双耳时间差的改变对定位也有重要的作用。在有限空间内，各种反射声的组合使听觉系统产生对周围声学空间环境一种综合的、总体的感觉，其中包括各个声源的距离信息。因此，听者能够感觉到现实世界中来自前、后、左、右、上、下等不同方位的三维声效。

在现实世界中，人们通过一系列因素来判断声音的位置，这些因素包括声源的音量，左右耳间由于距离、时间和声音频率变化产生的差异以及声音的衰减程度等。因此，听觉模型中三维虚拟声音的仿真集中于方向感、距离感、运动感等方面的研究和实现，合理、恰当地模拟这些因素才能符合三维虚拟声音的心理声学基础。

3. 语音识别与语音合成技术

目前，iPhone 等智能手机都可通过语音命令操控手机完成拨打电话等工作，这一功能的实现依赖于语音识别技术。语音识别技术是指将人说话的语音信号转换为可被计算机程序所识别的文字信息，从而识别说话人的语音指令以及文字内容。语音识别一般包括参数提取、参考模式建立、模式识别等过程。

我们常用的文字朗读软件的功能则与之相反，它依靠电子音自动朗读用户输入的 txt 等格式的文字信息，这就是语音合成技术。语音合成技术是指将文本信息转变为语音数据，并将语音数据以语音的方式进行播放的技术。当计算机合成语音时，为保证听话人能理解其意图并感知其情感，一般对"语音"的要求是清晰、易懂、自然、具有表现力，其中，自然和具有表现力是该技术的难点，也是我们判断软件生成语音质量的重要评判标准。一般实现语音输出有两种方法：一是录音 / 重放；一是文 / 语转换。在虚拟现实系统中，语音合成是向用户提供信息的另一条重要途径，它可以通过语音的形式将必要的命令和文字信息传递给用户，从而弥补视觉信息的不足。

将语音合成与语音识别技术结合起来，还可以使用户与计算机所创造的虚拟环境进行简单的语音交流，这在虚拟现实系统中具有突出的应用价值，特别是当使用者的双手正忙于执行其他任务，而双眼正注视图像时，语音交流的价值就尤为突出。

8.3.5　人机自然交互技术

我们已了解了空间球、数据手套等人机交互设备，然而如何让人与计算机和谐、流畅地交换信息，则依赖于人机自然交互技术。虚拟现实系统中的人机交互技术主要是对三维自然交互技术的发展和完善。根据 J.J.Gibson 的概念模型，虚拟现实的人机交互技术应该支持包括视觉、听觉、触觉、嗅觉、味觉、方向感等在内的多通道的交互。

多通道交互主要有基于视线跟踪、语音识别、手势输入、感觉反馈等多种交互技术。它允许用户利用多个交互通道，以并行、非精确的方式与计算机系统进行交流，旨在提高人机交互的自然性和高效性。

1. 手势识别技术

外国影片中的特种士兵经常通过手势进行简单交流，手势作为肢体语言中重要的组成部分，构成了人机交互的基本方式之一。目前，国内外针对手势识别开展了大量研究，识别系统只需识别手部的形态、跟踪手掌及手指的位置，就可通过接收的手势下达命令。

根据识别对象的不同，手势识别技术可分为静态手势识别和动态手势识别。其中，静态手势识别是指对于静态图片中的手形和手的姿势的识别；而动态手势识别是对连续的一连串手势进行轨迹跟踪或对变化中的手形进行识别，它要求具有较高的精确性和很高的实时性。

根据输入设备的不同，手势识别技术又可分为基于数据手套的识别系统和基于视觉图像的手语识别系统两种。

基于数据手套的识别系统，是利用数据手套和空间位置跟踪定位设备来捕捉和检测手部在三维空间中的持续动作，通过分析手部位置、手指动作和朝向等，对手势进行分类，并读取手势信息。该识别系统的优点是识别率高，缺点是硬件设备价格高昂，而且用户需要穿戴复杂的数据手套和空间位置跟踪定位设备，这在一定程度上限制了人手的自由活动。

近年来的研究热点——基于视觉图像的手语识别系统，则是伴随着数字图像处理技术、计算机视觉技术一起成长起来的新型手势识别技术。用户通过佩戴特殊颜色的手套，甚至多种颜色的手套来区分手的不同部位。摄像机采集手势图像后，系统通过边缘识别等算法读取手掌和不同手指的轮廓信息，最后与手势特征集数据库进行比对，识别不同手势。该识别系统的优势在于摄入设备价格低廉，对用户的约束感稍小，但由于数据库中的存储手型、手势与实际用户的手型、手势不完全一致，而且手势在变化过程中容易出现遮挡，因此识别率较低、实时性较差，很难用于大词汇量的复杂手势识别。

手势识别技术的发展有助于改善聋哑人的生活和工作条件，也可用于计算机辅助教学、虚拟人研究、动画制作、医学研究、游戏娱乐等领域。

2. 面部表情识别

在日常生活中，人们习惯于通过面部表情表达自己的情绪。我们可以通过观察他人的表情了解对方的情绪，然而这一过程对计算机来说十分复杂。人脸识别技术作为计算机视觉领域的重要课题，一直是国内外的研究热点问题。根据研究目标的不同，人脸识别技术可细分为人脸快速提取、固定表情的不同人脸比对、同一人脸的不同表情识别等研究方向。

人脸图像的分割、主要特征（眼睛、鼻子等五官）的提取、定位以及识别是人脸识别技术的主要难点。由于人的五官排布、面部表情都具有强烈的个人特质，因此，采用固定的表情特征集很难与不同用户的表情进行匹配。另外，识别效果还受光照、图像质量和人脸上的胡须等干扰因素的影响，因此，该技术还处于发展阶段，其识别准确率和实时性有待提高。

在虚拟现实系统中，面部表情识别可划分为人脸的检测、定位与跟踪，人脸表情描述，人脸表情识别等一系列过程。

（1）人脸的检测、定位与跟踪

人脸的检测、定位与跟踪是一个从各种不同的场景中检测出人脸的存在并确定其位置、大小、位姿的过程。对于视频图像，不仅要求检测出人脸的位置，还要求能够跟踪人脸。这一过程主要受背景、光照及头部倾斜度的影响。

（2）表情描述

对已经被检测出的面部表情图像或数据库中的面部表情图像，需要采取一定的方式进行表示，即面部表情的编码。描述表情可以使用原图像的灰度信息或频率信息，也可以使用基于图像内容的几何信息，还可以根据解剖学的知识建立物理模型来进行。表情描述的方法应充分考虑下一步所采用的表情识别方法，以达到最佳的识别效果。美国心理学家 Paul Ekman 和 Friesen 开发的面部运动编码系统，根据人脸的解剖学特点，将其分解为 46 个运动单元（AU）。然而，在实际应用中，标记 46 个运动单元的特征运动点消耗了大量人力，并耗费了长达 100 多小时的样本训练时间，这阻碍了该技术的推广。

（3）表情的识别

使用模式识别中的分类方法，可以将待识别的表情分类到已知类别中的一类。这一过程也是表情识别的研究重点，其核心是选择与所采用的表情描述方式适合的分类策略。

3. 眼动跟踪技术

目前，常用的立体眼镜或头部位姿定位追踪系统都可实现对用户头部位置及朝向的跟踪。但在现实中，可以不转动头部而仅仅通过视线移动来观察不同范围内的物体。因此，仅通过头部进行跟踪是不够科学的，而将眼动跟踪技术（Eye Movement-based Interaction）运用到虚拟现实系统中则可以弥补这一缺陷。

眼动跟踪技术的关键在于持续性地追踪人眼球的运动轨迹，其基本工作原理是使用能锁定眼镜的特殊摄像机，利用图像处理技术，通过摄入从人的眼角膜和瞳孔反射的红外线连续地记录、分析视线的变化，从而实现对人眼视线的追踪。

目前，常用的视觉追踪方法有眼电图、虹膜－巩膜边缘、角膜反射、瞳孔－角膜反射、接触镜等几种，其中，基于瞳孔－角膜反射向量的视线跟踪方法应用最为广泛。

我们通过五官的协同作用感受世界，因此虚拟现实也应为用户提供多通道信息。虽然目前视线跟踪技术仍不成熟，但作为人机交互手段的一种，眼动跟踪与头部跟踪等交互技术的结合，可进一步消除计算机在理解用户命令时可能出现的歧义，进而推动计算机、机器人、虚拟人等技术朝智能化时代发展。

8.3.6　三维全景技术

在建构三维虚拟世界时发现，用户体验的场景应该是连续而无缝的，即当用户旋转视角时，不应看到场景的断点。三维全景技术便是因此迅速崛起的。与采用电脑绘制建筑物模型，通过在其中架设摄像头，环绕拍摄形成 360° 场景图像的技术不同，全景技术的图像源自摄像机拍摄的真实街景，它通过计算机将街景图像拼接，最终形成 360° 全景图像，如图 8–25 所示。用户可以通过鼠标或键盘的上下、左右移动，将场景放大和缩小，从而模拟视角转动和移动的过程。由于画面来源真实、接缝处连贯自然、画面中的景物自带景深效果，因此用户可以在全景画面中任意环视、俯瞰和仰视，产生身临其境的感觉。

过去的全景技术依赖于硬件设备，价格高昂的全景摄像机虽然能够拍摄 360° 的高质量全景照片，但由于成本过高、设备有限，未能得到大范围普及。现在，随着计算机图像处理技术、网络技术、摄像机硬件设备的不断发展，全景技术朝着个人化、经济化、普及化的趋势迈进。畸变校正、图像拼接、图像融合等图像处理技术的发展将三维全景技术从高昂的硬件成本中解救出来。上至数码相机，下至智能手机，普通的摄像头也可制作精细的全景照片，通过网络世界的辐射，我们遥想的虚拟世界终于开始变为现实。

图 8–25　360° 无缝全景摄影

全景技术是一种比较实用的技术，相比通过计算机实现复杂场景的三维建模，添加光照、摄像机后进行环绕式拍摄的技术，全景技术的实现周期短、画面真实性强、硬件要求低，具有较强的商业应用前景。我们常用的 Google 地图中的三维街景就是该技术实用化的典型体现。

1. 全景技术的特点

三维全景技术是利用二维实景照片来建立虚拟环境的，它按照片拍摄→数字化→图像拼接→生成场景的模式来完成虚拟世界的创建，但并不是真正意义上的三维图形技术。三维全景技术具有以下特点。

① 实地拍摄：全景图片不是利用计算机软件生成的模拟图像，而是通过摄像机实景拍摄而得，在拥有照片级的真实感的同时，具有制作周期短、费用低的优势。

② 交互性：相对于指定视角的三维场景游览，全景技术可以为用户提供 360° 无死角的场景全貌，使用户可以通过任意角度观察场景。

③ 沉浸感：虽然摄像机拍摄的图像是平面化的，但可以通过对图像进行透视处理来模拟真实三维场景，使画面在保留真实细节的同时拥有一定程度的景深感，使用户在游览过程中产生强烈的沉浸感。

④ 成本低：可依靠普通摄像机完成原始场景的拍摄工作，可依靠普通电脑实现后期处理，制作周期短、成本低。另外，由于传输的文件不是三维场景，而是普通二维照片，因此文件较小、传输速度快，易于网络普及。

2. 全景技术的实现过程

三维全景图的制作过程主要包括图像拍摄、畸变校正、图像投影、图像拼接、图像融合等一系列过程。

（1）图像拍摄

全景图的原始图像可以由鱼眼镜头等专业摄像设备或普通数码相机拍摄获得。特殊摄像设备包括全景照相机、鱼眼镜头相机等，通过这种方式获取的照片容易处理而且效果较好，但设备昂贵且用法复杂，不宜推广；普通数码相机价格较低、用户基础较好，虽然其后期处理过程相对复杂，但随着数字图像处理技术的发展，它已逐步成为大众选择的主流。

对不同类型的全景图，拍摄方法也不同。一种是定点拍摄，即将相机固定在三脚架上并向不同的方向旋转来进行拍摄；另一种是多视点拍摄，即相机可在不同的位置进行拍摄。在多视点拍摄过程中，应注意使每张照片的亮度、色度、对比度的差异尽可能的小，并确保相邻照片之间有 20%~50% 的重叠，拍摄照片的数量可以根据景物的距离和重叠画面的大小来决定。

（2）畸变校正

鱼眼镜头拍摄的画面与人眼看见的不同，距离画面中心较远处的物体变形非常明显，这就是相机镜头的畸变效果。在拍摄照片时，采用的相机视场角越大，这种现象越明显。为保证后期拼接过程不受相邻照片的畸变影响，需要对照片中的径向畸变和切向畸变进行校正。

（3）图像投影

由于每幅图像是相机从不同角度下拍摄获得的，因此每一张照片的中心都不相同。如果不进行柱面投影等变换，相邻图像拼接过程中就会出现“蝴蝶结”效应，即相邻图像边界应该出现变形的区域没有变形，这破坏了实际景物的视觉一致性。图像的投影方式根据全景图形状可分为柱面投影、立方体投影和球面投影等。

（4）图像拼接

图像拼接是利用拍摄得到的具有部分重叠区域的图像序列，生成一个较大的甚至 360° 的全景图像的技术。目前，图像拼接的方法较多，总体来说都是寻找相邻图像重叠区域中一致的关键特征（如相同的灰度区域、特征点、边缘形状等），通过分析它们的相对位置、方向、旋转角度，来判断相邻图像间的相对位置、方向和旋转角度关系，从而将相邻图像拼接成一个整体。

（5）图像融合

在使用智能手机或数码相机拍摄全景图时会发现，人或其他运动物体经过时会在某几张照片上留下身影，经软件拼接后可能在全景图中的某个位置生成一个虚影，这就是图像融合中的“鬼影”现象。除此以外，相邻图像之间的光照、亮度、对比度的差异也会造成全景图中色彩不统一的现象。为了解决拼接缝隙、相邻图像亮度变化等问题，我们引入了图像融合技术，通过边缘线裁剪、淡出淡入等方式获得清晰平滑的全景图像。

3. 全景技术的应用

相比利用三维建模技术生成虚拟场景的方式，全景图具有文件小、生成成本低、细节真实等优点。因此，它以网络传播为主要介质，通过网页浏览 + 二维平面图片导引 + 三维全景图展示的方式，广泛用于虚拟旅游、房地产楼盘、校园展示系统中。

8.4　虚拟显示建模语言 VRML

VRML（Virtual Reality Modeling Language）即虚拟现实建模语言，是虚拟现实与 WWW（World Wide Web）技术相结合而衍生出来的一门新语言，用来在 Web 环境下描述三维物体及其行为，从而在网络环境中构建虚拟场景。VRML 的基本目标是建立 Internet 上的交互式三维多媒体环境，它以 Internet 为应用平台和构筑虚拟现实应用的基本架构。

VRML 文件以 .wrl 为后缀，它和 HTML 一样都是使用 ASCII 文本格式来描述的。它可在 Internet 上传输，并且在本地机上由浏览器解析，这样就保证了 VRML 的跨平台性，同时降低了其数据量，从而保证在低带宽的网络上也可以实现。

网页受 HTML 语言的限制，只能是平面结构，即使 JAVA 语言和 JavaScript 能够为网页增色不少，但也仅仅停留在平面设计阶段，无法与用户进行动态的交互。VRML，特别是 VRML 2.0 标准，弥补了 WWW 上单调、交互性差的缺点，它将人的行为作为浏览的主题，从而创造了一个可进入、可参与的世界。使用 VRML 可以在 Internet 上创建一个生动、逼真的三维立体世界，从而让使用者在里面自由地遨游。

8.4.1　VRML 的工作原理和特点

VRML 作为继 HTML 之后的第二代 Web 语言，主要用于描述三维物体及其行为。由于融合了二维和三维图像技术、动画技术和多媒体技术，VRML 在构建 Web 虚拟场景方面具有较强的能力。另外，通过嵌入 Java、JavaScript，其表现力得到了极大的扩充，不仅可用于三维虚拟场景的构建，还可用于动画实现，更为重要的是，VRML 可通过人机交互创造出更为逼真的虚拟环境。

1. VRML 的工作原理

VRML 的访问方式是基于客户 / 服务器模式（即 C/S 模式）的。其中，服务器提供 VRML 文件及支持资源（图像、视频、声音等），客户端通过网络下载希望访问的文件，并通过本地平台上的 VRML 浏览器交互式地访问该文件描述的虚拟场景。由于浏览器是本地平台提供的，从而实现了平台无关性。具体来说，VRML 的工作原理可概括为三个方面：

（1）文本描述

VRML 并不是用三维坐标点的数据来描述三维物体的，而是用类似 HTML 的文本标记语言来描述三维场景的。比如一个立方体的描述文本是：Box{size 3.0 3.0 3.0}。采用文本的形式进行描述能够减小数据量，有利于文件在 Internet 上传输。

（2）远程传输

用户浏览 VRML 描述的虚拟场景时，浏览器向服务器端发送一个请求，服务器端通过 Internet 将描述场景的文本传送到本地。VRML 描述也嵌在 Web 页面中，在浏览器请求相应页面时，VRML 描述与页面描述文本一起传送到本地。

（3）本地计算生成

描述虚拟场景的数据传送到本地后，本地计算机的浏览器对它进行解释计算，动态地生成虚拟场景。目前，一些高版本的浏览器都集成了 VRML 解释器，但在多数浏览器中，要想浏览 VRML 场景，都必须安装一个 VRML 解释器插件。

2. VRML 的特性

VRML 具有如下特性：

（1）平台无关性

VRML 的访问方式是基于客户端－服务器模式的，其中服务器提供 VRML 文件，客户端通过网络下载希望访问的文件，并通过本地平台的浏览器（Viewer）对该文件描述的 VR 世界进行访问，即 VRML 文件包含了 VR 世界的逻辑结构信息，浏览器根据这些信息实现许多 VR 功能。由于浏览器是本地平台提供的，从而实现了 VR 的平台无关性。

（2）基于 ASCII 码的低带宽可行性

VRML 跟 HMTL 一样，也是用 ASCII 文本格式来描述虚拟场景和链接的。这种文本格式可以保证在各种平台上的通用性，同时也降低了数据量，从而保证在低带宽的网络上也可以实现。

（3）交互性

VRML 的图形渲染是实时的，用户可以与虚拟场景中的物体进行实时交互；VRML 提供了 6+1 个自由度，即三个方向的旋转和移动，以及到其他 3D 空间的超链接（Anchor）。用户在感受虚拟世界的同时，通过自己的行为影响或改变虚拟世界，就像在现实中改变自己周围的环境一样。

（4）可扩充性

VMRL 作为一种标准，不可能满足所有应用的需要。有的应用希望交互性更强，有的希望画面质量更高，有的希望 VR 世界更复杂。这些要求往往是相互制约的，同时又都受到用户平台硬件性能的制约，因而 VRML 是可扩充的。VRML 除了本身自带的节点外，还支持自定义节点，并可在 Script 脚本节点中加入程序语言，如 Java、JavaScript 等，从而进一步扩展其功能，实现更为复杂的交互。

8.4.2 VRML 的文件组成与事件运行方式

1. VRML 的文件组成

一个 VRML 文件由几个主要功能部件组成：文件头（header）、场景图（Scene graph）、原型（Prototype）、事件的路由 event routing 及脚本等。其中，文件头是必需的。

（1）文件头

每一个 VRML 文件都必须有文件头，且写法统一，这是 VRML 的标志。文件头的内容为“#VRML V2.0 utf8”，其中“#VRML V2.0”是 VRML 文件的版本标记，“utf8”表示此文件采用的是 utf8 编码方案。

（2）场景图

场景图又称造型，是一种用来描述三维对象和世界的层次化的数据结构。VRML 把一个“虚拟世界”看作一个场景，把场景中的一切看作对象（即节点），节点按照一定规则构成场景图。处理 VRML 文件时，浏览器根据文件的场景图在三维空间确定造型形体的大小、位置及其他属性，并将它们正确地显示在计算机屏幕上。

（3）原型

原型是用户自定义的一种新的节点类型。进行原型定义相当于扩充了 VRML 自带的标准节点类型集。原型的定义可以包含在使用该原型的文件中，也可以在外部进行。另外，原型可以根据其他的 VRML 节点来定义，也可以利用特定于浏览器的扩展机制来定义。尽管 ISO/IEC 14772 中有标准格式能辨认这种扩展，但它的实现仍然是依赖浏览器的。

（4）事件

事件是按照定义的路由，由一个节点发往另一个节点的消息。事件标志着外部刺激、域值变化或节点之间的交互。

（5）路由

路由不是节点，而是产生事件和接受事件的节点之间的连接通道。事件的路由 ROUTE 可以使 VRML 程序具有交互性。路由将一些节点产生的事件传给另外的节点，并引起其他节点的变化。事件一旦产生，就按事件顺序向路由的目标节点发送，并被接收节点处理，这种处理可以改变节点状态、产生其他时间或修改场景图结构。事件通过改变其某些域的属性值，使三维空间里的物体产生运动或特殊效果，即动画和交互，从而使得虚拟世界更具有真实感。

（6）脚本

脚本是一套程序。其中的 Script 节点是 VRML 和其他高级语言与数据库的接口。在 Script 节点中利用 Java 或 JavaScript 语言编写脚本可以扩充 VRML 的功能。

2. VRML 事件运行方式

VRML 文件中最重要的两个基本要素是节点（Node）和域（Field）。节点是 VRML 文件最基本的组成要素，VRML 通过节点描述对象某一方面的特征，比如形状、材质和颜色等。VRML 的场景往往由一组具有一定层次结构的节点构成。

节点由节点名、节点类型、域、事件接口等部分组成。其中，域的取值决定了节点的取值，域值指明了节点所描述的对象的特征；事件则为节点提供了接收外界信息以及向外界发送信息的能力。事件其实就是各种信号，用于在节点之间产生交互的影响，它也是 VRML 实现用户交互以及场景动态变化的最主要内容。节点通过事件入口接收入事件（eventIn），通过事件出口发送出事件（eventOut）。入事件要求节点改变自己某个域的取值，而出事件则要求节点改变其他节点的域值。

某个节点的事件出口和其他节点的事件入口之间用于传递事件的通道称为路由（Route），路由通过简单的语法结构，建立两个节点之间的时间传送途径。

通过节点、时间和路由，可以在创建三维模型的同时，为其添加某种变化的过程和规律，从而使建立的虚拟场景更接近于现实。

8.4.3　VRML 的场景图、动画与交互

VRML2.0 相对于 VRML1.0 的重大改进在于它能够支持动态的、交互式的 3D 场景，VRML2.0 创建的场景不仅可用于运动物体的展示，还可用于与用户进行交互。VRML 文件包括场景描述部分和动态交互部分，其节点通过并列或嵌套构成不同场景，而 VRML 通过事件机制对不同场景进行链接，从而实现场景的动态交互。VRML 2.0 提供了 54 种节点，按其用途的不同大致可分为两类：造型节点和非造型节点。

1. 造型节点与场景造型

我们通过基本的造型节点构造对象，并将各个对象按照一定的层次结构组织成场景，通过对节点域的属性值赋值，逼真地模仿现实世界的场景特性。造型节点分为三类：

（1）组节点

组节点用于创建复杂的造型，可以将所有节点包含其中，作为一个整体对象（造型）来处理。组节点包括 group 组节点、Transform 空间坐标变换节点、shape 空间物体造型节点、Inline 内联节点、Switch 开关节点、Billboard 广告海报牌节点、Anchor 锚节点、LOD 细节层次节点以及 Collision 碰撞传感器节点等。

（2）几何节点

几何节点包括 Box 立方体、Sphere 球体、Cylinder 圆柱、Cone 圆锥等几何造型和 Text 文本等。

（3）属性节点

属性节点包括用于造型的 Appearance 外观、Coordinate 坐标、Fontstyle 字体风格、Image Texture 纹理贴图、Movie Texture 电影贴图等。

2. 非造型节点与动画、交互功能

在完成场景造型后，需要对其添加各种事件，从而实现动画和动态交互。要判定从当前场景跳转至下一场景的关键时刻，就需要使用非造型节点，它包括各种传感器 / 检测器、插值器及使用脚本。

（1）传感器 / 检测器

VRML 的传感器节点用于“感知”用户的交互行为和目的，接受输入的信息等，它是计算机理解用户命令的关键所在。传感器节点包括触动检测器、TouchSensor 触摸传感器、Planesensor 平面检测器、Cylindersensor 圆柱检测器、Spheresensor 球面检测器等节点。

感知检测器，用以感知用户与造型的接近程度，有 Visibilitysensor 能见度传感器、Proximititysensor 亲近度传感器、Collision 碰撞传感器等节点。

（2）插补器

该节点的原理与制作关键帧动画相同，用于使场景中的某些对象随着时间的变化而发生位置、大小、状态等的变化。根据插值类型的不同，插补器节点分为六种，其中最常用的是 PositionInterpolator 位置插补器、CoordinateInterolator 坐标插补器和 ColorInterpolator 颜色插补器。

（3）脚本（Script）

Script 节点是事件处理的核心部分。由于 VRML 本身的程序描述能力不够强大，因此需要利用其他的编程语言（如 Java、JavaScript）完成接下来的复杂操作。而 Java 程序不会自动执行，因此设置 Script 节点并将其作为触发 Java 程序执行的关键，到达这些字段的事件会自动地转移到和该 Script 节点相关的程序中。

8.4.4 VRML 的扩展

VRML 的扩展包括两方面的内容：控制程序设计和 VRML 原型设计。其中，控制程序设计指编写程序增强 VRML 的数据处理和交互控制功能；VRML 原型设计指定义用户专用节点，并扩展 VRML 系统标准节点体系。

控制程序设计有两种常用方式：

（1）内部 Script 节点

虽然 VRML 中的传感器节点已经具备了基本的交互能力，但仅利用 VRML 本身的对象交互机制是无法构建一个复杂的系统的。因此，在实际应用系统设计中，可以由 Script 节点对应的 Java 类来完成这些复杂的功能。特定的 Java 类在对应的节点接受事件时，将产生一系列的动作。这样，相应对象与普通节点、传感器节点、Script 节点通过 ROUTE 相互协作，构成一个完整的体系。

（2）外部编程接口（External Authoring Interface，EAI）

Script 节点从 VRML 场景内部提供了与 Java 的连接，而 EAI 定义了与外部 Java 程序通信的接口。EAI 最主要的功能就是提供 Java 语言和 VRML Plug-In 间一个双向动态沟通的桥梁，Java 程序通过 VRML Plug-In 提供的 EAI 界面可以取得 3D 场景中的物体信息，也能够由 EAI 控制场景中的物体。因此，要利用 VRML 做出即时互动的效果，EAI 是不可缺少的。

8.4.5　VRML 的编辑和浏览

1. VRML 的编辑

VRML 源文件是一种基于 ASCII 码的描述语言，它可以使用一般计算机中都具有的文本编辑器编写 VRML 源程序，也可以使用 VRML 的专用编辑器编写。

（1）用记事本编写 VRML 源程序

在 Windows 操作系统中，可以用记事本创建并编辑 VRML 源文件。但是要注意，所编写的 VRML 源文件的扩展名必须是 .wrl 或 .wzr，否则 VRML 的浏览器将无法识别。这种方式只能创建比较简单的物体和场景，对于复杂场景，采用记事本来创建是非常困难的。

（2）用 VRML 的专用编辑器编写源程序

采用专用编辑器可以避免记事本编辑器不能生成复杂场景的问题。常见的 VRML 编辑器主要有 VRMLPad、Cosmo world、Paragraph's Virtual Home Space Builder、Home Space、Internet3D Space Builder 等。

在 VRMLPad 的编辑环境中，所有的场景、动作均通过文本编辑器来实现。编辑器为节点关键字段提供输入选择，使设计者可以把精力专注于场景设计本身，而不必刻意记忆和输入大量的节点关键字段，从而大大减轻了编辑过程的工作量。此外，不同节点及属性使用不同颜色进行标识，错误字段用红色高亮来显示，为设计者节省了大量的纠错时间和精力。除此以外，VRMLPad 生成的场景可移植性很好，一般可不做任何改动而被其他虚拟现实工具所引用，也可利用 VRMLPad 对其他虚拟现实创作平台生成的场景进行二次开发。对于需要借助于 Script 节点来进行复杂的交互控制的场景，VRMLPad 是最佳的编辑环境。

另外，由于手写实现复杂场景的编码非常困难，可使用其他常见的图形格式进行转换。例如，使用 3DS Max 构造三维模型，并将文件转换后导入 VRML 文件。由于转换程序的局限性，在转换某些特定文件的某些特效时可能显示失败。

2. VRML 的浏览

VRML 的浏览方式可以大致分为三类：

（1）独立浏览器

该类浏览器可以直接从网上下载 .wrl 文件并进行展示，而不需要其他浏览器的支持。这类浏览器主要有 Open Worlds、WorldViewfor Developers、Open Inventor 等。

（2）辅助浏览器

辅助浏览器与网络浏览器搭配使用，实现三维场景浏览等功能。当网络浏览器遇到一个 VRML 链接时，就会启动该辅助浏览器，如 Netscape Navigator 的 VRML 浏览器等。

（3）插件类浏览器

该类浏览器可作为嵌入某种浏览器的插件，同时它自身也是一个独立的应用程序，类似于用于播放 Flash 动画的 Flash 播放器。

目前，世界上大多数虚拟现实用户使用的 VRML 浏览器是以下两种：

（1）Cortona

Parallel Graphics 公司是目前 VRML 领域最有活力的一家公司，它开发的 Cortona 浏览器不仅能很好地支持 VRML97、NURBS 曲线，还支持多种规格的扩展功能，如播放 Flash、MP3、键盘输入、拖放控制等。Cortona 是业内第一个也是唯一支持最新的 EAI 功能的浏览器，且源文件体积很小，安装、使用都非常方便。

（2）Blaxxum Contact

Blaxxum Contaet 浏览器全面支持 VRML97、NURBS、UM，渲染速度非常快。但由于其设计目的是网络 3D 聊天，所以没有控制面板，只能使用右键菜单选择移动方式，致使浏览模式的切换十分不便。

8.5 虚拟现实技术的应用

随着传感器技术、计算机图像图形处理技术、驱动器技术、计算机硬件技术、三维建模软件技术等相关领域的进步，虚拟现实技术已从单纯的实验室科研项目朝着实用化、个人化、商业化、网络化等方向发展。虚拟现实技术的舞台也从过去的娱乐与模拟训练，朝着军事模拟演练、城市规划、室内设计、文物保护、交通模拟、工业设计、教育与培训、医学应用、科学计算可视化以及虚拟现实游戏等多个领域延伸。可以预见的是，虚拟现实技术未来的应用范围将会越来越广泛。

8.5.1 军事与航空航天

虚拟现实技术最早起源于军事和航空航天部门的模拟演习，这两个领域由于开展实战的人力、物力成本过于高昂，因此也是推动虚拟现实技术发展最主要的源动力和试验场。

1. 军事训练

实战演习一直是各国部队用以检验相关人员作战能力以及多兵种协调作战的重要手段，然而开展大规模实战演习耗费的人力、物力、时间成本难以计数，而且在实战过程中容易出现人员伤亡。因此，将虚拟现实技术用于军事训练，可使演习与训练的概念和方法都迈上一个新的台阶。

（1）单兵模拟训练

虽然士兵平时参加大量的体能训练和战斗技能训练，但初次执行任务时往往因为经验不足而出现大量伤亡。单兵模拟训练中的士兵穿戴数据衣等交互设备，通过在不同情景的虚拟战场中反复对战，锻炼技战术水平及快速反应能力和心理承受能力。通过近似真实环境中的反复演练，提高士兵在真实战场中的应变能力，从而提高新兵在实战中的生存概率。

（2）模拟战场环境

在现实中重建真实的敌方工事或城镇显然是不太现实的，但只有知己知彼方能百战百胜，因此，在战前让士兵尽可能熟悉敌方情况是十分必要的。随着虚拟现实技术的发展，可以根据前期侦查获得的卫星图片和情报资料，利用虚拟现实系统生成包括战地场景、敌方常备武器和参战人员等在内的虚拟战场环境。在虚拟战场中对士兵开展针对性训练，能有效提高训练效率。

（3）军事指挥决策模拟

我国从古代开始就习惯通过沙盘演练排兵布阵。在虚拟现实技术高速发展的现代，由计算机模拟生成的虚拟战场中，不仅有真实的作战场景，还有大量由计算机或参与者控制的虚拟士兵。军事指挥决策模拟技术，是指通过模拟生成“虚拟兵力”代替士兵，在真实的虚拟战场中演练大规模作战行动，推演战役结果的方式，再经过反复推敲，来指定最佳的实战作战计划。

（4）多军种联合虚拟演习

调动海、陆、空三军众多军事单位共同参与实际军演，需要耗费大量的时间、人力、物力与财力，且不一定能达成预期军种配置及战场布局。多军种联合虚拟演习首先建立一个海、陆、空多军种齐备的虚拟战场，再通过计算机模拟调配战场中的各路部队，演练实际战场中可能出现的各种情况，最后实施联合演习，如图 8-26 所示。该技术最早见于美国的作战实验室和“路易斯安娜”演习，由于具有成本低廉、操作灵活、目的性明确等优势，一直受到各国部队的青睐。

2. 航空航天

航空航天业作为现代工业发展的尖端行业，集成了当代制造业、计算机技术、传感器技术等领域的前沿技术。虚拟现实系统的引入，意味着飞行器可通过仿真模拟的方式来大幅缩短设计周期、提升设计效率和降低投资风险。宇航员的训练过程中也可引入虚拟现实系统，从而以最低的成本构筑最真实的外星环境，最大幅度地提高宇航员的训练效率，如图 8-27 所示。

我国企业也致力于通过提高虚拟现实系统在航空航天业中的应用深度，建立诸如数字设计体验系统、人机工程分析系统、维护流程仿真系统、飞航体验仿真系统。通过虚拟现实系统模拟→实物样机试制的方式，大幅度降低单纯依靠实物样机试制造成的不必要的资源浪费。

图 8-26　虚拟现实技术用于军演

图 8-27　虚拟现实用于航空航天

8.5.2　教育培训与科研

1. 教育培训

虚拟现实技术在教育培训领域的应用十分广泛。由于装备了多种传感器与驱动器，它能让学习者直接、自然地与虚拟环境中的各种对象进行交互，并能以多种形式参与到事件的发展变化过程中去，最大限度地参与到训练过程中。多通道信息的共同影响有助于提高参与者的关注程度，因此，这种提供多通道信息的虚拟学习环境，将为参与者掌握新技能提供全新的途径。

虚拟现实技术在教育培训方面的应用主要有以下几个方面。

（1）仿真教学与实验

在学习机械制图、工程制图课程时发现，老师通过语言描述的结构形状往往难以想象，但如果配以实物模型，那么学习效率将大大提高。虚拟现实技术在理工科课程教学中的作用类似于制图课上的实物模型，原本抽象的概念以可视化的形式展现在学生面前；原本难以获得的试验场景可通过计算机绘制并呈现；原本昂贵或危险性较大的实验可通过模拟仿真的方式轻易实现。引入虚拟现实技术，不仅可以展示机械装置的复杂构造，还能模拟实际加工过程中的故障及成因。学生可通过在虚拟仿真系统中的反复试验，加深对专业知识的认识。

（2）特殊教育

前面已经介绍过手势系统对于聋哑人参与虚拟现实系统的特殊作用，虚拟现实系统的多通道交互性，可弥补残疾人在日常生活中由于某种技能的缺失而导致的交流不畅。例如，残疾人戴上数据手套后，就能在计算机和传感器的支持下将自己的手势翻译成讲话的声音；戴上目光跟踪装置后，就能将眼睛的动作翻译成手势、命令或讲话的声音；通过三维手势语言训练系统，弱智儿童可以很快地熟悉符号、字和手势语言的意义。

（3）专业培训

战斗机价格高昂，动辄数千万甚至上亿美元，然而端坐其中的飞行员身价也不低。我国某战斗机飞行员的培养经费大约需要四百多万人民币，由此可见特种飞行员的身价堪称贵比黄金。究其原因，是由于教练机与训练场地高昂的造价成本与训练费用，如果在训练过程中出现战机的损毁，那么飞行员的培训成本将进一步提高。

为降低培训成本、提高安全系数，研究者可构建真实的虚拟训练场，根据培训目标搭建实验平台、设置试验项目，从而使人们可在安全、逼真的虚拟培训基地中反复操练各种危险或真实再现性较差的训练项目。

以战斗机或民航客机飞行员的培训为例，将真实客机起降训练作为飞行员的日常培训项目显然是不现实的，如图 8-28 所示，我们在日常训练中引入了飞机驾驶员训练模拟器。交互式飞机驾驶员模拟器是一个小型的动感模拟设备，它由高性能计算机、三维图形生成器、三维声音设备、传感器以及产生运动感的运动系统组成。舱体参照真实飞机内部进行设计，前方配有显示屏幕、仪表盘、指示灯、飞行手柄和战斗手柄等常用装置。当受训者使用该模拟器时，作为系统中枢的计算机系统将负责接收飞行员的各种操作输入，管理和计算飞行的状态、轨迹，控制仪表、指示灯的信号等。这些信息经过分析处理后被传输给视觉、听觉、运动等各个虚拟现实子系统，用来实时地生成相应的虚拟效果，从而带给飞行员与在真实飞机中同样的感受。该技术也常用于民航客机驾驶员或汽车驾驶员的培训过程，如图 8-29 所示。

在医学培训过程中，虽然可以通过动物试验和医生见习等方式提升医生处理复杂手术的水平，但医生见习和实习复杂手术的机会有限，而且，某些特殊的手术流程或患者情况，也很难在现实试验中找到相同的试验对象。利用虚拟现实系统则可以使医生不受标本、场地、经费等的限制，反复实践不同的操作预案。

在医学院校，学生可在虚拟实验室中，进行“尸体”解剖和各种手术练习。在实施复杂的手术前，先用外科手术仿真器模拟手术台和虚拟的病人人体，医生可通过头盔显示器检测病人的血压、心率等指标，用带有位置跟踪器的手术器械进行演练，部分实验器械甚至可提供手术时虚拟肌肉的真实阻力。根据演练结果，医生就可以制订出实际手术的最佳方案。

图 8-28 虚拟现实用于飞行员培训

图 8-29 虚拟现实用于驾驶员培训

2. 科学计算可视化

计算机的诞生和网络的普及使人类进入了信息时代，如今更推动人们走入“大数据”时代。面对海量的科研数据，如何从中得到有价值的结论和规律，是我们研究的重点。

科学计算可视化的基本含义是运用计算机图形学或一般图形学的原理与方法，将科学与工程计算等产生的大规模数据转换为图形、图像，并以直观的形式表示出来，也可以利用虚拟现实技术，通过输入/输出设备检查这些“可见”的数据。如图 8-30 所示，科学计算可视化通常被用于建立分子结构、地震以及地球环境等模型。

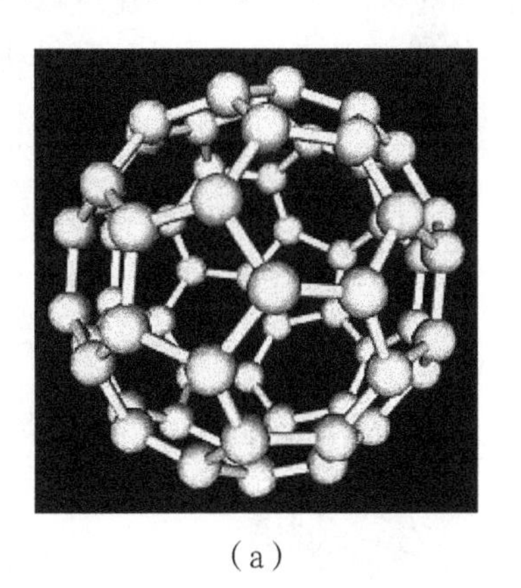

(a)

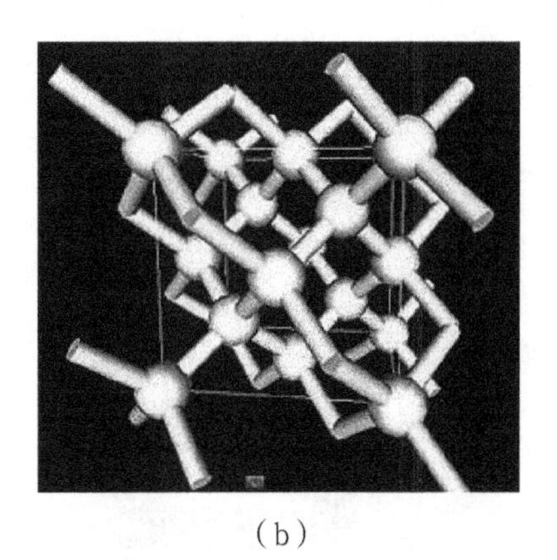

(b)

图 8-30 虚拟现实用于晶体结构展示

8.5.3 工业及设计

虚拟现实技术已大量应用于汽车、煤炭以及石油等工业领域中。它在工业中的应用主要可以分为以下几类。

1. 原型仿真与产品设计

在设计一个新的产品时，通常需要先构造一个功能齐全的、物理的产品原型，以检测产品各部分的性能和兼容性。这种方法不仅设计周期长，而且费时费力，成本很高。虚拟原型技术是采用虚拟现实技术，构造出功能上更完备的虚拟的原型机来代替物理样机，从而达到缩短设计周期、节约设计经费的目的。同时，利用虚拟现实技术沉浸式交互的功能，设计人员能实时、直观地进行在线检测，从而在设计对象定型前获得修改的反馈信息，并对产品做出综合评价。如图 8–31 所示，该技术在汽车设计行业早已开始普及运用，通用等汽车制造厂商都有自己的虚拟现实研发中心。

2. 远程工业监控和故障诊断

实际生产过程中，由于路程较远或环境恶劣等原因，我们往往无法亲自到现场参与产品的生产过程。虽然较早前出现的遥操作设备可以使我们像遥控飞机一样控制远端设备进行工作，但是由于无法及时获取远端操作现场的所有反馈情况，此遥控效果较差。利用虚拟现实技术，通过对现场设备进行建模及流程仿真，构建相应的虚拟监控场景，再通过虚拟场景中的虚拟控制设备操控远端真实机器运转，并返回布置在真实场景中的传感器信息，就可以实现对现场设备的监控，并在设备出现故障时，能够辅助进行故障的诊断。

3. 规划与设计

利用虚拟现实技术，可以十分直观地构建城市的环境。通过模拟各种极端气候下城市运转情况，了解城市的给排水系统、供热供电系统、道路交通等设计是否合理；通过模拟在遇到如洪水、火灾、飓风、地震等自然灾害时城市的破坏情况，提前做好防范及人群疏散的预案。

另外，建筑设计也是虚拟现实技术应用最早的行业。无论是大型景观设计还是小型家具展示，设计者都希望在设计之初向人们全面、具体地展示建筑的预期形象和应用效果，然而仅依靠设计图纸人们很难想象建筑物的最终效果。现在，人们已经利用虚拟现实技术研制出虚拟设计系统，如图 8–32 所示。人们不仅可以看到甚至“摸”到这些建筑物，还可以随时对不同的方案进行讨论、修改和对比，并通过不断修改虚拟建筑物的造型和结构，获取最佳设计方案。

图 8–31　虚拟现实用于发动机设计

图 8–32　虚拟现实用于环境展示（QI）

8.5.4　医学应用

前面已学习了虚拟现实技术在医生培训中的应用，但虚拟现实技术在医学领域中的应用远不止于此。虚拟现实技术与增强现实技术不仅可用于手术步骤的模拟、医学院学生培训，还可用于测试新药以及通过医学图像辅助手术治疗。

GROPE Ⅲ虚拟现实仿真器可用于测试新药物的特性，研究人员可以看到和感受到药物内的分子与其他生化物质的相互作用。

日本东京大学、东京女子医科大学于 2005 年左右开始开展磁共振图像辅助导引介入式手术治疗的相关研究。该手术系统可组合显示 CT、核磁共振图像与体视图像，并通过头盔显示器、立体眼镜或半透型显示屏向医生展示这些合成图像，辅助医生完成微创手术。美国、德国等其他国家也就增强现实系统中引入医学图像，引导医生完成复杂手术等研究方向，开展了大量研究工作，部分手术系统已投入使用。

8.5.5　艺术与娱乐

1. 虚拟现实与娱乐

虚拟现实技术除了在军事领域应用广泛，在游戏娱乐业中也大放异彩，可以说，其与新技术不断融合的娱乐领域是虚拟现实最有“效益”的应用领域。虚拟现实技术已在电影制造、电视导播、新型游乐场、体感交互式电子游戏以及玩具制造业中显示出极强的生命力。

（1）虚拟现实游戏

我们熟知的 Wii 及其他加入转向盘等游戏外设的电子游戏都可算是广义上的虚拟现实游戏。以汽车竞赛游戏为例，它们具有类似于真实的转向盘、油门等装置，高端产品甚至带有 3D 眼镜和立体声耳机，用户可以在前方的大屏幕上看到虚拟道路以及障碍物，听到逼真的声音效果，端坐在家中沙发即可体验紧张刺激但又没有危险性的赛车乐趣。因此，虚拟现实游戏广泛受到人们的喜爱，其中更复杂的系统甚至可以作为驾驶员培训系统。

前面已介绍过的万向跑步机 + 立体眼镜 + 手持式仿真枪可进一步提升这类“虚拟游戏”的临场感，用户通过眼睛、耳朵，手持武器、跑步及跳跃动作全方位地投入虚拟游戏中。这一技术的出现，标志着我们距离真正的虚拟现实游戏更近了一步，也许在不远的将来，头盔式游戏外设或游戏仓也将进入人们的生活。

（2）虚拟演播室

我们经常可以看到电视屏幕中的主持人时而遨游太空，时而重返案发现场，场景真实，效果震撼，这就是虚拟现实技术在电视或电影节目制作过程中的应用方向之一——虚拟演播室。如图 8-33 所示，虚拟演播室的工作原理与电影拍摄过程中的蓝幕技术类似，首先由真实主持人或虚拟演员在没有任何道具的演播室中表演，并通过摄像机将演员的动作拍摄下来，再通过后期处理与另外制作的场景画面融合，可以制作出演员在场景画面中表演的效果。

图 8-33　虚拟演播室

2. 虚拟现实与艺术

作为传输显示信息的媒体，虚拟现实在未来艺术领域方面所具有的潜力不可低估。目前，通过网络或现场展示的虚拟博物馆、虚拟陈列馆技术，就是虚拟现实技术与艺术融合的最佳体现。虚拟现实所具有的临场参与感与交互能力可以将静态的艺术（油画、雕刻等）转化为动态的，从而使观赏者更好地欣赏作者的思想艺术。

如图 8-34 所示，虚拟现实技术在文物保护方面也具有重大意义。例如，由浙江大学人工智能研究所开发的“敦煌石窟虚拟漫游与壁画复原”系统，融合了数字摄影、图像处理、三维建模、虚拟现实和人工智能技术，将敦煌壁画艺术真实、高效地保存了起来，使不可再生的文物得到了数字化的保存、修复和重现。

图 8-34　3D 虚拟敦煌亮相香港书展

习题

1. 虚拟现实技术的三大基本特征是什么？
2. VR 系统中常用的立体显示设备有哪几种？它们在应用中有什么侧重点？
3. 力觉反馈设备有哪些？它们适用于什么工作？
4. 常见的触觉反馈装置有哪些？它们是如何工作的？
5. 试说明虚拟现实系统主要分成哪几类。
6. 试比较几种常见跟踪定位设备的优缺点。
7. 简要说明常见的虚拟现实建模软件。
8. 实时动态绘制技术有哪些？
9. 人机自然交互技术有哪些？它们各适用于什么工作？
10. 什么是三维全景技术？
11. VRML 的工作原理是什么？
12. VRML 文件由哪几部分组成？

参考文献

[1] 贺雪晨，等．数字媒体技术［M］．北京：清华大学出版社，2011.

[2] Yue-LingWong. 数字媒体基础教程［M］．杨若瑜，等，译．北京：机械工业出版社，2009.

[3] Jennifer Burg. 数字媒体技术教程［M］．王崇文，等，译．北京：机械工业出版社，2014.

[4] 聂欣如．动画概论（第二版）［M］．上海：复旦大学出版社，2009.

[5] 孙正，等．数字图像处理与识别［M］．北京：机械工业出版社，2014.

[6] 刘富强，等．数字视频图像处理与通信［M］．北京：机械工业出版社，2010.

[7] 吴韶波，顾奕．数字音视频技术及应用［M］．哈尔滨：哈尔滨工业大学出版社，2014.

[8] 陈光军．数字音视频技术及应用［M］．北京：北京邮电大学出版社，2011.

[9] 殷俊，袁超．动画场景设计［M］．上海：上海人民美术出版社，2011.

[10] 黄远，许广彤．游戏动画设计与制作［M］．北京：人民邮电出版社，2009.

[11] 屈喜龙，雷晓，钟绍波．游戏开发设计基础教程［M］．北京：清华大学出版社，2011.

[12] 胡昭民，吴璨铭．游戏设计概论（第三版）［M］．北京：清华大学出版社，2011.

[13] 安维华．虚拟现实技术及其应用［M］．北京：清华大学出版社，2014.

[14] 刘光然．虚拟现实技术［M］．北京：清华大学出版社，2011.